작전술의 본질

On Operations: Operational Art and Military Disciplines
by B. A. Friedman

First published in 2021 by Naval Institute Press

작전술의 본질

On Operations:
Operational Art and Military Disciplines

작전적 수준의 허상
그리고 작전술의 실제와 적용

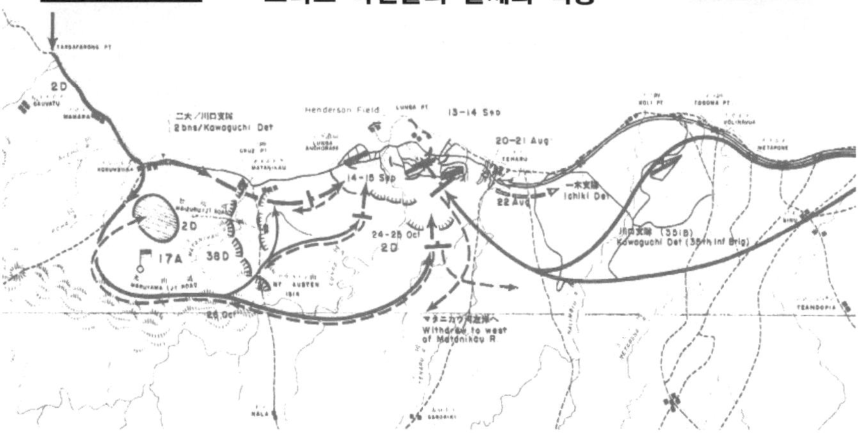

B. A. 프리드먼 지음
진중근 김권우 조홍래 김준우 옮김

일조각

추천사

이 책의 저자인 B. A. 프리드먼은 그동안 전략과 전술 사이의 회색지대로 정의되던 작전술과 작전적 수준의 기존 개념에 의문을 품었고, 그의 저작에 그 두 개념의 인과관계, 지적 토대와 용병술 이론에 관한 혜안을 담았다. 현재 교리에 의하면, 전략은 전쟁을 수행하는 술이고 전술이 전투를 수행하는 술이라면 '작전'은 전역을 수행하는 술이라고 알려져 있다. 그러나 저자는 전통적인 3분법의 용병술에서 '작전적 수준'의 존재에 대해 의문을 제기하면서, 클라우제비츠의 2분법적 논리를 바탕으로 전략과 전술 사이에 '작전적 수준'이란 존재할 수 없다고 주장한다. 어떤 주제이든 도전적인 문제 제기는 군사이론 발전에 중요한 논의의 출발점이 된다. 통상 우리는 교리와 관련된 주제에 대해 의문을 제기하지 않고 무비판적으로 수용하면서 단순 암기하는 데 익숙하다. 그래서 그런 풍토에 반기를 든 논쟁은 매우 낯설지만 우리의 군사적 사고에 큰 자극을 준다.

프리드먼은 '작전술'과 '전쟁의 작전적 수준'이라는 개념이 별개라고 주장한다. 이 책의 곳곳에 등장하는 클라우제비츠는 "모든 이론의 첫 번째 과업은 얽히고설킨 개념들과 생각들을 명확하게 밝히는 것"이라고 말했다. 이에 저자는 '전쟁의 작전적 수준'이 교리를 이해하는 데 혼란을 일으켰고, 작전술이 전략과 전술을 연결하는 개념도 아니며, 작전술이란 참모부의 역할, 전쟁과 전투 수행에 따른 군사적 기능과 전략과 전술에 기여하기 위한 것이라고 주장한다.

독일군과 러시아군 그리고 미군은 각기 전장을 바라보는 시각에 차이가 있다. 독일군과 러시아군은 작전수행의 관점에서 전장을 바라보고 미군은 전장을 관리의 관점으로 바라본다. 미군 출신인 저자는 작전술의 기능을 인사행정－정보－작전－화력지원－군수－지휘통제 순으로 전개하여 설명하면서 인사행정의 중요성을 강조하고 있으며 군 조직의 인적자원 관리가 전투 효율성에 미치는 영향을 분석했다. 저자는 인사행정이 단순한 행정적 기능을 넘어서 전투력과 사기를 좌우하는 결정적 요소로 작용한다고 보며, 역사적 사례를 통해 이것이 전투 결과에 미친 영향을 드러내고 교훈을 제시한다. 이러한 논의는 군사 전문가뿐만 아니라 조직관리와 인적 자원 분야의 학자들에게도 유용한 통찰을 제공한다.

이 책은 기존의 용병술 체계에 논쟁거리와 도전장을 제시한다. 작전술에 대한 새로운 관점을 탐구하는 데 관심이 있는 독자라면 많은 영감을 받을 수 있을 것이다. 현재의 교리에서 작전적 수준은 물리적인 제대 규모, 즉 군단, 야전군, 전선군 등이 수행하는 수준으로 알려져 있다. 그러나 많은 학자들과 프리드먼은 그러한 대부대들도 전술부대이므로 작전적 수준이라는 개념을 폐기해야 한다고 주장한다. 이에 대한 동의 여부는 오롯이 독자들의 판단에 달려 있다.

이론이란 현상을 더 잘 해석하고 이해를 돕기 위해 인위적으로 설정한 것이다. 그러나 오히려 개념들을 구분하는 이론 자체가 이해를 더 어렵게 만들 수도 있으며, 이런 문제들을 유심히 들여다보면 인식의 지평을 확장할 수 있다. 저자는 이론을 제시하면서 그의 주장을 논증하기 위해 부록에서 다섯 가지 사례를 분석했다. 이론을 이해하기 위해서 또는 전쟁사에 관심이 있는 독자라면 일독해 볼 만한 흥미로운 부분이다.

다만 저자는 전략과 전술 간에 일체의 공간이 없다고 단정하지만, 수많은 전쟁 양상을 보면 그런 공간이 존재할 가능성도 있다. 하지만 아쉽게도 저자는 이에 대해서 전혀 고려하지 않는다. 그래서 J. F. C. 풀러와 밀란 베고는 그것을 '작전'이라고 정의했으며, '전략'과 '작전'이 겹치고 '작전'과 '전술'이 중첩되며 이를 '전략적-작전적, 작전적-전술적 수준'이라고 설명했다. 헬무트 몰트케는 '작전적'이라는 용어를 빈번히 사용했고 '작전'을 전략의 하위개념으로 인식했지만 전략, 전술과 동등한 수준의 독립적 개념으로 공식 인정하지는 않았다. 이후 독일군 총참모부 장교들이 전쟁의 작전적 수준이라는 개념으로 통합하여 교리화했던 것이다.

오늘날의 작전술이라는 용어를 정의한 알렉산드르 스베친은 기존의 교리를 고집하기보다는 신뢰할 수 있는 지침을 제공하는 연구 조사를 선호했다. 네 명의 역자들은 우리가 알고 있는 교리와 개념이 보편타당한가라는 의문을 품고 교리에 관한 다양한 생각을 지닌 선각자를 찾아냈다. 또한 심혈을 기울여 번역하여 이를 한국에 소개했다. 이들의 노고가 우리 군의 교리 발전과 이론 정립에 자양분을 제공해 줄 것으로 확신하며, 독자들에게 일독을 권한다.

한국전략문제연구소장, 예비역 준장
주은식

추천사

대한민국 육군의 진중근 중령, 김권우 중령, 조홍래 중령, 김준우 소령이 함께 번역한 『작전술의 본질』의 추천사를 쓰게 되어 매우 영광이며 기쁘게 생각합니다. 이 책은 한국 육군 최고의 교육기관인 육군대학 교관으로 근무한 네 명의 장교들의 협업을 통해 완성되었습니다.

이들이 최고의 전문성을 바탕으로 번역한 『작전술의 본질』은 작전술에 관한 역사적 통찰과 실질적 지식을 갈구하는 한국군의 장교단을 비롯하여 군사문제에 관심 있는 독자들에게 소중한 자산이 되리라 확신하는 바입니다. 또한 기존의 군사 전문가들에게도 작전술과 현대전에서 참모 조직의 역할에 대한 이해의 폭을 확장하는 데 큰 도움이 될 것이며, 이에 일독을 적극 권하는 바입니다.

미 육군 예비역 중장, 전임 미 육군 제8군사령관 및 한미연합사령부 참모장

윌러드 M. 벌러슨Willard M. Burleson

머리말

내가 이전에 집필한 책과 마찬가지로 이 책도 카를 폰 클라우제비츠Carl von Clausewitz(1780~1831)의 사상을 따른다. 다시 말해 클라우제비츠가 기술한, 일종의 현상으로서의 전쟁war, 전쟁 양상warfare, 전략과 전술이 무엇인지에 관한 틀 내에서 연구했음을 뜻한다. 올리비아 개러드Olivia Garard와 앨프리드 노스 화이트헤드Alfred North Whitehead는 이구동성으로 모든 전략 이론이 클라우제비츠의 논리를 보충하는 일련의 '각주footnote'일 뿐이라고 주장했다. 하지만 나는 모든 **훌륭한** 전략 이론만이 클라우제비츠의 논리에 대한 일련의 '각주'라고 말하고 싶다. 오로지 내가 바라는 것은 이러한 서적들이 클라우제비츠의 논리에 대한 훌륭한 각주로 인정받는 것이다. 만약 독자들이 클라우제비츠의 사상과는 다른 어떤 것을 찾고 있다면, 이 책은 그런 책이 아니다. 그런 내용을 담은 서적들은 많지만 나는 그런 책들을 추천할 생각이 없다.

아내 애슈턴Ashton이 없었다면 이 원고는 정리되지 않은 기록으로 남았을 것이다. 그녀의 조언을 듣고 원고를 정리해 한 권의 책으로 엮을 수 있었다.

미 해병대에서 복무한 더그 킹Doug King 대령(예비역)과 대화하던 중 그는 내게 이 한마디를 조언해 주었다. "통제control는 참모(부)의 과업이다." 이 말 덕분에 지휘통제를 다룬 12장에서 내 생각을 명확히 정리할 수 있었다. 그에게 감사한 수많은 일들 중에서 이 책과 가장 관련이 깊은 것은 바로 이 조언이었다.

미 해군의 웨인 휴스Wayne Hughes 대령(예비역)은 나의 전작인 『전술의 정석*On Tactics*』(2017)에 큰 영향을 미쳤고, 그 책의 원고를 정리할 때 자신의 경험과 지식을 내게 아낌없이 공유해 주었다. 또 출간 승인 과정에서도 큰 도움을 주었다. 휴스 대령은 2019년 12월에 세상을 떠났다. 그의 영향력은 해군과 전략 이론 연구 커뮤니티에서 계속될 것이다. 그의 가르침에 감사를 표하며 고인의 명복을 빈다.

동료들과 대화하며 다수의 사례를 듣고 이 책에서 다룬 아이디어들을 다듬을 수 있었는데, 미 해병대의 그레고리 워드먼Gregory Wardman 중령(예비역)과 올리비아 개러드 대위가 바로 그들이다. 특히 올리비아는 전역의 분류 체계를 구상하도록 도와주었고, 그레고리는 정보 분야에 관한 나의 구상을 구체화하는 데 상당한 도움을 주었다. 두 사람에게 감사를 전한다.

데이비드 앨먼David Alman은 내게 동기-위생 이론Motivator-Hygiene theory을 참고하라고 조언해 주었고 이를 통해 인사행정을 다룬 제7장의 내용을 보완했다.

이 책에는 두 가지 취약점이 있다. 하나는 안타깝게도 서구의 역사와 사상에만 초점을 맞추었다는 것이다. 이는 나 같은 프리랜서 작가가 쉽게 접근할 수 있는 자료가 부족하고, 전쟁의 작전적 수준이 근본적으로 서구적 개념이라는 사실 때문이다. 따라서 오늘날 중국인민해방군中國人民解放軍, People's Liberation Army, PLA의 작전술은 흥미로운 주제지만 이 책에서는 다루지 못했다. 여기서 현재의 인민해방군의 사상을 간단히 살펴보면, 그들은 군사사상, 군사전략, 전역, 전술의 4개 수준으로 구분한다. 이 개념은 이 책에서 주로 다룬 작전적 수준 또는 작전술이라는 서구의 개념과 정확히 일치하지는 않는다. 간혹 서구 작가들은 전역, 합동전joint warfare, 작전적 수준 등을 섞어서 인민해방군의 사상을 설명하곤 한다. 하지만 이는 미군 교리에 대한 오해와 중국의 사상에 관한 억측에서 비롯된 것이다. 이를테면 서구에서 전쟁의 작전적 수준operational level of warfare은 때때로 전략의 구성요소인 목표ends–방법ways–수단means에서 '방법'으로 설명된다. 그러나 이 구조에서 '방법'은 작전적 수준보다 '전략적 수단'이라는 중국의 사상과 더 유사하다. 서구, 특히 미군의 교리 개념과 인민해방군의 교리 개념을 직접 대응하여 연결하는 영어권 저작들은 극단적 회의론으로 간주될 뿐이다. 중국군은 서구 군대에서 통용되는 군사교리military doctrine가 아니라 오히려 비교하기 어려운 독특한 스타일의 인민군 규정military regulation을 보유하고 있다. 인민해방군에 관심 있는 독자에게는 M. 테일러 프레이블M. Taylor Fravel의 『적극방어: 1949년 이후 중국의 군사전략*Active Defense: China's Military Strategy since 1949*』을 추천한다.

이 책의 또 다른 취약점은 지상전land warfare에 편중되어 있다는 것이다. 이는 전적으로 내가 항공 및 해상 작전에 관한 지식과 경험이 부족하기 때문이다. 이전에 출간한 서적에서는 이런 주제들을 더 많이 다루고자 노력했지만, 충분한 가치에 비해 내 관심이 여전히 부족했다.

이 책은 나의 전작 『전술의 정석』과 마찬가지로 역사가 아니라 이론에 관한 서적이다. 이론을 뒷받침하는 논거를 제시하고 설명하기 위해 역사적 사례를 다수 사용했지만 역사학 서적은 아니다. 그래서 대부분 2차 자료에 의존했다. 주로 교범 형태의 자료였고, 어떤 경우에는 교범의 필자들과 내가 직접 대화한 1차 자료를 활용했지만 이론 전개를 보강하기 위해 2차 자료도 사용했다.

내가 이 책과 『전술의 정석』에서 말하는 핵심 메시지는 전쟁을 승리로 이끄는 유일한 방법은 절대로 존재하지 않는다는 점이다. 전쟁에 영향을 미치는 요인은 너무나 많고, 이론은 해결책을 제시하는 것이 아니라 그런 요소들을 생각할 수 있도록 도와줄 때 가장 효과적이다. 내가 해결책을 제시한 곳은 조직과 편성에 관한 부분이다. 나는 이 책이 독자들에게 명확성을 제시하는 도구가 되길 바란다. 내가 클라우제비츠의 발자취를 따르고 있다고 말하기는 부끄럽지만, 단 한 가지 사실만큼은 분명히 그를 따르고 있다. 그는 얄팍한 지식으로 만병통치약을 제시하는 자들, 적절한 규칙과 지침을 따르기만 하면 성공이 보장된다고 떠벌리는 지식 장사꾼들을 비난했다. 과거에도 전쟁에 관한 규칙이 없었듯 앞으로도 새로운 규칙은 없다. 아무것도 장담할 수 없고 확실한 것도 없다. 간단한 해결책이란 존재하지 않는다. 그런 해결책이 있다고 말하는 자들은 모두 허풍쟁이다.

불행히도 오늘날 국방 분야에는 치석같이 미군에 엉겨 붙어 불어나고 쌓여 가는 궤변이 너무 많다. 학계 그리고 우파, 좌파 정치 전문가와 평론가들이 몇몇 억지 논리를 만들어 내고 있다. 예를 들어 전쟁의 작전적 수준이란 용어는 미군 내부에서 생긴 오해에서 비롯되었다. 하지만 모든 전쟁이 확률에 따라 결정되듯, 특정한 잘못된 논리에 대한 나의 비판이 클라우제비츠가 그랬듯이 성공할지 아니면 실패할지 확신할 수 없다. 이를 알 수 있는 유일한 방법은 직접 비판해 보는 것뿐이다.

차례

일러두기

1. 본문의 위첨자 중 숫자는 원서의 미주 번호이고 기호는 옮긴이 각주 표식이다.
2. General Staff는 총참모부로, general staff officer는 장군참모장교로 번역했다. General staff officer는 사실상 총참모부 소속이며 총참모부에서 통제하는 장교이지만 한국군에서는 '장군참모장교'라는 용어로 통용된다.
3. 이 책 전반에 걸쳐, 특히 8장에서 Intelligence와 Information을 구분하여 설명한다. 한국군에서는 두 단어를 모두 '정보'라고 번역하거나, 둘을 구분해야 할 때에는 Intelligence를 '정보', Information을 '첩보'라고 옮긴다. 그러나 8장에서 Information을 첩보라고 옮기면 혼란이 발생할 수 있다. 지은이가 Information을 정보, Intelligence를 고가치 정보라는 의미로 사용했기 때문이다. 따라서 이 책에서는 Information을 '정보', Intelligence를 '인텔리전스'라고 옮겼다.

도입

총검을 만들어낸 발상 자체가 바로 혁명이다.

—나폴레옹 보나파르트

마이클 하워드Michael Howard 경은 프로이센에서 처음 생겨나 유럽과 전 세계로 전파된 총참모부 시스템general staff system에 대해 이렇게 말했다. "총참모부 시스템이야말로 19세기의 위대한 군사혁신이라 할 수 있다."[1] 이 책에서 나는 하워드의 주장이 옳았으며, 총참모부 시스템이 나폴레옹 전쟁(1803~1815) 이후 현대 전쟁의 복잡성과 규모의 팽창에 대응하기 위해 개발되었다고 주장한다. 그와 동시에 또 다른 대응 메커니즘으로 전쟁의 작전적 수준operational level of war*이 등장했는데, 나는 이 개념이 가장 작게는 문제를 유발할 수 있고, 최악의 경우에는 심대한 해악을 끼칠 수 있다고 주장한다. 반대로 그와 유사한 개념인 작전술operational art은 군사 조직의 참모들이 전략을 달성하기

* 최근 교리에서는 war 대신 warfare를 쓴다.

위해 전술을 지원하고 지속하는 활동을 설명하는 데 유용하다. 참모부가 수행하는 작전술은 이론적으로 흔히 전투수행기능이라고 알려진 것들의 집합체다. 군사적 성공이 통상 전쟁의 작전적 수준을 '발견'한 바에 기인했다는 (잘못된) 의견도 있지만 이보다는 오히려 총참모부의 등장에 힘입은 바가 크다고 할 수 있다. 서구 군대가 작전적 수준을 도입함으로써 특히 전술과 전략이 단절되었고, 그로 인해 참모조직을 효과적으로 구성하는 데 제약을 초래했다.

앞서 출간한 『전술의 정석』에서는 적군에 맞서 군사력을 운용해야 하는 군대의 지휘관에게 초점을 맞추었다. 군 지휘관은 당연히 전술가다. 이 책은 작전술의 기능을 수행하여 지휘관을 보좌하는 참모장교에게 초점을 두었다.[2] 참모들이 직접 전술을 구사하지는 않지만 전술적 통찰력은 참모에게 매우 유용하고 필수적이다. 물론 대부분의 하급 부대의 지휘부도 그러하며, 그들의 참모부도 나름의 수준에서 작전술을 수행한다고 볼 수 있다.

전쟁의 작전적 수준

통상 소련군*이 '전쟁의 작전적 수준'이란 개념을 창조했다고 알려져 있지만 이는 근거 없는 이야기다. 소련에서는 군사작전의 계획 수립에 점증하는 복잡성을 표현하기 위해 '작전'과 '작전술'이라는 용어를 사용하기 시작했다. 그리고 이는 자칭 전략가라고 자부하며 온갖 사상을 창시한 블라디미르 레닌Vladimir Lenin에게 반기를 드는 위험을

* 원문의 'Red Army'는 '소련군'으로 번역했다.

방지하면서 전략을 논할 수 있는 창구이기도 했다. 전략에 대한 레닌의 관점은 정치와 결부되었다. 그는 1917년에 한 연설에서 이렇게 주장했다. "우리가 전쟁이라는 문제를 논할 때 대개 간과하는 가장 중요한 점은 [···] 전쟁의 계급적 특성이다. 이는 곧 전쟁의 원인이 무엇인가, 어떤 계급이 전쟁을 수행하는가, 어떤 역사적·역사경제적 조건이 전쟁으로 이어졌는가를 말한다." 이어서 자신이 신봉하는 클라우제비츠의 말을 인용했지만, 전쟁에 관한 클라우제비츠의 관점을 계급투쟁이라는 정치적 대결로 왜곡했다. "전쟁은 다른 수단에 의한 정치의 연속이다. 모든 전쟁은 이를 유발하는 정치체제와 불가분의 관계에 있다. 특정 국가, 그 국가 내부의 특정 계층이 전쟁 이전부터 오랫동안 추구했던 정치는 전쟁 중에 동일한 계급에 의해 계속되고 그 행동의 형태만 바뀌게 된다."[3] 소비에트 체제에서 전략은 국가지도부만 언급할 수 있는 용어였다. 이오시프 스탈린Iosif Stalin이 레닌에게 전략의 대가라는 외투를 물려받았고, 소련군 장교들에게 작전술은 그들의 의사를 표시할 수 있는 안전한 공간이었다. 얼마 후 이런 생각과 용어들이 여러 국가들의 군대로 전파되었고, 그 개념은 작전적 수준이라는 형태를 갖추게 되었다.

어쨌든 산업혁명으로 전쟁 양상이 더욱 복잡해졌고, 전쟁의 작전적 수준이라는 발상은 확대된 복잡성을 해결하는 데 그럴싸한 방법이었다. 전쟁 양상은 언제나 복잡했지만 특히 산업혁명 이후에는 상비군의 규모가 증대했고 사격속도와 유효사거리, 기동성도 증가했다. 무기체계의 복잡성이 증대하자 예비 부품, 연료, 각종 오일과 군인들에게 필요한 훈련과 전문지식 등을 유지하는 모든 방식도 부수적으로 확대되었다. 제1차 세계대전(1914~1918)에서 독일에 패배한 후 곧바로 내전을 치렀을 뿐만 아니라 내전 중에 백지 상태에서 마르크스-레닌의 이념 노선을 따라 새로운 군대를 건설해야 했던 러시아군에서 이러한 복잡성이 직접적으로 나타났다.

이 두 가지 개념, 곧 마르크스-레닌주의자들의 요구와 산업화된 전쟁 양상의 복잡성에 부응하는 것은 오늘날까지도 매우 명확한 특성으로 남아 있다. 전쟁의 작전적 수준을 지지하는 사람들은 이를 "거대한 공간에서 벌어지는 일련의 복잡한 교전에서 군 지휘관들이 대부대 운용의 전문성을 발휘할 수 있는, 정치적으로 자유로운 영역"으로 본다.[4] 작전술과 전략, 전술의 관계도 위계적이라고 주장한다. 다시 말해 전략은 목표나 목적을 작전적 수준에 내려 주고 전술적 수준에 하달한다는 것이다. 한때 작전술을 '대전술grand tactics'로 간주하고, 때로는 전략에 더 가까운 것으로 인식한 적도 있었다.

작전술의 개념을 정의하는 문제를 둘러싸고 치열한 논란이 벌어졌지만 비정치적이며 복잡성을 띤다는 본질은 변함없었다. 어떤 이들은 작전술을 지휘 수준으로, 이를테면 군단급 이상의 수준이라고 규정했다. 다른 이들은 단순히 병력의 수와 물자의 양, 또는 군사력이 이동할 수 있는 거리와 관련된 규모로 사용했다. 또 다른 이들은 작전술의 기능에 초점을 맞추었다. 예를 들어 짐 스토르Jim Storr는 이렇게 기술했다. "작전술은 연결고리다. 즉 전역의 전략적 목표를 달성하기 위해 전구 내에서 일련의 전투(또는 전술)를 계획하고, 순서와 방책을 결정하며, 수행하는 데 관여한다."[5] 그러나 그 역시 작전술을 사단급 이상의 지휘 수준이라고 기술했다.[6] 그 책의 다른 곳에서는 대부대와 '매우 멀리 떨어진'이라는 용어를 사용해서 작전술을 정의했다.[7]

대부분의 지지자들은 나폴레옹 전쟁과 제2차 세계대전(1939~

1945) 사이의 수십 년 동안 전쟁 양상이 변화했던 시기에 작전적 수준이 출현했다고 인정한다. 이 기간에 정말 많은 변화가 있었다(제2장에서 근대 전쟁이 나폴레옹 전쟁에서 시작되었다는 점에 관해 살펴본다). 그러나 작전적 수준이라는 발상은 근대화를 불러일으킨 변화와 역동성을 제대로 담아내지 못한다.

이 개념의 창시자 중 한 명이자 미 육군의 고급군사연구학교Army School of Advanced Military Studies, SAMS* 교수인 로버트 M. 엡스타인Robert M. Epstein은 나폴레옹 전쟁 중에 작전적 수준이 출현했다고 본다.[8] 그는 '작전적 수준의 전역'을 이렇게 설명한다. "징집병으로 편성된 군단이라는 대칭적 군 조직을 갖춘 것이 특징이며, 분산된 기동 방식으로 전술적 교전을 순차적 또는 종종 동시에 시행하고, 분권화된 지휘를 시행하되 지휘관들은 작전 방식을 공통되게 이해한다는 특징을 보여 준다. 승리는 전술적 교전이 수행되는 작전적 수준의 전역이 누적된 효과로 달성된다."라고 말한다.[9] 작전적 수준의 모든 측면이 담긴 이 논리는 다음과 같은 용어들로 명확히 재정리할 수 있다. 즉 규모(분산 기동), 지휘 수준(군단 편제 및 분권화된 지휘), 교리(공통적인 작전 방식), 시간에 따른 전술의 연결(순차적인 누적 효과)이다.

문제는 이렇게 설명된 특성들이 나폴레옹 전쟁 때 처음 등장한 것이 아니라는 점이다. 엡스타인은 그 시점에 그런 특성들이 최초로 나타났다고 주장했지만, 유럽 역사에서 이는 전혀 새롭지 않았고 모두가 훨씬 이전에, 일부는 이미 수 세기 전에 출현했다. 앞서 제시한 속

* 미 지휘참모대 졸업생 중 상위 10퍼센트를 대상으로 세계 각지에서 수행되는 군사작전들을 연구하면서 잠재적 군사 위협을 판단하고 대비하는 작전술 전문가를 육성하는 1년간의 교육과정이다.

성들은 서구에서 발생한 주요 분쟁에서 두드러지게 나타난 측면이었다. 이를테면 펠로폰네소스 전쟁*(기원전 431~404), 제2차 포에니 전쟁†(기원전 218~202), 갈리아 전쟁‡(기원전 58~50), 로마 내전§(기원전 49~45), 아랍 원정¶(622~750), 몽골 정복**(1237~1291), 7년 전쟁††/프렌치-인디언 전쟁(1754~1763), 미국 독립전쟁(1775~1783) 등이 그 예이다. 유일한 예외는 부대의 크기를 나타내는 '군단'이라는 용어를 사용한 것이다. 그러나 군단이라는 표현에 내재해 있듯이 군단 정도의 조직은 나폴레옹 전쟁 이전에도 사용되었다. 고대 전쟁에 존재했던 특성을 근거로 '새로운' 수준이 출현했다는 주장은 명백한 어불성설이다.[10]

뒤에서 논의하겠지만, 이러한 개념적 모순은 전쟁의 작전적 수준을

* 고대 그리스에서 아테네가 주도한 델로스 동맹과 스파르타가 주도한 펠로폰네소스 동맹 간의 전쟁.

† 로마 공화정과 카르타고 사이에 벌어진 전쟁. 카르타고의 한니발과 로마의 대결이라는 점에서 한니발 전쟁이라고도 불린다.

‡ 로마 공화정과 갈리아 부족 간의 전쟁. 율리우스 카이사르는 갈리아 키살피나, 일리리아, 프로빈키아의 총독으로 임명되었다. 로마는 당시 갈리아의 독립 켈트족 부족국가들과 교역 및 외교관계를 맺고 있었다.

§ 로마 공화국 말기 카이사르의 민중파와 폼페이우스를 비롯한 원로원파 사이에 벌어진 내전.

¶ 이슬람의 초기 정복 전쟁 또는 초기 이슬람 정복전쟁이라고도 불린다. 이슬람 예언자 무함마드가 7세기 초에 시작한 정복에서 시작되었다. 그는 최초로 아라비아 반도에 통일된 정권을 수립했고, 이후 정통 칼리파국과 우마이야 칼리파국의 확장 정책에 따라 전쟁이 지속되었다.

** 몽골 제국의 아시아, 동유럽 정복전쟁으로 13세기 내내 계속되어 광대한 몽골제국을 형성한 전쟁.

†† 오스트리아 왕위계승전쟁에서 프로이센에 패배해 독일 동부의 비옥한 슐레지엔을 빼앗긴 오스트리아 합스부르크가가 그곳을 되찾기 위해 프로이센과 벌인 전쟁. 유럽의 거의 모든 열강이 참여했다.

다룬 문헌들에서 흔히 발견된다. 이 개념을 창안했다고 알려진 소련군에서도 마찬가지다. 정의에도 문제가 있지만 개념 자체에도 문제가 있다. 전쟁의 작전적 수준은 그 개념에 논리적 공간이 없기 때문에 사상으로서 확고한 지위를 얻을 수 없다. 위에서 설명한 요소들은 서로 번갈아 가며 빈번하게 인용되지만 전쟁의 작전적 수준이라는 논리는 결코 타당하지 않다. 클라우제비츠의 『전쟁론』에서 유래한 전술과 전략의 고전적 정의는 논리에 초점이 맞춰져 있다. 이 둘을 구별하는 것은 지휘의 수준, 규모, 크기나 복잡성이 아니다. 클라우제비츠가 이 둘을 구별한 기준은 바로 논리였다. 즉 전술의 논리는 전장에서 승리를 얻는 것이고 전략의 논리는 전쟁의 목적을 위해 그러한 승리들을 활용하는 것이다. 전자는 선형적이고 후자는 비선형적이다. 이 정의들은 전쟁의 작전적 수준에 논리적 공간을 허용하지 않는다. 즉 작전이 아무리 크더라도 선형 논리(적군을 격멸)를 갖고 있기 때문에 결국 전술의 논리와 동일하다. 작전적 수준이 전략에 가까워지는 순간, 정치와 전략적 효과가 개입되고 전략의 비선형적 논리가 그 공간을 넘겨받게 된다.[11] 전쟁의 작전적 수준을 지지하는 이들이 주장하듯이 전략과 전술이 엄격한 계층 구조를 이루는 것도 아니다. 오히려 이들은 상호 변증법적 관계—전쟁의 작전적 수준이 삽입되면 붕괴되는 관계—에 있다. 결과적으로 작전적 수준은 필요하지도 않고 수용할 공간도 없는 전쟁 이론으로, 좁은 틈을 비집고 들어온 일종의 애물단지 같은 개념orphan concept이다.

미 공군의 고급항공우주연구학교U.S. Air Force School of Advanced Air and Space Studies, SAASS* 교수인 해럴드 R. 윈턴Harold R. Winton에 따르면 군

* 미 육군의 고급군사연구학교를 본따 미 공군에서 설립한 학교로 11개월간 항공력의 역사, 교리, 전략을 학습하는 심화교육 과정을 진행한다.

사이론의 첫 번째 과업은 연구 분야를 규정하는 것이고 두 번째 과업은 범주를 나누는 것이다.[12] 모순적이고 혼란스러우며 주관적으로 다양하게 해석될 수 있는 작전적 수준이라는 개념은 이 시험을 통과하지 못했다. 또한 학문 분야에서 명확한 정의를 내리지 못했을 뿐만 아니라 더 큰 영역 내에서 범주화하는 데 기여하지도 못했다. 사실상 이 개념은 완벽하게 구축된 기존의 범주를 복잡하게 만들 뿐이다.

작전술

작전술은 전쟁의 작전적 수준과 관련되어 있지만 별개의 개념이며, 소련 군사 사상가들의 창조물이다. 이 두 용어는 다르지만 자주 혼용된다. 밀란 베고Milan Vego는 작전술을 "특정한 전구에서 전략적 또는 작전적 목표들을 달성하기 위해 전역과 주요 작전을 계획, 준비, 실시, 지속하는 이론, 실제와 관련된 군사술의 구성 요소"라고 설명한다.[13] 이는 다소 동어반복적인 정의이며, 베고는 작전술을 전쟁의 작전적 수준과 동의어로 사용한다. 그러나 군사행동을 계획, 준비, 실시, 지속하는 데 초점을 둔 것은 흥미로운 관점이며 이러한 활동은 전술, 전략과 전혀 다른 문제이다. 베고만 이러한 관점을 가진 것은 아니다. 전쟁의 작전적 수준을 지지하는 군사 이론가 시몬 나베Shimon Naveh는 이렇게 기술했다. "이 수준의 본질은 [···] 군사작전의 준비, 계획과 실시다."[14] 작전술은 클라우제비츠가 언급한 '전쟁 준비'와 관련이 더 많고, 이것은 전술과 전략의 영역인 전쟁 수행과는 별개의 문제다.[15]

작전술을 작전적 수준과 분리하면 작전술의 의미를 더 쉽게 이해할 수 있다. 작전적 수준의 논리를 충족하는 데 필요한 것들에서 작전술을 배제하면 전술과 전략을 모호하게 '연결'하는 것 이외에 다른 것들이 작전술의 토대가 될 수 있다. 그리고 군사작전의 '계획, 준비, 실시, 지속'을 설명하는 토대를 유지할 수 있다. 여전히 전술에서 근거를 찾고 전략과 연결해야 하지만 그 자체가 둘 사이에 끼어들거나 간섭하는 개념은 아니다.

따라서 작전술은 어느 정도 장기간, 지리적으로 넓은 공간 또는 그 둘 모두의 측면에서 전술을 계획, 준비, 동시통합하고 지속하는 개념이다. 전술의 선형적 논리(전투에서 승리)와 전략의 비선형적 논리(유리한 상황에서 평화를 달성하고자 전투 결과를 이용하는 것)는 동일하게 유지된다. 작전술은 전략적 효과를 달성하기 위해 전술을 활용하여 군사력을 유리한 지점에 투입하는 데 요구되는 기능들로 구성된다. 그런 이점을 달성하기 위해 전술적 준칙들과 엮여 있기 때문이기도 하나, 지침을 제시하는 전략에 순응해야 하기 때문에 작전술은 독자적 논리를 가질 수 없다. 작전술은 전술과 전략의 보조적 기제機制인 것이다.

작전적 수준에 대한 반향

전쟁의 작전적 수준을 수용하는 분위기가 확산되었지만 물론 모두가 동의하지는 않는다. 이 개념과 지지자들에게 반대하는 이들도 있다. 2009년 저스틴 켈리Justin Kelly와 마이크 브레넌Mike Brennan은 미 육군 전략연구소US Army's Strategic Studies Institute에서 『에일리언: 작전술이 어떻게 전략을 파괴했는가?*Alien: How Operational Art Devoured Strategy*』라는 제목의 보고서를 작성했다. 당시는 미국이 전략적으로 큰 난관에 봉착한 시기였다. 지난 행정부는 전략적으로 정당한 목적 없이 두 번이나 국가를 수렁에 빠뜨렸다. 새로운 행정부는 한층 더 많은 일에 개입해야 할 처지였다. 교리상의 개념인 전쟁의 작전적 수준을 지속적으로 현실에 적용하려 했지만 한결같이 실패했다. 미군은 전술과 전략의 연결에 있어서 숙련된 모습을 보여 주기는커녕 고통스럽게 표류했다.

켈리와 브레넌은 다음과 같이 결론지었다. 미군이 소련의 작전적 수준의 전쟁 개념을 역사적 또는 교리적 맥락을 무시한 채 교리에 복제함으로써 전역 계획이 전략 개념에서 분리되었고, 이로써 전역과 전술의 중요성은 증가했으나 전략의 중요성이 축소된 미국의 전쟁 개념이 출현했다는 것이다.[16] 클라우제비츠로부터 시작되어 전술과 전략의 연결을 규명하려던 수십 년간의 지적 노력이 한순간에 물거품이 되고 만 것이다.

또 다른 평론가 윌리엄 F. 오웬William F. Owen은 전쟁의 작전적 수준이라는 개념에 강력히 반대한다. 그는 앞선 이들과 유사하게, 작전적 수준이 전략을 약화할 뿐만 아니라 그 때문에 전술을 경시하는 현상까지 초래한다고 주장했다.[17] 둘 사이의 '연결고리'라는 작전적 수준에 대한 발상도 완전한 실패작이었고, 전술과 전략은 수 세기 동안 그렇게 인식되어 왔듯 떼려야 뗄 수 없는 불가분의 관계라고 말한다.[18] 이어서 전쟁의 작전적 수준을 채택함으로써 서구의 군대는 전술을 잘못 이해하고 있으며, 반대급부로 전장에서는 잘못된 전술을 구사하는 결과가 초래되었다고 주장한다.

전쟁의 작전적 수준이라는 정의 자체가 모순적이라는 비판도 있다. 이런 내용은 (향후 살펴볼) 미 육군의 교리에서 발견된다. 영국의 군사 사학자 휴 스트라챈 경Sir Hew Strachan이 이 문제점을 찾아냈다. 작전적 수준으로 어떤 때는 전략을, 다른 때는 전술을 설명하면서도 그 자체의 위치를 찾지 못하고 있다고 주장했다.[19] 또한 "작전술이 여기 저기 온 사방에서 사용되면서 전쟁과 정치의 관계를 명확히 설명하지도 못했고, 전략을 논하고 지도하는 적절한 구조에 포함되지도 못했기 때문이다."라고 기술했다. 이어서 그는 핵심을 찔렀다. "작전술과 작전적 수준이 존재한다면 그것들은 진정한 목적과 적절한 위치를 다시 발견하게 될 것이다."[20] 결국 전쟁의 작전적 수준이 존재할 공간은 없음이 드러나게 될 것이다. 전쟁과 정치는 분명히 구분할 수 있고 그 둘의 기반이 되는 전술은 그 위치를 확인할 필요가 없다. 이는 비단 미국의 교리에만 국한되지 않는다. 호주 방위군Austrailian Defence Force의 윌 비거스Will Viggers 소령은 자국의 교리가 이러한 수준의 근거를 논리적으로 설명하기 위해 얼마나 고군분투하는지 한탄하면서, 이 개념들이 '혼란'을 일으키고 '불명확'하기 때문이라고 기술했다.[21] 이런 혼란은 전 세계적 현상이다.

전략이론가인 콜린 S. 그레이Colin S. Gray도 작전적 수준에 관해 다음과 같이 언급하면서, 우선 작전을 이렇게 정의했다. "일반적으로 작전은 반드시 대규모는 아니지만, 합목적적으로 연계된 군사적 교전들military engagements의 조합이며 행동화된 전략이다."[22] 또한 전쟁의 작전적 수준이 전략과 전술의 연결고리가 되기는커녕 둘 사이에 장벽이 될 가능성이 더 많고, 나아가 둘 중 어느 하나를 경시할 구실이 될 수도 있다고 경고했다.[23] 그에게 작전은 '군사 행동(전술)의 오케스트레이션orchestration'*과 유사한 것이었다.[24] 오케스트레이션은 수준

* 음악에서 모든 악기의 사용법과 특성, 그 조합 등에 관한 이론. 기악편성법, 관현악법이라고 한다. 조합이라고 옮길 수 있으나 원어의 의미를 살리기 위해 원어로 표기한다.

이라기보다 편곡arranging과 같은 독립적 행위다. 교향곡 역시 다양한 악기 그룹의 오케스트레이션을 필요로 하지만 연주할 때는 리듬, 곡조(멜로디), 화음(코드), 타 악기와의 화성(하모니) 같은 음악 이론의 원칙이 변하지 않는다. 작전에 대한 그레이의 관점은 작전적 수준보다 작전술에 더 가깝다.

전쟁의 작전적 수준이라는 개념은 이론에서뿐만 아니라 실제 적용에서도 문제를 일으킨다. 조너선 슈로든Jonathan Schroden은 미국의 정책 결정자들이 "전쟁의 작전적 수준을 무시하고 소부대들의 전술적 행동들을 전략적 목표에 직접 연결하려 하고", 따라서 특수작전부대에 얼마나 많이 의지하는지를 기술했다.[25] 전술적 행동과 전략적 효과는 불가분의 관계이며 재래식 전력으로는 이를 구현할 수 없다는 사실을 국가지도부가 인식했다는 것이다. 작전적 수준의 개념과 그에 따른 관료주의로 인해 미군의 대다수 전력—작전적 수준에서 활동하는 부대들—이 비효율적이라고 치부되면서 미국의 전략이 무기력해졌고 소규모 특수작전부대들만이 점점 더 무거운 짐을 떠안게 되었다.

비평가, 이론가, 분석가 그리고 다양한 사람들이 전쟁의 작전적 수준 개념이 초래하는 폐해를 경고했다. 그러나 이것은 단지 학계의 논쟁에 국한된 문제가 아니다. 전쟁이란 실제 사람들에 의해 발생하는 인간적 현상이다. 잘못된 가정과 개념을 근거로 전쟁을 수행하는 것은 자신들이 상대해야 할 적군의 행동만큼 생존에 위협적이다. 따라서 전쟁의 작전적 수준과 작전술을 이해해야 한다는 것은 단순한 탁상공론이나 궤변이 아니다. 정책 입안자와 군인이 현실 세계의 교전을 수행하는 데 있어 실질적 의미가 있는 행위이다.

소결론

전쟁의 작전적 수준에 관한 종래까지의 통념은 산업혁명을 거치며 전쟁의 복잡성, 범위, 규모가 증대됨에 따라 독일 또는 소련이 만들어냈고, 미국을 비롯한 다른 국가들이 이를 채택했다. 뒤에서 살펴보겠지만, 현재까지 얼마나 많은 이들이 이런 주장을 했든, 향후에도 이런 주장을 하든 상관없이 작전적 수준이라는 논리는 타당하지 않으며, 결코 사실이 아니다. 나아가 작전적 혹은 전구 사령부를 창설한 것도 전쟁의 작전적 수준을 의미하지 않는다. 우리는 어느 수준의 지휘가 '작전적'이며 어느 수준이 아닌지에 대해 다양한 생각을 살펴보게 될 것이다. 그러나 다양한 자료들을 검토한 결과, 우리는 궁극적으로 설 자리가 없는 이 개념으로 인해 엄청난 혼란이 야기되었다는 사실을 확인하게 될 것이다. 과거부터 현재까지 전술과 전략은 지휘 수준과는 거리가 멀다. 전쟁의 작전적 수준을 지지하고 논리적으로 해석하려던 시도들은 모두 실패했다.

클라우제비츠는 이론을 평가하는 기준을 제시했다. "모든 이론의 첫 번째 과업은 마구 뒤죽박죽 섞여 있는, 다시 말해 얽히고설킨 개념들과 생각들을 명확하게 밝히는 것이다."[26] 전쟁의 작전적 수준은 이 시험에서 탈락했다. 그것은 전술, 전략 이론 모두에 혼란과 오해를 불러일으켰으며 이들을 뒤엉키고 혼란스럽게 만들었다. 그러나 작전술을 정확히 이해한다면 클라우제비츠의 시험을 통과할 것이다. 참모부의 역할, 이들이 전쟁과 전쟁 방식에 따라 담당할 군사적 기능, 이들이 전술과 전략에 어떻게 기여하는지를 명확히 설명해 주기 때문이다. 따라서 전쟁의 작전적 수준과 작전술은 분명히 별개의 개념이며,

작전술도 전략과 전술을 연결한다는 개념에서 떼어내야 한다.

전쟁의 작전적 수준은 제1차 세계대전과 밀접하게 관련된다. 결국 작전적 수준이라는 개념을 만들어낸 이들은 산업화 전쟁의 문제를 해결하려 했던 군대조직, 특히 소련군이었다. 그러나 이후 그 개념의 모호한 성질 때문에 작전적 수준은 누구나 원하는 대로 해석할 수 있는 유연성을 갖게 되었고, 아무런 역할도 하지 못한 채 전쟁과 전략의 본질에 혼란을 야기했고, 전략과 전술을 단절시켰으며, 두 가지 모두의 효력을 약화시켰다.

제1차 세계대전도 총체적으로 검토된 바가 없다. 특히 소련은 제1차 세계대전과 곧바로 이어진 러시아 내전(1918~1921) 중에 유럽의 상황에 초점을 두었다. 그들은 제1차 세계대전 때 중동과 아프리카 같은 다른 전구를 간과했다. 그곳의 군사작전들은 유럽의 서부전선에서 벌어진 진퇴양난의 양상과는 전혀 달랐다. 해상 작전도 고려되지 않았다. 마찬가지로 남미 전역과 북미에서 벌어진 군사분쟁도 고려대상이 아니었다. 모든 전쟁 방식에 적용된다고 외쳐댔던 이 개념은 매우 제한적이고 특별한 조건에만 부합하는 것이었다. 물론 당시 소련인들도 이를 명확하게 개념화하지 못했다. 1920년대와 1930년대의 관점에서 유럽의 서부전선은 확실히 전형적인 전쟁처럼 보였을 것이다. 그러나 오늘날 우리는 그것이 사실이 아님을 잘 알고 있다.

클라우제비츠는 각각의 논리를 기초로 전략과 전술을 정의했다. 타당하다고 본다. 이 둘은 그의 시대 이래로 관계를 맺었고 전쟁의 작전적 수준을 지지하는 이들도, 각국의 군사교리도 이 둘을 기능에 따라 구분해야 한다는 데 크게 이의를 제기하지 않았다. 물론 정의상의 차이 그리고 하나와 다른 하나가 어디서 끝나고 시작되는지에 대해 이견이 있었으며, 심지어 각각의 기능이 무엇인지에 대해서도 논쟁이 있었다. 그러나 큰 틀에서 이 둘의 논리가 명확하다는 합의는 존재한다. 하지만 작전적 수준을 고려하는 순간 그러한 합의는 깨져 버린다. 작전적 수준을 정의하는 데 있어서도 일부는 규모로, 어떤 이들은 지휘 수준으로, 어떤 이들은 실행으로 기술한다. 어떤 이들은 그 작업에 전혀 관심을 두지 않으며, 또 다른 이들은 체념하고 다수의 상충되는 정의를 활용한다. 반면 작전술 등 소련의 체제—마르크스 정통주의에 그 기원이 있음을 인정하더라도—에서 개발된 관념들은 서방에 이미 존재하는 전술과 전략의 개념 사이에 깔끔하게 들어맞았다. 그 결과 프랑켄슈타인이라는 괴물이 탄생했지만, 이제 이들을 제거하기란 매우 어려운 상황이다.

그러나 그 근원이 아무리 완벽하고, 소련 교리에 대한 철저한 이해를 바탕으로 하며 미국의 전략 사상으로 충실하고 정확하게 유입되었다고 해도 작전적 수준은 여전히 많은 문제를 안고 있다. 전략과 전술의 관계에 대한 이해를 무너뜨렸고, 미군의 현실적·실제적 방법 측면에서 미군의 효과성을 손상했기 때문이다. 작전적 수준의 근원이 매우 혼란스럽고 피상적이기에 그것을 전략 이론에서 배제할 필요성이 더 커진다.

전쟁의 작전적 수준 개념은 여전히 설득력이 없고 콜린 그레이와 여러 사람들이 언급했듯이 해롭기까지 하다. 그러나 작전술 개념은 설득력이 있기 때문에 논쟁이 꽤 오랫동안 강도 높게 진행되었다. 베고는 작전술을 (전략이 지도하는 그리고 전술로 구성된) 전역들에 대한 지원으로 인식했는데, 이러한 관점은 일리가 있다. 그러나 작전술에 지원 역할을 부여하는 것 자체가 전쟁의 작전적 수준을 필요로 하지 않음을 뜻하며, 우리는 작전적 수준이라는 더러운 목욕물을 쏟아 버릴 때 작전술이라는 아기를 함께 버리지 않도록 주의해야 한다. 이제 우리가 해야 할 일은 신선해 보이고 그럴듯한 전쟁의 수준을 가져와서 우리의 교리에 끼워 넣지 않는 일이다. 또한 작전술을, 전술가와 전략가들을 위해 지원하고 중요한 역할—계획, 준비, 실시, 지속—을 이행하는 기능으로 인식하는 일이다. 클라우제비츠는 이러한 활동이 '군사력 유지'와 '전투 준비'를 위해 필요하며, 전투 그 자체(따라서 전술)와는 다르다고 언급했다.[27] 이는 전역에서 확실히 입증된다. 전쟁의 작전적 수준이 때로는 전역 수준이라고 표현될 때도 있지만 전역이란 연계된 전술적 행동의 집합체일 뿐이다. 전술의 원칙들도 이런 집합체 안에서 변하지 않는다.

작전술은 수준이 아니라 역할로 정의되며 물리적 전투력과 관련된다. 군단, 전선군, 야전군 또는 사단급 수준과 관계된 것이 아니다. 왜냐하면 규모는 크지만 이런 부대들도 전술적 수준의 부대이며 전술을 시행하기 때문이다. 정치적·군사적 목표와도 관련이 없다. 그것은 전략의 영역이기 때문이다. 오히려 작전술은 전략적 효과를 달성하기 위해 전술을 지원하고 조정하는 조직, 즉 참모부의 영역이다.[28]

작전술은 전쟁의 작전적 수준의 개입 없이 전략 및 전술과 대등한 지원 기능으로서 현대 전쟁 양상의 복잡성을 관리하기 위해 참모들이 수행하는 분야이다. 나는 이 책이 켈리, 브레넌과 오웬이 식별한 문제점들을 포함하여 전략과 전술 모두를 명확히 규명하는 데 다소나마 기여할 것이라고 확신한다.

1

작전과 나폴레옹 혁명*

역사적 사건마다 소위 위인의 이름이 그 사건을 칭하는 표제가 된다. 그러나 항상 표제가 그러하듯, 사건 자체와 위인 사이에 관련이 없는 경우가 많다.

— 레프 톨스토이Lev Tolstoy

군사와 비군사 등 모든 분야에서 수많은 발전이 일어나고 그와 동시에 전쟁 양상이 극적으로 변화하는 분위기가 무르익었을 때 나폴레옹 혁명이 일어났다. 이러한 발전에 정작 나폴레옹 보나파르트Napoléon Bonaparte(1769~1821)는 기여한 바가 거의 없다. 그러나 이러한 진보와 나폴레옹이 활약했던 시기가 일치했고, 그는 변화의 중요성을 최초로 이해한 인물이었다.

나폴레옹이 이토록 많은 발전의 창시자라기보다 오히려 사용자였다는 사실에도 불구하고 그는 역사상 탁월한 장군 중 하나였다.[1] 크

* Napoleonic Revolution. 이 책에서 revolution은 혁명, innovation은 혁신으로 번역했다. revolution이 프랑스 혁명 같은 역사적 사건을 나타낼 때는 혁명으로 옮기지만 '나폴레옹'이나 '군사'와 결합할 때는 '혁신'으로 옮기는 것이 더 타당하다. 하지만 여기서는 본문에서 카뮈가 정의한 '혁명'의 의미에 기반하여 revolution을 '혁명'으로 옮겼다.

리스티 피치체로Christy Pichichero 교수는 그 시대에 군사 계몽주의가 일어났다고 주장했는데, 그 말미에 나폴레옹이 프랑스군에 입대한 것은 커다란 행운이었다.[2] 군사 계몽주의란 계몽주의라 알려진 포괄적인 지적 운동의 일부로서, 그 시대는 군사적 사건, 조직 편성에 있어 합리성이 증가하고 과학적 실험이 만연한 시기였다. 이것이 곧 근대 전쟁의 시작이었다. 크리스 헤이블스 그레이Chris Hables Gray는 근대 전쟁의 발전을 16세기에 시작된 세 가지 추세, 즉 전통보다 합리성을 선호하는 성향 증대, 군 인사행정의 출현, 과학기술의 적용에 기인한다고 주장한다.[3] 나폴레옹이 탁월했던 점은 그 시대의 개별 군사적 진보를 전장戰場에 결합하는 능력이었다. 이렇듯 진보된 산물들은 불쏘시개였고 나폴레옹을 앞세운 프랑스 혁명군은 불씨였다.

군사혁명 개념은 여전히 까다로운 주제이다. 역사가와 이론가들은 통상 새로운 기술이 출현하면 혁명이라 주장하지만, 혁명적 기술이 기존 군사 요소를 완전히 대체한 경우는 거의 없다. 설사 있다고 해도 매우 드물다. 일례로 화약 대포가 출현하여 투석기를 대체했지만 보병 또는 기병을 대신하지는 못했다. 더욱이 포병은 적어도 처음에는 그전의 공성무기 같은 역할을 수행했다. 보병과 기병 부대가 전투에 사용하기 위해 소총이 등장했지만 그 즉시 과거의 무기들이 폐기되지는 않았다. 오늘날에도 보병은 여전히 소총에 착검하고 백병전을 수행한다. 역사를 통틀어 과학기술의 발전은 전쟁 양상에서 혁명적이기보다는 진화적 변화를 창출해 왔다.

그러나 엄밀히 말하면 나폴레옹 혁명이 과학기술에 관한 것만은 아니다. 오히려 체계적 계획 수립, 전문화된 군대와 과학기술의 합리적 통합에 관한 것이었다. 유럽 국가들의 정치적 구조가 변화했고 이어서 전쟁 양상이 달라졌다. 즉 더 큰 규모의 군대, 더 잘 훈련되고, 더 양질의 보급 체계를 갖추어 자국의 영토로부터 더 먼 곳에서도 작전을 수행할 수 있는 군대가 등장한 것이다. 그러나 이것이 전쟁 자체를 변화시키지는 않았다. 전쟁은 어느 민족 내부에서 또는 둘 이상의 민족 간에 합리적, 비합리적, 불합리적인 힘의 역동적 상호작용이 만드는 복잡한 사회현상이었다. 그러나 **전쟁 양상**warfare은 한층 더 복잡해졌다. 이제 국가는 징병을 피할 돈이 없는 문맹의 농민집단을 급하게 징집해 훈련할 필요도 없었고, 나아가 용병을 고용할 소요도 없었다. 기술자들이 탑승해서 조종하는 무기체계들이 등장했다. 관료조직이 된 군대에는 장병을 관리하고 지원할 행정조직이 출현했다. 군대가 행군할 수 있는 거리는 장병 숫자만큼 빠르게 증가했다. 징집병과 용병, 멋대로 행동하던 귀족의 지적 능력만으로는 복잡해진 전쟁 양상의 변화를 따라잡을 수 없었다. 오직 직업적 전문가만이 조직화된 폭력의 사용을 관리하는 숙련된 능력을 갖출 수 있었다. 서구의 장교들과 정치가들도 이러한 변화를 놓치지 않았다. 하지만 나폴레옹은 최초로 이 모든 것을 통합하여 실제로 구현한 인물이었다. 이러한 결합은 근대 전쟁 양상을 불러왔으며, 이와 더불어 참모장교의 영역으로서 작전술이 등장하게 되었다.[4]

계몽주의

철학자들은 전쟁을 포함해 모든 분야에서 사상을 만들어 냈다. 장 자크 루소Jean Jacques Rousseau와 이마누엘 칸트Immanuel Kant 같은 양대 철학자와 군사사상가들은 전쟁이 귀족과 군주의 입장에서 명예를 얻기 위한 일상적이고 심지어 고매한 수단이라는 개념을 거부했다.[5] 전쟁을 필요악으로, 전쟁의 전문성을 중요한 분야로 인식했다. 계몽주의 이전에 장교는 고귀하고 전문성을 갖춘 이로 여겨진 반면, 육군 병사와 해군 수병은 장교와 사회로부터 천시되거나 하인 취급을 받았다.[6] 루이 14세 통치 이후 이런 분위기가 바뀌기 시작했다. 개혁가들은 이런 분위기가 군의 사기에 미치는 악영향—병사들의 능력 저하—을 비판하면서, 군복을 입은 모든 이를 전우brother-in-arms로 인식하는 '군대 사회military society'를 제안했다.[7]

계몽주의 사상의 비군사적 측면은 이 책의 범위를 벗어나지만 잠시 언급하자면, 이런 사상들은 19세기로 접어들면서 군사적 환경에 지속적으로 영향을 미쳤다. 프랑스 혁명 이후 지롱드파Girondins는 권력을 장악함과 동시에 전 세계의 해방을 표방하는 전쟁을 일으켰다.[8] 그러나 전쟁 양상을 변화시킨 것은 이런 호전성만이 아니었다. 합리성은 더 효과적인 기구들을 만들어 냈고, 나아가 국가의 잠재력을 더욱 증대했다. 마이클 하워드는 이렇게 말한다. "유럽 정부들이 공동의 부를 통제하거나 적어도 이를 이용할 수 있는 능력을 끌어올린 것, 그로부터 공동체에 대한 통제력을 한층 더 확장하게 된 메커니즘—관료제, 재정 시스템, 군대—을 창조한 것은 역사의 시대에 핵심적 발전 중 하나로서 17세기 후반에 시작되어 오늘날까지 이어지고 있다."[9]

경제적 측면에서 여행과 국제적 교류가 더욱 안정적으로 이루어지면서 글로벌 경제가 부상하기 시작했다. 이로써 많은 사상가들은 전쟁이 상업과 무역을 방해하는 요인이 되므로 더 이상 전쟁이 발발하지 않을 것이라고 믿게 되었다.[10] 하지만 반대로 경제 정책이 전쟁을 일으키는 원인으로 급부상했다. 특히 나폴레옹이 시행한 대륙봉쇄령은 유럽 대륙 전체를 경제적으로 봉쇄하여 영국을 약화해 결국 굴복시키려는 시도였다.

과학기술 혁명도 전쟁 양상에 영향을 미쳤다. 농업 분야가 발전해 군대에 공급할 식량을 더 많이 생산하게 되었고, 저장 기술의 발전으로 군대가 어디에 주둔하든 식량을 수송할 수 있게 되었다. 프랑스 기술자 피에르 트레사게Pierre Trésaguet가 도로 건설에 관한 실험을 시행한 후 유럽 전역의 도로 노면이 개선되면서 군대가 더 신속히 이동하게 되었을 뿐만 아니라 전투력을 유지하는 데 필요한 식량과 보급품을 더 빨리 수송하게 되었다.[11] 또한 이 시기에 상세하고 비교적 정확한 지도를 점점 더 많이 활용하기 시작했다.[12] 의학에 대한 합리적·과학적 접근방식도 군사 영역에 적용되었다. 프랑스 군의관들은 식민지 전역의 여러 군사기지에서 시행된 실험과 관찰 보고서를 전쟁부war ministry로 송부했다. 군은 수집된 이 보고서들을 저널 형태로 인쇄하여 의학 전문가들에게 무료로 배부했다.[13]

계몽주의 군대

계몽주의는 군대 자체를 변화시킬 정도로 큰 영향을 미쳤다. 마이클 하워드는 군대의 변화에 대해 이렇게 언급한다. "18세기에 유럽의 전쟁은 오늘날 우리에게 익숙한 전문화된 군대들에 의해 수행되었다. 장교는 주로 명예나 봉건적 의무감 때문에 싸우는 전사 계급의 일원이 아니었고, 봉급을 지급하는 사람을 위해 임무를 수행하는 계약직도 아니었다. 장교는 정규 고용과 임금, 출세를 보장받은 국가의 종복, 즉 공무원servant of the state이었으며, 국가를 위해 헌신하고, 더 정확히 말하자면 '조국'의 평화를 위해 전쟁을 수행하는 사람들이었다."[14] 프랑스 혁명 이전에도 군사 계몽주의는 급격한 변화를 불러일으켰다. 프랑스는 프리드리히 대제Frederick the Great가 개발한 사단 체계를 1759년에 받아들였다.[15] 군단, 여단과 대대가 표준화되었다. 프랑스 왕국의 육군French Royal Army*에서 일어난 또 다른 혁명은 개선된 병사 급여와 막사, 군사학교 설립과 장비의 현대화다. 이제 군대 규모를 더 증대할 수 있게 되었다.[16] 가문과 재산만으로 계급을 얻은 장교들이 축출되면서 젊고 유능한 장교들이 매우 빠르게 진출할 수 있게 되었다. 일례로 나폴레옹도 24세에 장군이 되었다. 특히 참전 경험이 많은 부대에는 집단적 연대감이 존재했고 이것 역시 강력한 동기부여 요인이었지만, 근대화된 군대는 월급보다 국가를 위해 싸우기 시작했다.[17]

전장에서는 차장screening이나 소규모 습격을 시행하는 경보병이 또 다른 혁신이었다. 소총이 개발된 덕분에 이런 부대들이 중보병이나 기병이 돌격하기 전에 상대 진형을 교란할 수 있게 되었다.[18] 1808년 무렵에 경보병과 중보병의 구분이 사라졌다.[19] 포병은 보병을 지원하는 공성포병, 야전포병, 기병을 지원하는 기마포병대로 발전해 조직화되었다. 대포는 때때로 예비로 집중해 운용되어 결정적 지점에 화력을 투사하는 데 쓰이거나, 개별 보병부대를 직접 지원할 목적으로 분산해 운용되었다.[20] 당연히 포병장교들은 다른 병과보다 고도의 전문성을 갖추었고, 이 때문에 프리드리히 대제가 그들의 '전문용어' 사용과 '건방진 태도'를 비판하기도 했다.[21]

* 987년부터 1792년, 프랑스 부르봉 왕조가 멸망할 때까지 프랑스 왕국이 보유한 육군을 의미한다. Royal Army는 영국 육군을 가리킨다.

완벽하게 제도화된 발전은 아직까지 나타나지 않았지만, 나폴레옹 이전에도 프랑스 육군은 혁신을 주도했다. 1775년 프랑스군 장교 피에르-조제프 부르세Pierre-Joseph Bourcet가 사단 편제를 활용하자고 제안했다.[22] 대부분의 보병부대가 공격 시에 충격 효과를 높이고자 횡대보다 종대 대형을 활용했다.[23] 가끔 횡대 대형으로 공격할 때도 있었지만 이 대형은 화력을 극대화하기 위해 주로 방어 시에 사용되었다. 영국군의 혁신이라 할 만한 2오 횡대 대형은 매우 효과적이었는데, 나폴레옹도 이 방식을 시도했지만 결국 채택하지 않았다. 이런 대형을 취하려면 영국군이 보유한 고도의 사격술이 필요했다. 집중적인 화력과 충격효과를 더 선호한 프랑스군 지휘관들에게는 맞지 않는 방식이었다.[24]

또한 하워드는 국민군*을 배치, 훈련, 무장하는 데 민간 관료의 역할이 중요하다고 지적했다.[25] 군사 조직의 규모와 복잡성이 증대하자 군사정책을 수립하고 관리하는 행정기구들이 필요했고, 이들이 군사부문을 합리화·체계화하기 시작했다. 라자르 카르노Lazare Carnot가 이끄는 민간 관료기구는 혁명이 벌어진 후 수년 동안 프랑스 육군을 이끌었고 나폴레옹 시대 이전에도 군의 많은 부분을 현대화했다.[26]

나폴레옹 혁명

나폴레옹 보나파르트는 전쟁 양상과 관련된 군사 계몽주의와 과학기술 혁명의 실질적 잠재력을 최초로 간파한 인물이었다.[27] 여기서 말

* 원문은 national armies로, 직역하면 '국군'이지만 한국군의 명칭과 혼동될 가능성이 있어 국민군으로 번역했다.

하는 '혁명'은 알베르 카뮈Albert Camus의 정의를 따른다. 즉 혁명이란 "역사적 경험에 사상을 주입하는 것이다. […] 행동으로 목표를 실현하고, 세상을 이론적 틀에 맞추려는 도전이다."[28] 나폴레옹은 글자 그대로 그것을 해냈다. 그는 자크 드 기베르Jacques de Guibert, 부르세, 모리스 드 삭스Maurice de Saxe 같은 프랑스 계몽주의 철학자들의 이론적 사상을 실행에 옮겼다. 역사학자 로버트 S. 큄비Robert S. Quimby의 말에 따르면 "분명히 나폴레옹은 홀로 가능한 모든 것을 활용했다. 그는 이처럼 다양한 원천에서 그것들을 뽑아내고, 이전보다 훨씬 더 탁월하게 그리고 완벽하게 현실에 적용했다."[29]

물론 '혁명'은 다소 수사修辭적인 과장된 용어다. 역사학자 클리퍼드 J. 로저스Clifford J. Rogers는 전쟁 양상이 단속 평형설punctuated equilibrium*의 생물학적 진화와 얼마나 유사하게 진화하는지를 설명했다. 단속 평형설에 따르면 이전의 급격한 변화 때문에 다시 한 번 비약적 변화의 시기가 나타나고 그러다가 천천히, 거의 변화가 중단된 기간이 찾아온다.[30] 이러한 과정은 실제로 나폴레옹 시대 이전에 수 세기에 걸쳐 유럽에서 일어났다. 나폴레옹의 '단속斷續'†이 특이했던 점은, 카뮈가 말했듯, 혁명적이었다는 것이다. 나폴레옹은 군사적·정치적 의미에서 단속 평형의 장기간 점진적인 변화의 잠재력을 밝혀 냈다. 전쟁의 오랜 진화와 계몽주의가 바람의 씨앗을 뿌렸고, 모든 분야에서 발휘된 나폴레옹의 능수능란함이 변혁의 회오리바람을 일으켰다.

혁명은 이후 수십 년에 걸쳐 전쟁에서 표출되었다. 프랑스 혁명세력

* 기존의 계통발생적 점진주의를 반박하여, 안정적 평형상태를 유지하다가 특정 시기에 비약적으로 진화적 변화가 일어난다는 학설.

† 비약적 발전.

은 외국 정부에게서 조차지租借地를 얻고자 영토를 점령하는 것이 아니라, 정부를 완전히 제거하고 자신들과 유사한 정부로 대체하는 것을 목표로 삼았다.[31] 나폴레옹도 유럽의 지도를 다시 그리고, 국가를 만들고 파괴했으며, 프랑스 민법Civil Code of French, 즉 나폴레옹 법전Napoleonic Code을 따르도록 강요했다.[32]

나폴레옹이 명성을 얻은 시점, 특히 1800년 무렵에 전쟁 양상에 분명한 변곡점이 나타났다. 역사가인 아네르스 엥베르-페데르센Anders Engberg-Pedersen은 이 시점을 전쟁 양상이 '지식의 문제'가 된 인식론적 혁명이라고 부른다.[33] 계몽주의와 낭만주의 같은 지적知的 운동으로 인해 군사 문제가 재검토되었다. 전쟁 양상을 이해하고 전투 시에 군사력을 운용하는 데 필요한 지식은 단 한 사람의 뇌로 이해하기에는 너무나 방대해졌고, 한 명의 장군이 지휘하는 방식은 종말을 고했다. 뒤에서 살펴보겠지만, 한 가지 궁극적 대책은 '브레인 집단'—특정 분야를 담당하는 개별 '전문가brain'로 구성된 참모부—을 구성하여 인간의 두뇌를 확장하는 것이었다.

나폴레옹은 청년 시절부터 군사 서적에 매료되었다(다양한 주제의 도서를 탐독했고 소설가에 도전한 적도 있다). 그는 툴롱 공성전the Siege of Toulon(1793)에서 처음으로 프랑스군을 지휘하면서 명성을 얻었는데, 이 전투에서 스스로 군대를 이끌어 적군의 보루를 탈취했다. 한 대포의 사수가 전사하자 나폴레옹은 직접 대포를 조작했고, 영국군에게 보기 드문 패배를 안겼다. 그 과정에서 부상을 입기도 했다.[34] 그는 전술적 수준의 지휘관으로서 유례를 찾기 힘든 인물이었지만, 가장 큰 강점은 계몽주의에서 영감을 받은 평등주의의 리더십일 것이다. 당시 유럽에서 대부분의 장군들은 병사들을 물건을 나르는 짐승에 불과하다고 여겼다. 이러한 시대에 나폴레옹은 휘하의 병사들을 친근하게 대하고, 그들의 이름을 기억해 주고, 복지와 장비에 진심 어린 관심을 기울였다. 병사들도 그의 관심에 감복하여 적군보다 더 높은 수준의 전투수행능력과 훈련으로 보답했다.

대육군Grande Armée*은 나폴레옹의 비전이 가장 잘 반영된 군대였다. 원래는 1803년에 도버 해협을 건너 영국을 침공하고자 창설된 군대로서, 나폴레옹이 개인화기와 군복에 이르기까지 모든 것을 설계했다. 영국 침공 계획을 포기한 나폴레옹이 부대를 동부로 전환하면서 대육군이란 명칭을 부여했다. 거의 2년 전부터 대육군은 침공을 준비하기 위해 교육훈련을 지속적으로 시행했다. 전장에 투입될 당시 병력 규모가 약 35만 명이었던 대육군은 지구상에서 가장 잘 훈련되고 조직된, 전문성을 갖춘 군대였다.[35]

그러나 대육군의 혁신 중 핵심은 군단 체계였다. 나폴레옹의 군단은 당시로서는 매우 독특하게 한 명의 군단장이 지휘하는 보병, 포병, 기병으로 구성된, 독립작전이 가능한 제병협동부대였다.[36] 이들은 단일한 군으로 통합 전투를 수행할 수도 있었고, 개별적으로 움직이며 전투할 수도 있었다. 이러한 융통성 덕분에 배후 기동manoeuvre de derrière과 내선작전†같이 탁월하고 즉각적으로 대응하는 전술을 구사할 수 있었다. 때때로 나폴레옹은 자신의 군대를 2개의 적군 사이에 전개해서 양면 전투의 위험을 감수하면서도 군단의 속도와 반응

* 프랑스군을 중심으로 한 군대의 고유명칭으로, 1805년 나폴레옹이 명명했다. 이하 맥락에 따라 대육군 또는 프랑스군으로 번역했다.

† "fighting from a central position"을 직역하면 '중앙 진지에서의 전투'지만 독자의 이해를 돕고자 '내선작전'이라고 옮겼다.

능력을 활용하여 순차적으로 각개격파할 수도 있었다.

나폴레옹은 보병, 포병, 기병의 3개 전투병과 전체의 개혁을 도모하고 전술적 예비대 운용 체계를 정립했다. 그가 추진한 개혁이 모두 완벽하게 정착하지는 못했지만, 핵심적 변화는 이들을 통합하여 운용할 수 있었다는 점이다. 포병이 적 진지상의 특정 지점에 포탄을 쏟아부으면 곧바로 보병이나 중기병이 그 지점을 공격하고, 대기 중이던 경기병은 그 틈새를 이용하여 도주하는 적병을 추격하거나 다른 부대의 측방을 타격했다. 그는 최초의 근대식 제병협동 지휘관이었다.[37]

프랑스 군대의 군수 체계도 나폴레옹이 추진한 개혁의 결과물이었다. 나폴레옹이 수송대대를 창설하고 창고 보급망을 구축하는 등 군수 체계를 군사 조직화하기 전까지 전통적으로 보급품을 수집하고 운반하는 일은 극도로 부패한 민간 업자들이 담당했다.[38] 나폴레옹의 노력에도 불구하고 기마 수송 중심의 군수 체계로는 대규모 군대에 결코 충분하게 보급할 수 없었고 군대는 약탈과 노획으로 전력을 유지해야 했다. 또한 나폴레옹은 세계 최초로 '미디어를 활용한 장군media general'이라고도 할 수 있다.[39] 그는 당시 최신 발명품인 샤프 전신 체계Chappe telegraph*의 도입을 가속화했고, 이탈리아와 독일 전역에서 이 체계를 활용했다. 오늘날 정보전information warfare이라고 불리는 그의 지휘 체계는 유럽 전역으로 확대되었고 적군을 속이고 혼란에 빠뜨렸다(이에 대해서는 뒤의 장에서 논의한다).

가장 중요한 사실은, 나폴레옹이 오늘날에도 여전히 사용되는 근대식 참모제도를 최초로 운용했다는 점이다. 매우 젊은 나이로 장군이

* 1792년 클로드 샤프Claude Chappe가 발명하여 프랑스 전역에 걸쳐 활용된 전신 체계.

된 그는 프랑스 역사 및 지도부French Historical and Topographical Bureau에서 근무했는데, 이 부서는 군사작전 계획을 담당했다.[40] 여기서 그는 참모 업무의 중요성, 특히 지도 제작과 정보 업무의 중요성을 깨달았다. 이러한 상설 참모부는 그 자체로 새로운 제도였다. 7년 전쟁 전에 상설 참모조직은 극심한 논란 끝에 해체되었다.[41] 프랑스는 최초로 상설 참모부를 설치했지만 부관총감Adjutant General은 1792년에 야전군급 부대에만 배치되었다.[42] 부르세가 전문 장교들로 구성된 상설 참모부를 창안했지만 하급 귀족계층이었기에 조직을 지휘할 수 없었다. 하지만 그는 프랑스 혁명 이전에 벌어진 많은 전쟁에서 핵심 조언자가 되었다.[43]

그러나 나폴레옹은 지휘권을 행사하면서 자신만의 체계를 개발했다. 참모조직이 출현하기 전에 육군과 해군은 전쟁평의회Councils of war를 통해 군사 문제를 결정했다. 여기에서 지휘관은 자신의 주요 부하들을 소집하여 방책들을 제안하고 결심했으며 시행해야 할 방책을 협의했다. 나폴레옹은 이러한 회의를 효과적으로 운영하기보다는 책임을 전가하는 '비겁한 허례허식'이라고 비판했고, 충분히 높은 계급에 오르자 전쟁평의회를 기피했다.[44] 그 대신 그는 원래 군인이 아니거나 민간 정부부처 출신의 인물들을 포함한 부관부Secretariat, 통계부Statistics Bureau, 지도부Topographic Bureau 등과 같은 참모부를 설치했다.[45] 나폴레옹은 근대적 개념의 참모장을 운용한 최초의 군 지휘관이지만 실제로 참모장이 즉각 제도화되지는 않았다. 1814년까지 그는 루이-알렉상드르 베르티에Louis-Alexandre Berthier라는 단 한 명의 참모장만 휘하에 두었다.[46] 일반적으로 참모장과 그의 부하들은 나폴레옹이 직접 작성한 작전계획의 세부 사항을 작성했고 사령관과 예하부대 간의 서식 통신문을 처리했다. 또한 부대 내의 통신과 일부 정보전파 임무를 담당했다.[47] 민간인으로만 구성된 별도의 행정 및 재정 참모부는 군수와 급여, 의료 기능을 수행했다.[48] 초기의 참모부에 비해 조직 면에서 비약적으로 발전했지만 이런 기구들이 공식화되거나 제도화되지는 않았다. 참모장교와 공무원의 개인적 특성에 따라 부서의 기능과 행정절차가 크게 좌우되었고, 나폴레옹의 성격도 중요한 영향을 미쳤다. 이는 "가장 냉혹한, 세세한 부분까지 통제하는 관리자micromanager"가 자신을 위해 설계한 조직이었다.[49] 더욱이 나폴레옹은 참모들에게 가공하지 않은 정보의 분석을 맡기지 않고 자신이 직접 분석하겠다고 고집했다.[50]

나폴레옹의 체제에서는 참모부가 지휘계통의 하급 수준까지 거의 대부분을 결정했다. 따라서 모든 지휘통제 체계의 아킬레스건인 과도한 중앙집권화로 인해 폐해가 나타났다.[51] 나폴레옹은 프랑스 제국의 국정 운영과 전투 수행에 관한 모든 사안을 직접 결정하고 지도하려고 했다. 그는 부하들에게 이런 일들을 실행하기에 충분한 권한과 책임을 절대로 위임하지 않았다. 또 주목할 만한 점은, 나폴레옹이 계몽주의 사상을 취사선택하되 자신의 생각과 다른 사상은 무시했다는 사실이다. 그는 제왕적 야망을 달성하기 위해 프랑스 식민지에서, 당시 이미 금지되었음에도, 인종에 따른 잔혹한 노예제도를 부활시켰고 개인적으로 권력을 추구하면서 초기 프랑스 민주주의를 파괴했다.

프랑스 육군은 20세기 내내 이러한 참모제도를 유지했다. 미 육군은 제1차 세계대전 중에 프랑스의 제도를 도입했다. 영국과 영연방 국가들은 약간 다른 제도를 보유했는데, 주된 차이점은 작전과 정보 참모부가 통합되어 있었다는 것이다.[52] 독일군 참모부는 나폴레옹의 모델에서 영감을 얻었다(이는 제3장에서 상세히 다룬다).

소결론

18세기에 민간과 군사 분야의 지적 발전은 전쟁 양상을 변화시키는 방식으로 융합했다. 전쟁 양상 측면에서 과학기술이 주도한 획기적인 변화가 나타나기 직전에 계몽주의와 군사 계몽주의가 발현했다.[53] 나폴레옹 보나파르트의 출세도 이런 변곡점 직전에 시작되었다. 수 세기 동안 유럽에서 전쟁이란 군주와 귀족의 개인적 이익과 연관되었고, 따라서 이상한 형태의 문화적 제한사항을 지켜야 했다.[54] 지나치게 많은 것들을 파괴하는 전쟁은 헛짓거리에 불과했다. 대부분의 유럽 지역에서 개인과 국가를 동일시하는 민족주의가 출현하고 귀족제도가 파괴되면서 이러한 논리가 깨졌다. 아이러니하게도 계몽주의 사상가들은 그들의 사상으로 무장 폭력을 고무할 의도가 전혀 없었다. 그들 대다수는 이성의 관점에서 전쟁이 인간 세상에서 사라질 것이라고 믿었다. 그러나 그 생각은 틀렸다.

먼저 말해 두자면, 여기서 나는 '나폴레옹 혁명'을 나폴레옹이 출세하기 전 그리고 그 기간 중에 전쟁 양상의 성격에 일어난 수많은 변화를 설명하는 함축적 용어로 사용했다. 그는 군사 계몽주의를 통해 전술과 전략, 전쟁과 전쟁 양상 등 이후에 클라우제비츠가 설명한 제반 분야를 혁명적으로 전환한 사람일 뿐이다. 중요한 것은 모든 이러한 성향이 민족국가를 더욱 견고하게 만들었다는 점이다. 정치 지도자들이 단 한 번의 군사적 패배로 상대를 항복시키기도 매우 어려워졌다. 이제는 더 많은 자원, 특히 민족적 정체성으로 단단히 결속한

국민을 전장에 투입할 수 있게 되었기 때문이다. 근본적으로 대규모 군대를 유지할 수 있게 되자 단 한 번의 전투 패배가 곧 전쟁의 패배로 직결되지 않게 되었다.

나폴레옹 혁명은 프랑스 군대에만 국한되지 않았다. 1812년에 이르러 다른 국가의 군대들도 나폴레옹이 개발한 많은 제도들을 도입했다. 나폴레옹의 연이은 승리는, 예를 들어 프로이센, 오스트리아, 러시아 군대에 대대적인 개혁의 바람을 불러일으켰고, 그가 몰락하기 전까지 강대국들의 군대는 그의 군단 제도를 채택했다. 나폴레옹은 유럽의 주요 군대를 적어도 한 번 이상 물리쳤다. 그럼으로써 그는 그들에게 패배는 물론 승리하는 방법까지 가르쳐 주었다.

요컨대 나폴레옹은 군사 분야가 전문화되던 시기에 권력을 쟁취했다. 행정, 정보와 인텔리전스,* 각 군의 협조, 화력 지원의 조정, 군수, 지휘통제 등의 각 분야는 군사 조직의 규모와 잠재력이 지속적으로 증대하면서 필요에 따라 전문화되었다. 나폴레옹은 자신의 참모부를 설치하는 방식으로 이러한 추세에 대응했다.

드 삭스, 기베르 등의 사상과 더불어 계몽주의 사상은 구체화되어 군으로 옮겨졌고, 가문보다는 전공戰功으로 권력을 쟁취한 인물이 그 사상을 구현했으며, 그의 군대는 대육군이라는 명칭을 갖게 되었다. 이 군대의 병사들은 총검을 들이대며 세상의 역사적 경험에 계몽주의 사상을 주입하자 세상은 무너졌다. 그러나 세상은 완전히 바뀌었다. 나폴레옹에 의해 가치가 입증된 군대의 참모제도는 전쟁의 성격 측면에서 이후의 모든 변화를 통합하는 매개체였던 것이다.

* 일러두기 및 8장 참조.

2

독일의 작전적 사상

날이 갈수록 다음과 같은 사실에 대한 믿음이 점점 더 강해지고 있다. 잘 조직된 총참모부 없이는 군대를 잘 이끌 수 없다. 덜 조직적이고 미흡하게 훈련된 군대라도 견실한 총참모부를 보유한다면 부실한 총참모부를 가진 훌륭한 군대보다 더 많은 것들을 성취할 것이다.

—게르하르트 요한 폰 샤른호르스트Gerhard Johann von Scharnhorst

작전술의 출현은 총참모부 시스템의 등장과 밀접하게 관련된다. 프로이센인들은 총참모부 시스템의 중요성을 처음으로 인식했고 곧바로 참모조직을 제도화했다. 참모장교들에게 전문성과 역량을 심어 주기 위해 이 제도를 인적자원 시스템으로 채택했다. 1806년 10월 예나-아우어슈테트Jena-Auerstedt 전역의 재앙 이후 이를 시행했고, 그 패배의 충격으로 프로이센 왕국의 군대는 대대적인 개혁에 박차를 가했다. 수뇌부에서는 프리드리히 대제의 군대가 대패하고 소멸되는 모습을 목도하고 그제야 충격을 받았지만, 클라우제비츠처럼 군인정신을 지닌 사람들은 그전부터 군에 부패가 만연해 있음을 인식했다.[1] 프로이센군은 프리드리히 대제의 영광에 도취하여 발전을 중단했고, 근대 전쟁 양상의 복잡성에 대처할 수 없었다. 프로이센(훗날 독일)의 총참모부 시스템은 이러한 부패의 재발을 방지하기 위해 설계되었다.

소련(그리고 이어서 서방 국가들)이 작전적 수준의 개념을 발전시켜 근대 전쟁에서 병력과 물자 측면의 규모 문제를 해결하려 했던 반면 프로이센 왕국과 이후 독일제국의 군대는 제도적 해결책으로, 즉 총참모부 시스템으로 시선을 돌렸다.

총참모부와 야전부대의 참모부를 설치한 것만이 이러한 변화의 전부가 아니었기 때문에 이 책에서는 '시스템system'이라는 용어를 사용한다. 다른 여러 국가의 군대들도 이와 동일한 방식을 도입했다. 그런데 프로이센의 총참모부만이 효과적으로 작동했던 이유는, 그곳에 근무할 유능한 장교를 선발하고 교육하며 보직을 전담하는 인사 시스템이 내재해 있었기 때문이다. 이 조직의 다양한 과업을 수행할 유능한 초급 장교들을 조기에 선발하여 권위 있는 교육기관에서 교육하고, 이어서 야전부대 사령부와 중앙의 총참모부의 요직에 교대로 배치하는 등, 총참모부 시스템은 매우 효율적인 방식으로 운영되었다. 현대적 의미에서 이는 미군의 특수작전사령부 및 그 예하 부대와 다르지 않다. 육군, 해군, 공군과 해병대에서 유능한 장병들이 엄격한 시험과 자격검증 과정을 거쳐 선발되어 가장 위험하고 복잡한 전술적 임무를 수행할 최고 수준의 인재가 특수작전사령부의 일원이 된다. 미군이 유능한 작전요원을 선발하기 위해 이런 시스템을 도입했다면 프로이센군과 독일군은 복잡한 작전을 분석하고 담당할 지적으로 유능한 장교를 선발하고자 그러한 제도를 도입했던 것이다. 이러한 시스템은 매우 잘 작동했다. 하지만 제1차 세계대전이 발발하기 전에 이러한 제도의 효율성이 감소하기 시작했고, 제2차 세계대전 중에 히틀러가 이 시스템을 무력화했다. 그러나 그전까지 프로이센군과 독일군은 이 시스템 덕분에 전장에서 상대했던 모든 적군보다 질적으로 우세한 군대를 보유할 수 있었다.

기원

나폴레옹의 개혁이 이루어지기 전에는 군 조직의 규모와 복잡성이 증대하면서 군의 참모제도가 수 세기에 걸쳐 서서히 발전했다. 초기의 참모부는 군사고문과 기술 전문가로 구성되었고 이들은 대부분 서식명령을 복사하거나 메시지를 전달하는 역할만 수행했다.[2] 참모부의 조언 기능은 전쟁평의회 형태로 이루어졌다. 알렉산드로스 대왕Alexandros the Great은 측량사를 고용하여 경로를 정찰하고 지도를 작성하게 했다.[3] 현존하는 로마의 참모부 보고서에는 인사 문제와 군역 배정—얼마나 많은 병력이 있었고 언제 군역을 했는지—에 관한 내용이 담겨 있다.[4] 정보는 대부분 현지의 소식통과 탈영병들로부터 얻었다.[5]

중세의 참모부는 대개 귀족 출신의 가신家臣으로 구성되었는데 이들은 전·평시에 집사執事, seneschals와 왕실의 대신大臣, constable처럼 활동했다.[6] 초기 군대의 참모는 대부분 군수 분야를 담당했다. '병참장교'라는 용어가 이 시기로부터 유래했다.[7] 병참장교는 전투 공병과 군수 기능을 통합·관리하고 정찰 임무도 병행했다. 프리드리히 대제는 7명의 병참장교로 구성된 참모부를 보유했다.[8] 앞서 살펴보았듯 나폴레옹은 참모의 기능을 군수 이상의 범위로 확대했지만 이는 조직적 요인이나 필요성보다는 개인의 희망에 따라 구성되었다.

샤른호르스트 모델

프로이센군은 예나와 아우어슈테트, 두 번의 전투에서 나폴레옹에 의해 사실상 섬멸되었고, 프로이센왕이 1807년 굴욕적인 평화조약에 강제로 서명한 후 게르하르트 요한 폰 샤른호르스트Gerhard Johann von Scharnhorst 소장이 군개혁위원회Militär-Reorganisationskommission의 수장으로 임명되었다.[9] 샤른호르스트는 자신과 생각이 같은 개혁가들로 위원회를 꾸렸다. 자신의 제자인 카를 폰 클라우제비츠 대위에게도 위원회의 비서관 직책을 맡겼다.[10] 그는 나폴레옹이 보여 준 교훈을 바탕으로 군대를 설계하고, 교훈을 적용한 제도들을 만들겠다고 선언했다. 나폴레옹이 스스로 즉각적 필요에 따라 군사 개혁을 도모했다면 샤른호르스트는 스스로 살아남기 위한 제도를 구상했다. 그에게는 생각했던 것보다 시간이 그리 많지 않았던 것이다.[11]

군개혁위원회는 나폴레옹 같은 군사 천재가 필요할 때마다 등장할 수 없다는 점을 인정했다. 당시에는 어쩔 수 없이 무능한 자들이 지휘관 직책을 맡았다. 능력보다 출신을 더 중시한 군대에서는 특히 이런 일이 다반사였다. 게다가 장군들은 대개 보수적 성향을 띠었으므로 급변하는 전쟁 양상의 변화를 따라갈 능력이 없었다. 이에 샤른호르스트가 직접 해결책을 제시했다. "군대 자체적으로 무능한 장군을 면직하는 것은 일반적으로 불가능하다. 국가가 장군에게 그런 권위를 부여한 것이 그 첫 번째 이유다. 더욱이 장군들은 파벌과 끈끈한 우호 관계를 형성하고 그들 스스로가 군대를 대표하는 최고 적임자라고 확신한다. 하지만 그들에게 최소한 유능한 보좌관들을 붙여 줄 수는 있다. 따라서 장군참모장교general staff officers는 무능한 장군을 돕고, 능력이 부족한 지휘자와 지휘관에게 자신의 재능을 제공해야 한다."[12] 끝으로 위원회는 프랑스 혁명과 그 결과로 발생한 나폴레옹 혁명에 의해 일어난 전쟁 양상의 변화를 고려했다. 총참모부의 발전은 여기에 부응한 핵심 요소였다.[13]

위원회의 과업이 종료되기도 전에 샤른호르스트는 1813년 그로스괴르헨Grossgörchen 전투 중에 부상을 입고 상처가 악화되어 세상을 떠났다. 그러나 위원회는 계속 유지되었고, 총참모부를 설치하는 안을 포함하여 다수의 개혁안이 실행되었다.[14] 1816년 총참모부는 5개 부서로 편성되었다. 3개 조직은 잠재적 전쟁전구와 잠재적 적국, 즉 동부(러시아), 남부(오스트리아), 서부(프랑스와 서유럽 국가 동맹)의 지역별 사안을 다루었다. 1개 부서는 군사사軍事史 연구를 담당했고, 1개 부서는 총참모부와 군단 및 사단급 참모부 사이를 오가며 근무할 장군참모장교를 모집하고 훈련하는 임무를 맡았다. 이 장교들은 총참모부의 일원으로서 일정 기간 군단과 사단급 부대에서 근무했다.[15] 군단과 사단급의 참모부는 전술과 전략, 인사행정, 군수, 화력지원을 담당하는 4개 조직으로 편성되었다.[16]

장군참모장교 지원자들은 정규군의 장교단에서 선발되어 엄격한 시험을 거쳤다. 시험에 합격한 자들은 다년간의 학업과 연구를 위해 대학 수준의 교육기관*에 입교했다. 이 과정에서 합격해야 정식 장군참모장교로 인정받았고, 이후에는 정규 육군이 아닌 총참모부가 직접 이들의 보직과 인사를 관리했다. 이들은 야전부대 지휘관들의 조언자뿐만 아니라 부대와 총참모부의 계획관들 사이의 연결고리 역할도 수행했다. 이들의 능력은 견실한 교육제도 그리고 일선 부대와 총참모부 간의 빈번한 순환근무를 통해 개발되었고, 이들은 전술과 전략에 관한 인지적 역량도 갖추게 되었다.[17]

* Kriegsakademie. 전쟁대학 정도로 번역할 수 있다. 사관학교는 아니다. 외르크 무트 지음, 진중근 옮김, 『군사교육과 지휘문화』(일조각, 2021) 참조.

프로이센(훗날 독일)의 총참모부 시스템에서 핵심 참모특기는 1a*였다. 총참모부 소속인 1a는 대개 사단급 이상의 작전 수행 제대의 참모부에서 근무하는 중령급 또는 소령급 장교가 맡았다. 1a는 참모부를 총괄하며 참모부 운영에 대한 지휘관의 부담을 덜어 주었고, 총참모부와 직접 교감하면서도 부대 지휘관의 핵심 조언자 역할까지 수행했다. 마지막에 언급했듯이 지휘관과 1a의 관계는 매우 긴밀해서 두 사람이 함께 진급할 때도 있었고 대부분 동일한 부대에 함께 보직되었다. 총참모부로 복귀해서 순환근무를 했던 1a는 두 가지 기능을 담당했다. 첫째, 총참모부의 일원으로 선발되고 훈련받지 못한 지휘관과 다른 참모장교들에게 작전술의 최고 전문가이자 멘토 및 교관 역할을 했다. 둘째, 총참모부와 작전을 수행하는 야전부대의 매개체로서 기능해 이 부대들은 1a로부터 이동과 전술에 대한 최신 정보를 쉽게 얻을 수 있었다. 군사 조직의 최고위급과 말단 부대 간의 연결을 보장하는 이토록 간단하고 효과적인 제도는 오늘날 그 어디에서도 찾아볼 수 없다.[18]

결과

샤른호르스트 모델은 군대의 신경계 역할을 담당해 최전선의 부대가 최고사령부급 이하의 작전술을 전문적으로 실행하는 능력을 증대했다. 역사학자 로버트 시티노Robert Citino는 이 시스템의 결과물을 "행동하는 사람과 명석한 사람이 매우 강력하게 결합된" 구조라고 기술

* 현대 용어로 작전참모부장, 작전참모처장 정도로 번역할 수 있다.

했다.[19] 트레버 듀푸이Trevor Dupuy는 이를 '조직화된 군사적 탁월성'이라고 언급했다.[20] 그는 샤른호르스트 모델에서 열 가지 특징을 찾아냈다. 즉 선발, 시험, 특화된 훈련, 역사 연구 중시, 주도권 발휘 강조, 책임감, 기술-전술적 숙련도 향상, 객관적 분석 능력, 총참모부와 야전 순환근무, 타의 모범이 되는 것 등이었다.[21] 19세기 후반 대몰트케Moltke the Elder의 비망록을 포함하여 독일군 총참모부의 문건을 연구한 영국 학자 스펜서 윌킨슨Spenser Wilkinson은 샤른호르스트 모델을 설명하기 위해 '군의 브레인'이라는 표현을 쓰면서 다음과 같이 기술했다. "참모는 독립적이지는 않지만 유기적인 신체의 일부인 뇌와 같으며, 이러한 비유는 매우 적절하다. 신체는 두뇌와 신경계통으로 연결되어 두뇌의 통제를 받아 움직인다. 두 가지가 정상적으로 결합되어야 두뇌가 제기능을 발휘할 수 있다."[22] 다른 군대들도 총참모부를 설치했지만 순환근무와 의사소통에 필요한 인사정책을 도입하지 않았기 때문에 프로이센과 독일만큼 좋은 결과를 얻지 못했다.

이 제도는 단순히 탁월한 발상에서 나오거나 예나-아우어슈테트에서의 패배로 인한 반향으로 만들어진 것이 아니라 두 가지가 융합해 나온 결과물이다. 프로이센 총참모부 시스템이 발전하게 된 직접적 이유는 군의 규모가 커졌기 때문이다. 따라서 그런 군을 유지하고 이동하며 지휘하는 데 어려움이 늘어났고, 무기 체계의 복잡성 증가도 원인 중 하나였다.[23] 요컨대 참모 제도는 전쟁의 작전적 수준이라는 개념이 다루어야 하는 바로 그 문제를 해결하기 위해 설치되었으며, 단지 이론적 개념을 적절히 섞어서 주입한 것이 아니라 실체적 방식으로 해결하기 위해서 도입되었다.

샤른호르스트의 모델이 매우 효과적인 이유는 그것이 복잡적응계

complex adaptive system*였기 때문이다. 이 체계는 "내부 구성요소들이 서로 그리고 외부 환경과의 상호작용을 통해 시간이 지남에 따라 진화하고 변화한다."[24] 샤른호르스트 모델에서 참모장교들은 총참모부, 대학기관, 야전부대의 작전참모부를 오가며 프로이센과 훗날 독일군이 시행했던 전투 작전들을 통해 경험을 얻었고, 다른 군대들보다 빨리 새로운 개념과 방법을 식별, 시험, 통합하고 전파할 수 있었다. 참모장교와 조직의 상호작용을 통해 위부터 아래까지 새로운 아이디어를 도입하는 방안을 강력하게 추진할 수 있었던 것이다. 철도 건설부터 협조된 포병화력 운용, 침투 전술, 전차와 항공기, 기동부대와의 통합에 이르기까지 총참모부 시스템을 통해 독일군은 혁신을 선도하는 위치에 있었다.

대몰트케

대몰트케로 불리는 헬무트 카를 베른하르트 폰 몰트케Helmuth Karl Bernhard von Moltke는 전형적인 장군참모장교였고, 프로이센군과 독일군을 이끈 그의 리더십은 총참모부 시스템의 잠재력을 대변한다. 클라우제비츠가 기술한 군사 천재는 역사를 통틀어 매우 드물고, 그런 이가 언제 나타날지는 아무도 모른다. 몰트케가 그런 지도자로 등장한 것은 우연이 아니라 그런 인물로 만들어졌기 때문이라고 할 수 있다.

몰트케는 1857년 임시직으로 총참모장에 임명되었다.[25] 1833년 공식적으로 총참모부에 들어오기 전에 수년간 지도 제작 부서에서 근

* 외부의 충격에 강하고 환경의 변화에 맞추어 스스로 변하며 적응하는 체계.

무했다.[26] 그는 샤른호르스트 모델이 추구하는, 가장 유능한 장교가 될 재목은 아니었다. 중대급 이상의 부대를 지휘해 본 적이 없는 몰트케가 총참모장이 되었을 때, 프로이센에서 총참모부는 권력과 영향력이 거의 없었다. 그러나 그와 총참모부 모두 자신의 가치를 증명해 냈다. 제2차 슐레스비히 전쟁Second Schleswig War(1864)*에서 능력을 발휘하자 프로이센 국왕은 그를 주목했다.[27] 그보다 앞선 1862년 프로이센 군대의 통수권을 놓고 왕실과 의회 사이에 벌어진 국내 정치 투쟁은 국왕의 결정적 승리로 끝났다.[28] 이는 두 가지 효과를 가져왔다. 첫째, 총참모부는 프로이센 군대와 사회에서 권한을 점점 더 많이 갖게 되었다. 둘째, 군이 어떤 형태로든 문민정부의 감시와 감독에서 벗어날 수 있었다. 이리하여 몰트케가 총참모장으로 재임한 시기는 샤른호르스트 모델이 현실화한 정점이자 군국주의 추구의 시작을 의미했다.

몰트케의 첫 번째 실전 상대는 오스트리아였다. 1866년 프로이센-오스트리아 전쟁에서 프로이센군은 계획된 전구로 신속히 전개하여 오스트리아군과 작센군을 압도하는 능력을 과시했고, 쾨니히그레츠Königgrätz 전투(1866년 7월)에서는 더 우세한 적군을 격멸하여 절정에 달한 능력을 과시했다. 프로이센군은 몇 가지 실수를 저질렀지만, 자율적이고 분권화된 지휘통제 방식과 결합된 몰트케의 치밀한 사전계획 덕분에 전세를 뒤집는 데 필요한 유연성을 발휘했다. 역사학자 로버트 시티노는 이 전투를 "나폴레옹 시대부터 제2차 세계대전 때까지 거둔 승리 중 가장 인상적"이라고 평가했다.[29]

* 슐레스비히와 홀슈타인Holstein 공국을 둘러싸고 덴마크와 프로이센이 벌인 전쟁.

프로이센-프랑스 전쟁(1870~1871)에서 프로이센군은 다시금 프랑스군의 허를 찔렀다. 프랑스군의 측면을 찾아 공격하고 포위하는 위협적인 기동을 구사했다. 한 번은 스당Sedan, 또 한 번은 메츠Metz에서 시도한 두 차례 포위 공격은 성공적이었고 프랑스 정규군의 항복을 받아 냈다.[30] 파리도 포위했고 결국 프랑스가 항복했다. 이 시기에 프로이센군 장교들 사이에서 '작전operations/Operationen'이라는 단어가 유행하기 시작했다. 유행이 지나가자 이 용어는 전략과 관련해 사용되었지만 전쟁의 새로운 수준으로 사용되지는 않았다.[31]

대몰트케가 군권을 장악한 후 총참모부는 '칼집 없는 검'이 되고 말았다. 샤른호르스트가 주장했던 대로 그의 후임자는 총참모부와 군대를 의회의 감독과 통제로부터 더욱더 멀어지게 했다. 제1차 세계대전에서 패망과 비극을 겪고, 결국 히틀러 치하의 독일이 이웃 국가 침략을 목표로 다시 일어서려 한 것은 총참모부가 만들어낸 군국주의 때문이 아니라, 앞서 언급했듯 정부가 군부를 감독·통제할 수 없었기 때문이었다.

전쟁 중인 세계

독일군 총참모부는 유럽에서 전쟁*이 발발하기 전부터 수년 동안 전쟁 계획을 발전시켰다. 최종 계획에는 독일의 전략적 환경이 반영되었다. 독일은 서쪽으로 프랑스, 동쪽으로 러시아 사이에 위치했으며, 두 국가는 독일보다 더 큰 규모의 군대를 동원할 수 있었고, 경제적으로

* 제1차 세계대전.

도 더 오랫동안 전쟁을 지속할 수 있었다. 그 최종 계획이 바로 슐리펜 계획Schlieffen Plan으로, 속전속결로 프랑스를 무너뜨리기 위한 대규모 포위 공격 계획*이었다. 이 계획은 1914년 실행되었고 결국 실패하고 말았다. 프랑스군과 영국군이 독일군의 공세를 저지했고 전쟁은 계속되었다. 한편 독일군은 러시아를 상대로 상당히 큰 승리를 거두었지만 그 효과가 조기에 나타나지는 않았다. 총참모부는 독일이 장기전에서는 승리할 수 없다는 가정하에 슐리펜 계획을 수립했고 그 가정이 옳았음이 입증되었다.

그러나 여전히 전술에 관해서만큼 독일군 총참모부 구성원들은 전문성을 발휘했고, 전쟁에서 유례 없는 성과를 달성했다. 전투를 수행하면서 동시에 새로운 전술을 체계적으로 개발, 전파, 시험, 조정통제했다. 기동과 기습이라는 전술적 준칙을 바탕으로 전 지역에서 시행한 침투 전술은 서부전선의 교착된 참호 방어선을 일시적이나마 무너뜨렸다. 전쟁을 치르면서도 독일 육군 전투부대 중 상당수를 새로운 교리에 따라 훈련시켰는데, 이는 비행하면서 비행기를 만드는 것과 같았다. 이뿐만 아니라 총참모부의 연구와 분석이 집약된 전술은 전투 상황에 적절히 부합했으며 전장에서도 제대로 작동했다. 수년 동안 교착상태에 있었던 영국군과 프랑스군의 전선은 붕괴되고 산산조각 나버렸다. 그러나 새로운 전술이 도입된 때는 이미 너무 늦은 시점이었고, 독일군이 그런 전술을 지원할 군수물자를 보유했더라도 국가 전체가 전쟁을 더 이상 감당할 수 없는 상황이었다.[32]

* 1904년 전후로 총참모장 슐리펜이 주도하여 계획을 진행했지만 최종적으로 채택된 계획은 슐리펜 계획이 아니라 소몰트케 계획이다. 게하르트 P. 그로스 지음, 진중근 옮김, 『독일군의 신화와 진실』(길찾기, 2023) 제5장 참조.

제1차 세계대전은 독일군 총참모부의 치명적 결함이 드러난 시기이기도 하다. 샤른호르스트가 군을 정부에 영원히 귀속시키기를 거부했고, 몰트케와 다른 이들이 정부의 감독을 영구히 차단하는 데 성공함으로써 독일군은 표면상 받들었던 국민과 정부보다 전쟁과 승리에 더 전념하는 군대로 변모했다. 총참모부는 단지 전술적 성공을 달성하는 데 급급한 조직이 되어 버렸고, 그런 전술들을 지도하려 했던 —그리고 필요시에는 고삐를 잡아당겼던— 오토 폰 비스마르크Otto von Bismarck 같은 강단 있고 전략적으로 사고하는 지도자도 이제는 존재하지 않았다. 독일군은 점점 더 자멸하는 길로 나아가고 있었다.

종전 후 국제 조약에 따라 총참모부는 보유 자체가 금지되었다. 게다가 제1차 세계대전 중 모든 전선에서 전투를 지켜본 장군참모장교 한스 폰 젝트Hans von Seeckt가 이끈 독일 육군은 엄중하게 통제되었다. 독일이 보유할 수 있는 장교 숫자는 4,000명이었는데, 젝트는 최전선의 지휘관보다 전직 장군참모장교를 선호했고 그들 위주로 장교 숫자를 채웠다. 경험이 풍부한 참모장교들은 제1차 세계대전의 교훈을 객관적으로 평가했고, 국방군Wehrmacht(재창설된 독일군)은 훗날 제2차 세계대전 때 활용할 교리를 만들어 냈다. 즉 포위, 제병협동, 분권화된 지휘통제를 통한 신속한 결심 수립, 비대칭 집중에 중점을 둔 교리였다.[33] 총참모부는 비밀리에 재건되었고, 전쟁이 발발하자 독일군은 전술적 성과를 거두게 되었다. 하지만 치명적 결점인, 전술이 전략과 단절되어 있다는 사실만은 그대로 남아 있었다.

그럼에도 불구하고 독일군 총참모부는 히틀러의 침략 행보에 자주 반발했고, 전쟁 초기에는 그의 행동에 대해 경고하기도 했다. 이에 대응하여 총통은 총참모부를 철저히 무기력한 조직으로 전락시켰다.

1937년 총참모부는 히틀러가 제시한 침공 일정과 계획에 동의하지 않았다. 그러자 히틀러는 자신의 정치기구를 활용하여 원하는 산물을 얻고자 대안 계획 수립에 착수하도록 지시했다.[34] 그 후 총참모부는 정치적으로 더욱 고립되었다. 1938년 히틀러는 전쟁부를 완전히 대체하는 국방군 총사령부OKW, Oberkommando der Wehrmacht를 설치했는데, 이는 육군 총사령부OKH, Oberkommando des Heeres라 불린 총참모부보다 상부에 위치한 참모조직이었다.[35] 국방군 총사령부는 히틀러의 충성파 인사들로 채워졌고 이로써 총참모부는 완전히 배제되었다.

독일군과 전쟁의 작전적 수준

시티노는 1525년에 프로이센이라는 국가가 출현한 후 1945년 제2차 세계대전이 종식될 때까지 독일군이 성공한 이유를 그들이 이 시기에 전쟁의 작전적 수준을 '발견'한 덕분이라고 주장한다. 이 가설의 첫 번째 문제점은, 이 기간에 '작전술'이나 '전쟁의 작전적 수준' 같은 용어—또는 그에 상응하는 다른 용어—가 프로이센군이나 독일군의 사상 그 어디에도 존재하지 않는다는 것이다. 더욱이 '작전'이라는 용어는 1977년까지 독일군의 교리에서 공식적으로 정의되지 않았고, 그 후 "시간, 공간과 연계한 전투부대의 활동으로 항상 특정 목표를 지향하며 기동, 전투 그리고 다른 유형과 범위의 기타 행동까지 포함할 수 있다."라고 정의되었다.[36] 이는 대체로 타당한 정의이며, 독일의 군사 저술가들이 인식한 '작전'의 의미를 보여 준다.

두 번째 문제는 일관성이 없다는 것이다. 시티노가 제시한 전쟁의 작전적 수준의 정의는 소련의 문제점을 그대로 베낀 것에 불과하다. 그는 자신의 저서 『독일군의 전쟁 방식*The German Way of War*』의 서문에서 전쟁의 작전적 수준을 "야전군, 군단, 사단 등 대규모 부대의 이동과 지휘"[37]라고 정의하지만, 뒤에서는 그와 다르게 "전투 이전의 기동"이라고 정의한다. 무엇이 작전적operational이고 작전적이지 않은지를 사건에 따라 다르게 설명한다.[38] 어떤 부분에서는 매우 동일한 기동(1757년 로스바흐Rossbach에서 프리드리히 대제의 측방 기동)을 전술적이라고 했다가 다시 작전적이라고 언급한다.[39] 또한 시티노는 전쟁의 작전적 수준이 독일군의 용어인 **기동전**Bewegungskrieg과 동일하다고 주장했다. 이 용어는 독일 문건에서 제1차 세계대전 중 서부전선의 참호전 양상을 기술할 때 사용되던 **진지전**Stellungskrieg과 대척점에 있다. 하지만 시티노의 주장을 입증할 만한 사례는 어디에도 없다. 또한 기동전과 마찬가지로 수많은 군단, 야전군 등 엄청난 규모의 부대가 투입된 진지전은 왜 전쟁의 작전적 수준이 아닌지, 왜 기동전이 작전적 수준인지에 대해 타당한 이유를 전혀 제시하지 않았다.

비판처럼 들리겠지만, 시티노는 군사軍史학자이자 군사학 분야의 대가이다. 하지만 군사이론가는 아니다. 그는 『독일군의 전쟁 방식』에서 역사적 개념이 아니라 이론적 개념을 기술했다. 시티노가 일관성이 없고 혼동한 것이 아니라 전쟁의 작전적 수준 자체가 본질적으로 일관성이 없고 모호하다.

군사이론가인 시몬 나베는 전간기에 독일군이 '작전적 인지認知'—초기 전쟁의 작전적 수준—를 발전시켰다고 지적한다. 특히 그는 독일군의 교범인 HDv 300 『부대지휘*Truppenführung*』를 언급했다. 그러나 이 교범은 리더십에 관한 내용이며, 초병의 암호 사용 같은 세세한 분야를 다룬다. 이 책에 작전적 통찰vision은 거의 없다.[40] 이 교범이 당시에 매우 중요한 독일 교리 문헌 중 하나였다는 나베의 말은 타당하지만, 여기에 전쟁의 작전적 수준에 관한 통찰력 같은 내용은 전혀 담겨 있지 않다.

독일 국방군은 그 어떤 적보다 뛰어난 최초의 전투조직이었으므로 독일군이 새로운 어떤 것, 다른 군대가 알고 있던 그 이상의 무언가를 발견한 것처럼 보였다. 그러나 국방군은 전격전이나 전쟁의 작전적 수준에 관한 내용을 문서로 정리한 적이 없다. 오히려 그들의 성공 이유를 존재하지 않는 것에서 찾기보다 실존하는 것으로 설명하는 쪽이 더 현명하다. 즉 젝트가 재건한 총참모부 시스템이 배출한 전문성을 갖추고 전쟁 연구에 정통한 참모장교들, 경험이 풍부하고 숙련된 지휘관들이 바로 그 원동력이었다. 독일군은 1930년대와 1940년대 초에 전술에 정통했다. 그러나 독일군만 그런 것은 아니었다.

결국 전술적 완성도는 그들에게 도움이 되지 않았다. 샤른호르스트의 후예들은 군수 분야를 시스템에 완벽하게 통합하지 못했다. 실제로 군수 분야를 관장했던 총감inspector general,* 즉 장군급 총책임자는 총참모부가 아닌 전쟁부 소속이었다.[41] 프로이센과 독일은 특히 1848년과 1849년, 1866년의 프로이센-오스트리아 전쟁 중에, 1870년 프로이센-프랑스 전쟁에서 그리고 두 차례의 세계대전 중에 지속 지원 분야와 관련해서 고군분투했다. 대몰트케부터 그 후임자들까지 독일군 장군참모장교들과 군수 담당자들은 전투부대의 이동에 관한 군수에만 관심을 기울였고 전투부대에 지속 능력을 지원하는 문제를

* 현대식 용어로 군수사령관 또는 군수참모부장.

등한시했다. 그로 인해 1918년 제1차 세계대전 시 춘계 공세에서, 제2차 세계대전 시 아프리카와 지중해 지역 작전과 소련의 침공에서 결정적 패배를 당하고 말았다. 이를테면 슐리펜 계획을 수립할 때 총참모부는 부대를 한 지점에서 다른 지점으로 이동시킬 수 있는지 확인하기 위해 분석, 실험, 워게임을 반복적으로 시행했다. 그러나 전투부대에 식량과 물자를 공급하는 문제는 그만큼 심각하게 고민하지 않았다.[42] 이러한 성향이 성공과 실패 원인 중 상당 부분을 차지했다고 볼 수 있다.

소결론

나폴레옹 혁명이 서서히 저물고 산업혁명이 시작되면서 프로이센과 독일의 군대는 샤른호르스트의 총참모부 모델을 통해 전쟁 양상의 변화, 신기술의 함의, 전장에서 이를 활용하는 방법을 더 잘 이해할 수 있었다. 이는 매우 성공적이었고 1871년까지 주요 강대국들의 군대는 총참모부의 바탕이 되는 인적자원 운용 체계를 간과한 채 총참모부 조직만을 모방해 도입했다.

독일군 총참모부는 흔히 일종의 조직으로 간주되고 평가된다. 그러나 사실은 인적자원 운용 체계로 인식되고 평가되어야 한다. 참모조직의 수준은 구성원의 능력에 따라 결정된다. 체계를 갖춘 참모조직과 해당 직책에 적합한 인물을 식별하고 양성하기 위해 설계된 인적자원 공급망을 결합하는 것이 효율적 시스템 구축의 핵심 요건이다. 샤른호르스트 모델은 아직 제대로 구현된 적이 없다.

1945년 이전에 수행된 독일군의 전쟁 방식으로부터 전쟁의 작전적 수준이 창조되었다고 주장하는 이들은 그보다 군사 참모조직과 참모부의 업무방식을 제도화하고 전문화하여 독일군이 얻은 강점을 식별해야 한다. 샤른호르스트 모델은 전술적 측면에서 현격한 우위를 창출했다. 다행히도 전략적 실패가 이런 강점을 무용지물로 만들었다.

3
소련의 작전적 사상

전략이 잘못된 정치에서 벗어나려고 노력하는 것은 당연하지만, 정치가 없는 진공상태에서 전략은 존재할 수 없으며 정치의 모든 죗값을 받아야 하는 운명에 놓여 있다.

—알렉산드르 A. 스베친Alexandr A. Svechin

최초로 작전과 작전술에 관한 발상을 글로 표현한 것은 소련군이었다. 총참모부 시스템이 독일군에서 발전한 것처럼, 소련군에서 이러한 아이디어들이 발전한 것은 근본적으로 19세기 말, 20세기 초에 변화하는 전쟁 양상의 성격을 파악하기 위한 시도였다. 차르의 러시아 제국군에서 소련군으로 전환되고 재창조되어야만 하는 시기에 결정적 문제가 나타났다. 공식적인 주요 전투의 종말로 인해 보로디노Borodino 같은 전투를 영광스럽게 여기던 군사적 전통이 종식될 상황에 직면했다. 온통 새로움으로 가득 찬 지적知的 환경에서 소련군은 전쟁의 성격이 진화하는 현상을 새로운 전쟁의 본질이 나타났다고 착각했다. 대규모로 장기간에 걸쳐 적군을 점진적으로 약화해야 한다는 논리가 그 변화의 핵심이었다. 러시아인들은 나폴레옹 전쟁 중에 하나로 똘똘 뭉친 프랑스군 (또는 프랑스 대육군) 같은 상대를 연전연

패시키고 지속적으로 약화하는 방법만이 승리를 보장할 수 있다는 사실을 경험했다. 혹자는 이 경험 때문에 그들이 새로운 것을 경계했으리라고 생각할 수도 있다. 그러나 러시아 혁명과 내전, 그 후의 파장으로 인해 러시아인들은 큰 혼란 속으로 빠져들었다. 이는 마르크스-레닌주의가 만들어낸 혼란보다 더 오래 지속되었다.

소련군에 강렬한 혁신의 바람이 불어닥친 시기, 즉 1917년 볼셰비키Bol'sheviki 혁명 때부터 1930년경 정치군인들이 혁신을 탄압하기 시작할 무렵까지의 시기에[1] 일련의 개념들이 부상했다. 통상 두 장교, 알렉산드르 안드레예비치 스베친Alexandr Andreyevich Svechin과 미하일 니콜라예비치 투하쳅스키Mikhail Nikolayevich Tukhachevskii가 이 개념들을 만들었다고 알려져 있고, 때로는 블라디미르 키리아코비치 트리안다필로프Vladimir Kiriakovitch Triandafillov까지 3명을 꼽기도 한다. 레닌과 스탈린은 군사교리를 포함하여 모든 면에서 '과거와의 단절'을 주장했고, 사실상 작전술을 포함한 새로운 이론을 개발하도록 강요했다.[2] 이러한 노력으로 혁신적인 사상이 꽃피었지만 그중 일부는 견실하고 일부는 부실한, 오래된 교훈의 잿더미에서 피어났다. 그러나 마르크스-레닌의 사회주의에 부합하는 새로운 사상만이 살아남았다. 전략은 본질적으로 정치적이기 때문에 이런 주제를 공개적으로 논하는 것은 감히 마르크스-레닌주의를 위반하는 치명적인 실수를 범하는 것이었다. 게다가 전쟁과 전투에는 과학적 원칙이 있으며, 이를 따르면 자동적으로 승리할 수 있다는 논리가 바로 마르크스의 이론이었다. 전쟁과 전략에 대한 이 같은 정치 철학은 나중에 『전쟁과 군에 관한 마르크스-레닌주의*Maxism-Leninism on War and Army*』라는 국가 공식 문헌에 담겼고, 이 책은 소련군 장교들의 군사학교에서 주교재로 사용되었다.[3] 이 문건은 "당에 대한 지속적이고 엄격하며 일관된 헌신"과 "계급적 관점을 고수"해야 한다는 지령으로 가득 차 있다. 나아가 "군사 문제에 관해 마르크스-레닌주의를 창의적으로 활용하는 필수 조건은 그 철학에 대한 깊은 통찰과 본질에 대한 지식 〔그리고〕 모든 요구와 원칙을 준수하는 것"이라고 기술되어 있다.[4] 이는 1920년대에 전개된 소련 군사학 분야의 오랜 논쟁이 낳은 결과물이었고, 역사학자 제임스 J. 슈나이더James J. Schneider는 이를 '소련군의 볼셰비키화'라고 지적했다.[5] 군의 임무수행능력을 향상하고자 했던 측은 강압적인 지적 환경이 분명 숨 막히고 답답했을 것이다. 소련군 장교들이 전략적 신념orthodoxy에는 동의하지 않더라도 배신자라는 비난만큼은 피하고 자신을 보호하기 위해 작전이라는 개념에 주목했을 수도 있다. 하지만 그것이 사실이라고 해도 그들에게는 아무런 도움이 되지 않았다.

제2차 세계대전 이전부터 독일 국방군과 소련군은 기계화된 지상군을 개발하는 데 긴밀히 협업했다. 이때 소련군이 나치즘에 영향을 받았을 수도 있고, 만일 그랬다면 이 개념들의 기원은 문제가 많고 매우 복합적이라고 할 수 있다. 훗날 미군 교리의 핵심이 될 용어의 기원은 매우 흥미로운 주제이고, 또 전쟁의 작전적 수준의 현대적 관점을 이해하려면 그 기원을 간과할 수 없다.

소련의 작전 이론가

작전술의 탄생에 기여한 인물을 꼽으라면 3명의 소련군 장교 스베친, 트리안다필로프, 투하쳅스키라고 할 수 있다. 이들은 모두 지휘관과 고위급 참모직을 거쳤으며 군사사와 그 시대의 전쟁 양상에 관해 통찰력을 갖춘 저술가였다. 스베친은 뛰어난 이론가였으며 『전략 Strategy』이라는 책을 출간했다. 스탈린이 소련군의 고위급을 숙청하기 전까지 그의 사상은 매우 영향력이 컸으며, 훗날 다시 그 진가를 인정받았다. 러일전쟁(1904~1905)과 제2차 세계대전에 참전한 베테랑으로서 스베친은 러시아군 총참모장과 총참모대학 교수를 거쳐 다양한 참모 직위를 역임했다. 『전략』은 대학과 여러 군사학교에서 필독서로 활용되었다.

스베친은 자신의 저작 전반에 걸쳐 전략과 작전을 혼용했다. 그는 전쟁의 작전적 수준을 정의하지도 언급하지도 않았다. 하지만 작전을 이렇게 정의했다. "군대의 노력이 군사작전을 수행하는 특정한 전구에서 중단 없이 특정한 목표 달성을 지향하고 있다면 우리는 이런 전쟁 행위를 작전이라고 칭한다."[6] 이를 간단히 표현하면 작전은 전역 campaign이다.

스베친은 수준 간의 차이를 명확하게 설명하지 않고 전략과 전술의 이분법을 자주 사용하면서 작전을 완전히 도외시한다. "전술은 시시각각 요구되는 결정에 따라 움직이고, 모든 전술적 행위는 극도로 즉흥적이다." 이어서 이렇게 말한다. "반면 궁극적인 전쟁 목표 달성을 위해 일련의 연속적인 목표 또는 단계를 판단할 때 전략이 시작된다."[7] 전략이 '일련의 연속적인 목표'와 관련된다는 논리는 오늘날 전쟁의 작전적 수준의 정의와 흡사해 보이지만, 여기서는 전략에 포함된 것으로 묘사된다. 클라우제비츠는 전쟁에 대한 경제적·사회적 영향의 함의를 암시적으로 표현했지만, 스베친은 노골적으로 표현했다. 그럼에도 불구하고 스베친의 사상은 일반적으로 알려진 것보다 클라우제비츠의 사상—스베친은 이 프로이센 이론가의 평전을 집필했다.—에 더 근접해 있다.

스베친은 작전술을 명확하게 정의하면서 "가능한 한 최상의 **전술적** 위치로 부대를 배치하는 것"이라고 말한다.[8] 작전술은 '전술적 임무'와 '군수 차원의 요구사항'을 포함하고, 나아가 "가용한 물자, 다양한 전술적 임무를 처리하는 데 할당된 시간, 특정한 전선에 배치할 병력, 끝으로 작전 그 자체의 본질에 따른 작전 수행의 기본 방침을 결정한다."[9] 여기서 스베친은 확실히 군사행동의 계획수립과 지속지원에 관심을 둔 반면, 작전적 수준에 관한 내용은 다루지 않았다. —다른 수준들에 관한 언급도 전혀 없다.— 그가 소련의 전략적·전술적 비전을 창조하는 데 영향을 미친 것은 분명하다.

때때로 스베친과 투하쳅스키의 그늘에 가려졌지만 트리안다필로프 역시 매우 중요한 인물이다. 스베친이 전략에 관심을 두었다면 트리안다필로프는 그의 작전술을 가져와서 실제에 적용하는 데 몰두했다. 이제는 나폴레옹의 방식대로 단 하루 또는 수일 동안 지속되는 단 한 번의 전투로는 도저히 적군을 격멸할 수 없다는 것이 그의 논리였다. 20세기에 들어서 군의 규모가 더 커졌기 때문에 적군을 격멸하는 데 몇날 며칠, 심지어 몇 주가 걸릴 수도 있었다. 트리안다필로프는 그 해법으로 두 가지 원칙에 초점을 맞추었다. 적군의 후방과 병참선을 공격하기 위해 종심 깊은 포위공격과 함께 적진지를 돌파하고, 아군의 군수지원을 통해 전투를 지속할 수 있게 해야 한다는 원칙이다.[10] 대규모 돌파와 포위전술을 구사하려면 지속지원, 계획수립, 지휘통제를 개선해야 했다. 트리안다필로프의 주요 관심사는 이런 것들이었다. '작전'이라는 용어는 세부적으로 계획수립, 지속지원, 통제되어야 하는 전역의 일부를 의미했다. 작전에 대한 그의 관념은 전쟁의 수준이 아니라 현대적 군사 계획수립 교리의 '단계(화)'에 해당한다.[11] 종심-포위 전술이라는 발상은 트리안다필로프가 사망한 후에 투하쳅스키에 의해 채택되었다.

샐리 W. 스토커Sally W. Stoecker는 투하쳅스키를 전쟁의 작전적 수준이 발전된 시기인 러시아 혁명 때부터 제2차 세계대전까지의 기간 중에 소련군의 혁신을 이끈 '최고의 선구자'라고 보았다.[12] 그는 러시아 내전 중에 '원거리 기동이 가능한 대규모 기병부대'를 운용하는 데 주로 관심을 기울였다.[13] 또한 그 후 몇 년간 "단 한 번의 결정적 전투의 중요성에 의문을 제기하고, 연속적인 군사작전의 중요성을 강조했다."[14] 훗날 투하쳅스키는 전술과 작전 간에는 규모의 차이만이 존재한다고 밝혔다.

현대의 전술은 주로 다양한 병과별 부대들의 조합을 전제로 전투를 조직화하는 특징이 있다. 현대의 전략은 과거의 의미 그대로 사용된다. 즉 '군사작전이 시행되는 전구에서 사용되는 전술'이다. 그러나 이러한 정의는 전략이 전투를 준비하는 것이지만 또한 전투 과정에 개입하고 전투 방식에 영향을 미친다는 사실 때문에 복잡해진다. 현대의 작전은 〔적군을〕 타격하는 데 필요한 전투력 집중과, 적지의 종심 깊은 지역에 걸쳐 적군을 지속적이고 중단 없이 타격하는 것을 포함한다. 현대 무기체계와 전투의 본질을 감안하면 단 하루 만의 전투로, 단 한 번의 일격으로 적군을 격멸하는 것은 불가능하다. 현대의 작전에서 전투는 한쪽이 최후의 섬멸적 타격으로 격멸되는 순간 또는 공자의 전투력이 완전히 소진되는 순간까지 최전선뿐만 아니라 종심상에서 벌어지는 일련의 전투로 확장되었다. 그런 점을 고려하면 오늘날 군사작전이 시행되는 전구에서의 전술은 나폴레옹의 전술보다 훨씬 복잡하고, 앞서 언급했듯 전략적 수준의 지휘관이 직접 전투를 조직할 수 없는 불가피한 조건 때문에 더욱더 복잡해진다.[15]

투하쳅스키는 전쟁 양상이 시간적·공간적 측면에서 이전보다 규모가 크고 복잡하다는 점을 분명히 밝히면서도 이것들이 전술(오늘날 군사작전이 시행되는 전구에서의 전술)이라고 계속해서 언급한다. 독립적인 작전적 수준이라는 용어는 전혀 등장하지 않는다.

그가 제시한 또 다른 개념인 **udar**(타격)는 통상 '충격'이라는 의미로 기술되는데, 적군의 전투력을 완전히 파괴한다기보다 적군을 마비시키는 것에 더 가까운 뜻이다.[16] udar는 "적군의 외곽 방어선을 뚫고 종심 깊숙이 돌파하는 강력한 타격slashing strike"을 통해 달성된다.[17] 이는 독일군의 침투전술을 달리 표현한 것일 뿐이다.

소련의 개념은 극도의 정치적 통제하에서 발전했다. 군사 사상은 전략에 대한 레닌과 스탈린의 유동적인 관점을 따라야만 소비에트 체제 내에서 살아남고 전파될 수 있었다.[18] 1930년대에 스베친과 투하쳅스키는 라이벌 관계였다. 투하쳅스키가 스베친을 마르크스-레닌주의의 반역자라고 고발하여 스베친이 투옥됨으로써 투하쳅스키의 사상이 잠시 승리하는 듯했다.[19] 투하쳅스키는 스탈린의 계략에 능숙하게 대응했지만 충분하지 못했다. 결국 투하쳅스키와 스베친이 스탈린에게 처형당하면서 자신들이 대비했던 전쟁 발발과 소련군의 최종적 승리를 직접 경험하지는 못했다.

소련의 작전적 교리

소련군 지도부는 모순된 현상을 목격하고 매우 큰 혼란에 휩싸였다. 제1차 세계대전의 산업화된 전쟁 양상과 러시아 내전에서의 기동전 양상이 그것이었다.[20] 두 분쟁의 작전에는 '규모'라는 공통되고 중요한 특징이 존재했다. 소련에서 작전술의 발전은 이러한 규모의 문제, 특히 대규모 군대와 작전 전구를 다루는 과정에서 나타난 직접적이고도 명백한 결과물이었다. 하지만 여전히 소련인의 머릿속에 전략이나 전술과 구별되는 논리나 목적이 내포된 전쟁의 작전적 수준이란 개념은 없었다.[21] 소련군 지도부가 관찰한 차이점이란 엄밀히 말하면 규모와 지휘 수준의 차이였다. 애초부터 소련의 이론에서도 작전과 전술의 초점은 동일했다. 그들은 "개별 작전과 전투의 목적은 적군과 이들의 기계적 전투 수단을 파괴하는 것이다."라고 말했다.[22] 또한 규모도 전략과 전술에 속한다고 생각했다.

작전과 작전적 수준이 소련의 교리에서 전략과 전술의 수준을 연결한다고 알려져 있지만, 그럼에도 불구하고 항상 독립적인 개념은 아니었다. '전략적-작전'과 '작전적-전술적'이라는 용어는 흔하게 사용된다.[23] 작전operatsiya이 독립적으로 정의되는 경우에는 "대규모의 작전적 부대가 수행하는 행동"으로, 다시 말해 규모와 관련이 있다.[24] 그러나 그 시기에 소련군 교리 그 어디에도 작전적 수준이라는 표현은 없다. 이를테면 1936년 소련군 '임시야전 복무규정Provisional Field Service Regulations'에는 이런 개념이 전혀 없다. 소련군 원수인 클리멘트 보로실로프Kliment Voroshilov가 이 규정에 최종 서명을 했고, 그의 보좌관이 바로 투하쳅스키였다. 훗날 게오르기 주코프Georgy Zhukov는 이 규정에 크게 감화되어 자신의 저작에 인용했다.[25] 전쟁의 작전적 수준의 창시자를 말할 때 주로 투하쳅스키를, 때로는 주코프를 지목하지만 그들의 개인 문서와 공식 저작에 그것이 표현된 적이 없다는 사실은 분명하다.

그러나 그들은 작전술이라는 고유한 기능이 존재한다고 생각했다. 정치와 전술을 포함한 전략의 기능이 전투에 초점을 맞추었다면, 작전술은 전투력을 조직하고 지원하고, 무장시키며 지휘통제하는 것에 초점을 맞추었다. 이를 위해서는 심도 있는 연구가 필요했다.[26] 그러나 이런 연구로도 작전술을 구별해 낼 수 없었다. 상당히 많은 동일한 기능이 전술에 속했기 때문이다.[27]

작전적 수준은 소련의 종심작전glubokaia operatsiya과도 관련이 있다. 그러나 여기서도 목적이나 기능이 아닌 규모가 핵심적 특징이다.[28] 종심작전은 소련의 전선군과 야전군(2개 제대를 명시)이 대규모로 장거리 기동을 통해 수행하는, 적군의 전선 후방에 대한 종심 타격과 결합된 단순한 포위행동이다. 이는 특히 러시아 서부의 광활하고 평탄한 개활지나 평원에서 매우 적절한 방안이었으며 천편일률적으로 적용되는 개념은 아니었다. 트리안다필로프가 최초로 이 방안을 생각해 냈고 훗날 투하쳅스키가 이를 시행할 수 있는 공수부대와 같은 전력과 그 개념을 발전시켰다.[29] 종심작전 역시 수준이 아니라 오늘날 작전의 개념과 유사하다.

마치 오래전부터 존재했던 전술을 새로운 것인 양 표현하듯, 1936년에 종심작전은 완벽하게 둘러싸는 포위작전으로 발전했다.[30] 게다가 1937~1938년 스탈린의 군부 숙청으로 소련군의 이론 발전은 중단되고 말았다.

종심작전 사상을 이어받은 주코프는 일본 제국군과 싸운 할힌골 Khalkhin Gol 전투(1939)*에 그리고 훗날 독일과 부딪친 동부전선에 이를 적용했다. 1941년 여름, 독일군이 소련을 침공한 후 스타프카 Stavka(스탈린이 직접 지휘한 소련군 총참모부)는 작전적 개념들을 서둘러 복원했다. 여기에도 규모의 측면이 들어 있었다. 스타프카의 지침에는 독일군의 방어선에 최대한의 전력을 투입하여 압박하는 방법과 제병협동을 협조하는 문제 등을 포함하여 전투에서 전선군과 야전군을 운용하는 방법 등이 기술되어 있었다.[31] 1942년과 1944년의 야전 규정에는 '전술적 돌파'와 전과확대 등의 내용이 포함되었다.[32] 이런 주제는 비록 전선군과 야전군의 임무이기는 하나 전술 영역에도 속한다. 다시 말하지만 규모만이 유일한 차이점이다.

동부전선에 흘러넘친 엄청난 핏물로 작전적 수준과 전략의 구분도 사라져 버렸다. 1945년 러시아 전선은 작전적이자 전략적인 전선으로 간주되었다.[33] 소련인들은 작전이라는 개념을 착안했지만 전쟁의 실상과 충돌하면서 전술과 전략의 이분법으로 되돌아갔다. 그 후 핵무기의 출현으로 소련의 작전적 수준과 작전술에 대한 관심은 줄어들었다.[34]

* 일본에서는 노몬한 사건이라 부른다.

재부각

소련의 작전적 사상은 1960년대 후반과 1970년대에 재부각되면서 상투적인 용어가 되었지만, 개념적으로는 불명확하고 모순적이었다. 소련의 어느 영향력 있는 저작에서는 '군사작전'을 핵전쟁 수준 이하의 모든 것이라고 넌지시 기술했다.[35] 또한 작전을 '작전 지역'과 관련지었다. 소련의 교리에서 이것은 전장의 공간 영역이며, 이번에는 지리와 연계하여 작전에 또 다른 규모의 요소를 부여했다.[36] 이런 측면에서 작전의 정의는 단순히 작전 지역 내에서 발생하는 모든 것을 가리킨다는 점에서 매우 재귀적self-referential이다. 작전이 작전의 목표인 작전적 임무 달성을 위해 작전 지역 내에서 일어난다는 순환논법은 소련의 교리 전반에 걸쳐 나타난다.

이 시기에 종심작전 이론도 진화되었다. 기존의 의도는 적군을 고착한 상태에서 적 방어선의 한 지점을 돌파하고, 그 후 이를 통해 기계화부대를 적 후방 깊숙이 투입하여 돌파의 전과를 확대하는 것이었다. 1980년대 초에 니콜라이 오가르코프Nikolai Ogarkov 원수는 작전적 기동군operativnaia maneuverennaia gruppa이라는 부대를 개발했다. 적군의 방어선 구축이 완료되기 전에 돌파 및 전과확대를 하고자 창설된 부대였다.[37] 이 개념은 본질적으로 대규모 침투 전술에 불과하며, 과거 독일군의 방식과 크게 다르지 않다.

1965년 미 JP 1-02『국방 군사용어사전*Department of Defense Dictionary of Military and Associated Terms*』에 해당하는 소련군의『기본 군사용어사전*Dictionary of Basic Military Terms*』에는 전술, 작전, 전략이 서로 얽히고설켜 모순되고 혼란스럽게 기술되어 있다. 훗날 잘못된 개념으로 번

역되어 미국의 군사사상에 유입되었다고 볼 수도 있다. 어딘가에서는 '작전적'과 '전술적'이라는 용어가 혼용되었고 다른 곳에서는 다르게 기술되었다. 때로는 '작전적'으로 파악되는 행동이 지휘의 특정한 수준에 속한다고 기술된 곳도 있고 그렇지 않은 경우도 있다. 예를 들어 '작전적'이라는 단어가 때때로 상급부대와 그 예하부대의 규모에 관계없이 '하급부대'의 행동을 설명하는 데 쓰였다. 이를테면 작전술이 "군종들의 주요 작전을 준비, 실시하는 것에 관한 이론과 실제를 다루는 군사술military art*의 한 가지 구성 요소"라고 정의되어 있다.[38] 작전은 "부여된 목표를 달성하기 위해 주요 야전부대 또는 전략 제대에 의해 통합된 계획에 따라 수행되고, 표적, 시간, 공간을 고려하여 조정되며, 부대(함대)가 수행하는 핵타격과 전투 작전의 총체"라고 정의했다.[39] 전쟁의 작전적 수준에 관한 정의는 없다. 이것이 없다는 사실이 매우 중요하다. 왜냐하면 이 시기에 미 육군이 소련의 교리에서 작전적 수준의 일관된 비전을 찾기 시작했기 때문인데, 사실상 그런 것은 존재하지 않는다.

소련에서 작전술에 관한 가장 명확한 개념은 그것을 다룬 저작보다는 오히려 1984년 소련군 교재인 『전술*Tactics*』에서 찾을 수 있다. 이 책에서는 작전술을 "대규모 지상군에 의한 작전(전투 행동) 수행을 위한 준비와 관련된 이론적·실제적 영역"이라고 설명했다.[40] 나아가 이 책의 후반부에서 소련의 역사에 관해 기술하면서 작전술은 하나의 수준이 아니라 대규모 전술을 수행하는 데 필요한 필수적인 계획 수립과 준비라고 기술했다. 전략과 작전술, 전술을 군사술을 구성하

* 용병술이라고도 한다.

는 상호 관련된 요소로 묘사했다. 전술은 특정한 지휘 수준이나 규모가 아닌, 군대가 수행하는 모든 행동을 포괄하는 의미로 정의했다. 이것은 두 하위 요소, 즉 특정 군, 병과별 부대의 행동에 초점을 맞춘 전술과 합동부대 또는 제병협동부대의 조합에 초점을 둔 '일반전술'로 구분된다.[41] 당시 소련 교리에서 이렇듯 가장 상위에 있는 전술은 서구의 관점에서 보면 독립적인 전쟁의 작전적 수준보다는 합동작전 또는 제병협동에 더 가까웠다.

소결론

전쟁의 작전적 수준을 비판하는 이들은 전략이 정치와 깊은 관계를 맺게 된 결과, 즉 전쟁의 작전적 수준이 조직적 폭력의 사용과 정치적 효과의 관계를 단절해 버렸음을 지적한다. 하지만 전쟁의 작전적 수준을 창조한 자들은 이런 문제점을 전혀 우려하지 않았다. 사실 그것이 핵심이었다. 정치에 관해서 토론하거나 의문을 제기하는 것 자체가 위험했다. 마르크스-레닌의 사상을 앵무새처럼 되뇔 수밖에 없었다. 스베친과 투하쳅스키를 비롯해 많은 이들이 정치적 숙청으로 목숨을 잃었다. 그들은 우선 군사사상을 정치에서 철저히 분리했다. 소련의 기록(문헌, 정황)에서 배제된 전쟁의 작전적 수준은 이런 특징을 가졌던 것이다. 이렇듯 전쟁의 작전적 수준은 미국의 문헌(맥락)에서도 오늘날 여전히 교리를 병들게 만들고 미국의 전략을 곤혹스럽게 하는 병균이 되었다.

소련의 교리에 나오는 '전략적' '작전적' '전술적'이라는 용어가 서방에서 또는 전략 이론에서 사용되는 경우와 항상 동일한 의미로 쓰이지는 않는다. 클라우제비츠는 '전술'을 교전에서 승리하는 것으로, '전략'을 그런 교전 결과를 활용하는 것으로 정의했다. 즉 목적과 논리에 따라 정의한 반면, 소련의 교리는 이를 단순히 전선군(전략적)에서 연대와 대대(전술적)에 이르기까지 부대의 크기를 나타내는 데 사용하거나 이런저런 의미로 오용했다. 이것이 바로 안타깝게도 미군에까지 전수된 소련인의 또 다른 습성이다. 저스틴 켈리Justin Kelly와 마이크 브레넌Mike Brennan은 소련에서 작전이란 용어의 개념은 수준과 전혀 관련이 없고 오히려 '연속적인 전술적 행동'이라는 발상을 설명하기 위한 문구였다고 주장한다.[42] 소련군을 연구한 외국인들은 종심작전 개념을, 치밀하게 구상된 중요한 개념이긴 하지만, 새로운 전쟁의 수준과 혼동했다.

소련의 교리에 전쟁의 작전적 수준이 존재하는지 의문스러울 수 있지만, 소련의 이론을 살펴보면 작전술의 개념에 대해서는 의문의 여지가 없다. 첫째, 작전술은 수준이 아니라 실제적 행위practice 또는 기능이었다. 그것은 군사사와 현대의 동향을 비판적으로 검토하고 연구한 결과를 바탕으로 군사력과 군사행동을 계획, 조정, 유지하는 것을 포함한다. 둘째, 주로 스타프카가 작전술을 전담했겠지만 참모부와 지휘계통상의 다양한 제대에서 작전술을 수행했다. 작전술은 전술과 전략을 지원하기 위해 군사 참모조직이 담당하는 것이다. 작전술과 작전적 수준이 잘못 결합된 것은 소련의 발상이 미국의 교리로 받아들여졌을 때부터였다.

이러한 번역의 오류로 인해 마르크스-레닌주의의 영향과 함께 전쟁의 작전적 수준이라는 굉장히 불분명하고 애매한 개념이 등장했다. 전간기에 소련군 최고 인재들이 숙청되면서 오래전부터 이어져 오고 명확했던 사상들은 소련의 교리에서 폐기되었다. 미국에서 소련을 연구한 학자들은 그때 소련이 전쟁의 작전적 수준을 발전시킨 것을 진보로 간주했지만 사실 전혀 그렇지 않았다. 훗날 재부각된 이 개념의 특징인 순환논법은 애초부터 혼란을 일으켰고, 그 개념 자체는 제2차 세계대전 중 위기 상황에서 성급히 재생된 결과물이자 스탈린의 최고위급 숙청으로 인해 소련의 지적 전통이 파괴된 산물이었다.

투하쳅스키는 1937년 6월 12일에 처형되었다. 스베친은 1938년 7월 28일에 사형당했다. 트리안다필로프는 숙청을 피했는데, 1931년 항공기 추락 사고로 사망했기 때문이다. 이들은 조국과 국민을 위해 올바른 일을 하려고 노력한 헌신적인 전문가였다. 소련이 전제주의 국가로 전환되는 상황에서 살아남기 위해서라도 작전적 개념에 초점을 둘 수밖에 없었다. 그러나 결국 실패하고 말았다. 그로 인해 이들은 최초의 희생자가 되고 말았다.

4

미국의 작전적 사상

얼핏 보면 특이한 사례들로부터 어떤 주장이든 나올 수 있다. 전쟁술Art of War이라는 주제는 깊이 연구해 보면 확실히 포괄적이고 복잡한 문제이다. 수많은 과거 사례를 연구하고, 가장 발전되고 완벽한 상태로 전쟁술을 이해하는 것이야말로 국가 안전보장에 가장 중요한 과제이다.

— 조지 워싱턴George Washington

지금까지 나폴레옹 전쟁 시기에 싹튼 근대적 군사사상의 기원을 살펴보았다. 또한 근대 전쟁이 던진 도전에 대한 대응으로서 프로이센과 독일 그리고 소련의 사상, 특히 총참모부 시스템이라는 프로이센과 독일의 제도화와 소련이 근대 전투에서 전술적 행동을 계획, 준비, 실시하고 지속하는 방법으로 작전술을 발전시킨 과정을 검토했다. 이제 세 번째 반향, 미 육군이 전쟁의 작전적 수준을 도입했던 문제로 초점을 돌려 보자. 미국에서는 육군이 가장 먼저 이 개념을 수용했고 이후 다른 군도 채택했다.

제2차 세계대전 후 미국은 소련군 침공 시 독일 전 지역에 대량의 핵무기를 투사하여 그들을 저지한다는 계획을 수립했다. 미국의 새로운 동맹인 독일은 당연히 이를 달갑지 않게 생각했다. 또한 한국전쟁에서 절반의 성공을, 베트남 전쟁에서 참패를 경험한 미 육군은 개념적 변혁과 혁신을 열망하고 있었다. 미 육군은 체계적인 개념이 필요했고 이를 찾기 시작했다.

육군은 전혀 생각지도 못한 곳에서 해법을 발견했다. 미 육군의 교리가 독일의 방식(나아가 이스라엘의 방식)을 지나치게 많이 수용하고 있다는 비판이 거세게 제기되었다. 하지만 사실상 전쟁의 작전적 수준과 작전술 개념은 소련의 교리에서 가져온 것이었다.[1]

채택

1973년 미 육군은 중앙에서 집중적으로 개념을 발전시키기 위해 교육사령부Training and Doctrine Command, TRADOC를 창설했다.[2] 제2차 세계대전 이후 육군의 전술과 교리는 구조, 특히 핵전쟁의 위협을 고려하여 지상군을 어떻게 편성할 것인가에 초점을 두었다. 교육사령부가 창설되기 전에 육군은 펜토믹Pentomic 사단* 및 재편조 사단Reorganization Objective Army Division† 편성에 노력을 기울였다. 또한 육군이 베트남에서 철수함에 따라 개혁을 목표로 교육사령부를 창설했지만, 전쟁 기간 중에 전장에서 전투가 미흡했음을 문제 삼고자 한 것은 아니었다. 교육사령부는 특정 군사 문제, 즉 수적으로나 무장 측면에서 열세인 상황에서 소련군에 맞서 서유럽을 어떻게 방어할 것인가라는 문제를 해결하고자 했다.

초대 교육 사령관인 윌리엄 E. 드푸이William E. DePuy는 욤 키푸르

* 핵전쟁을 대비하기 위해 연대를 5개의 전투 그룹으로 편성한 5각 편제의 사단.

† 1개 사단 예하에 3개 여단을, 그 예하에 3개 대대(때로는 4개 대대)를 구성하고 임무에 따라 사단별로 편조가 가능한 사단.

전쟁Yom Kippur War(1973)*에서 얻은 교훈을 반영하고 서유럽을 방어하기 위해 독일군의 전술을 도입하는 데 주력했다.[3] 소련군과 마찬가지로 교육사령부 실무진은 유럽에서 기계화전mechanized warfare이라는 제한된 임무를 다루었고 제한된 자료만 활용했다. 이것이 무조건 나쁘지만은 않았다. 그 시기에 육군의 주요 임무는 소련 침공 시에 서독의 풀다 갭Fulda Gap†을 방어하는 것이었다. 이러한 문제를 검토하는 것은 교육사령부가 해야 할 과업이었지만, 이것도 새롭고 소위 보편적인 전쟁의 수준을 창출하기에는 부적절한 소재였다.

첫 번째로 발전된 주요 개념은 1976년판 FM 100-5 『Operations』에 기술된 '적극방어Active Defense'‡다. 이는 주로 대대급과 여단급에 초점을 두었다. 탄력적인 종심방어를 통해 '다음 전쟁에서 첫 번째 전투의 승리'를 지향하는 개념이었다.[4] 승리의 관건은 방어 전투에서 충분히 많은 소련군을 격멸하여 반격이 가능하도록 하는 것이었다.[5] 이는 방어가 더 강력한 형태의 전쟁이라는 사실과 전과확대 단계의 필요성을 기반으로 설계되어 전반적으로 타당한 개념이라는 평가를 받았다. 그러나 비판의 목소리도 있었다. 공격보다 방어를 중시하고

* 제4차 중동전쟁.

† 서독 중부에 위치한 풀다라는 도시를 통과하는 진격로. 풀다가 중요한 교통 거점이어서 만들어진 용어다.

‡ 서유럽 지역을 공격하는 적부대에 대해 강력한 제병협동부대로 상호 지원 가능한 종심진지에서 직접적인 공세 행동으로 적 부대를 격멸하는 방안으로, 미 육군이 1970년대 중반 도입한 작전수행 개념이다. 적의 공격에 수동적으로 대응하는 것이 아니라 적의 공격을 예상하고 이에 대비해 적극적으로 대응하며, 적의 공격을 무력화하기 위해 준비된 방어와 함께 기민하게 반격하는 작전계획이다. 미 육군 초대 교육 사령관 드푸이 장군은 독일의 전격전과 제4차 중동전쟁에서 나타난 새로운 무기체계의 치명성에 대한 교훈을 바탕으로 '적극방어' 교리화를 주도했다.

소련군의 후속 제대를 무시하고 제1제대에만 초점을 둔다는 것이 이유였다.[6]

1976년, 전쟁의 작전적 수준의 도입을 촉진한 또 하나의 사건이 일어났다. 피터 파렛Peter Paret과 마이클 하워드가 클라우제비츠의 『전쟁론*On War*』을 새롭게 번역해 출간한 것이다. 군과 학계에서는 이 번역서를 공식 교과서로 인정했는데, 흥미롭게도 클라우제비츠가 단 한 번도 사용한 적이 없는 두 단어, '작전적operational'과 '작전operation'이라는 용어가 이 책 곳곳에서 발견된다.[7] 이 번역서는 현대 독자들에게 텍스트를 명확하게 이해하는 데 약간 도움을 주기는 했지만, 작전적 수준에 관한 일종의 고전적 정당성과 어원을 인위적으로 제공했다고 볼 수 있다.

1979년, 앞서 언급한 비판들이 힘을 발휘했고, 신임 교육 사령관으로 돈 A. 스타리Donn A. Starry 장군이 취임했다. FM 100-5는 1976년 판에 대한 비판을 수용하여 대대 및 여단보다 여단급 이상의 수준에 초점을 두는 내용으로 개정되었다.[8] 그 결과로 '공지전투Air Land Battle'라는 개념도 등장했다. 레너드 D. 홀더 주니어Leonard D. Holder Jr. 중령*과 후바 보시 드 체게Huba Wass de Czege 중령†이 책임 연구관이었다.[9]

애초부터 이들에게 작전술이나 전쟁의 작전적 수준을 통합할 계획은 없었다. 사실 집필진은 통합 개념을 회의적으로 바라보았지만 스타리 장군의 후임인 글렌 K. 오티스Glenn K. Otis 장군은 이를 무시했

* 현재 예비역 중장.

† 현재 예비역 준장.

다.[10] 1980년에 재개정팀이 한창 작업 중일 때 에드워드 루트왁Edward Luttwak이 『국제안보*International Security*』에 「전쟁의 작전적 수준The Operational Level of War」이라는 논문을 기고했다. 그는 작전적 수준을 독립적 수준으로 기술했지만 공식적으로 정의하지는 않았다. 그 대신에 작전적 수준을 독일의 전격전 같은 전술적 개념이나 계획의 영역으로 표현했다. 그가 말한 '수준'은 이후에 나온 미군 교리의 수준과 유사하지 않았으며, (앞서 살펴보았듯이) 독일인 또는 소련인이 제시한 전쟁 양상에 관한 실제적 관념과도 전혀 달랐다.[11] 이 논문에는 '작전술'이라는 용어도 등장하지 않는다.

'전쟁의 작전적 수준'과 '작전술'이라는 용어를 동의어로 사용하는 관행은 사실상 스타리 장군이 시작했다. 우리가 살펴본 대로 이는 소련의 교리를 단순히 수용한 개념이 아니다. 그러나 스타리도 그 개념을 명료하게 설명한 적이 없다. 장군은 일상적으로 기고문, 서신, 훈시문에서 전술적 수준과 작전적 수준을 혼용했고 이 개념을 지휘의 수준이라고 단정하지도 않았으며, 이는 규모와도 전혀 관련이 없었다.[12] 그는 한 기고문에서 이 개념을 독일 국방군(그들도 이 개념을 사용한 적이 없다.)이 만들어 냈다고 주장했다. 또 다른 글에서는 그것을 전구 수준과 그 이상, 전구 수준 그리고 군단급 수준과 그 이상이라고 기술하기도 했다.[13]

이런 노력의 결과로 1982년에 FM 100-5 개정판이 출간되었는데, 이제는 제목 자체가 **공지전투**였다. 이 교범에서는 작전적·전술적 수준을 규모, 기능 또는 논리가 아닌 지휘의 수준과 긴밀하게 연계했다.[14] '작전술'이라는 용어는 언급되지 않았다.[15] 전략의 정의는 종래의 전략과는 달리 전쟁의 정의에 더 가깝게 기술되어 있다.[16] 독일군이 작전적 수준을 사용한 적이 없었다는 사실이 명백함에도 이 개정판은 독일군의 기계화전에서 큰 영향을 받아 작성되었다고 서술되어 있다.[17]

이 문제는 1986년 FM 100-5 개정판에서 더 큰 혼란을 초래했다. 여기서는 작전적 수준이 작전술로 대체되었다.[18] 이제 전술은 군단 및 그 이하 부대(기본적으로 모든 부대)의 행동을 의미했다.[19] 또한 작전술을 마치 독립적 수준인 것처럼 전략과 전술의 정의 사이에 위치시켰다. 그리고 작전적 수준을 공식적으로 정의하지 않은 채 교범 여기저기에 기술해 놓았다. 1980년대 중반까지 정의와 개념상의 문제가 있었음에도 전쟁의 작전적 수준은 규범으로 받아들여졌고 작전술과 동의어로 굳어졌으며 이러한 미국식 개념이 다른 군에도 영향을 미치기 시작했다.

1993년 FM 100-5 개정판에서 작전적 수준은 미 육군의 교리에서 절정기를 맞았다. 하지만 정의가 극도로 동어 반복적이고 모순투성이였다. 전쟁의 작전적 수준은 "작전 전구operational theater 내에 투입된 작전적인 합동 및 연합군joint and combined operational force이 예하부대의 전역들과 주요 작전을 시행하고, 통합군 사령관 또는 그 이상의 군 수뇌부의 전략적 목표를 달성하기 위해 계획, 시행, 지속하는 영역이다. [···] 이 수준의 초점은 작전적 목표를 달성하기 위하여 [···] 합동작전을 수행하는 데 있다."[20]라고 기술되어 있다. 즉 전쟁의 작전적 수준은 작전적 지역에서 작전적 목표를 달성하기 위해 작전이 벌어지는 영역이라는 뜻이다. 이는 전술 부대와 전략적 목표 사이의 '연결고리'로 정의되기도 한다. 또한 작전술은 "지휘관이 병력, 장비와 시간을 효과적으로 사용할 수 있는 방법"으로 정의되기도 한다.[21] 하지만 왜

작전적 수준에서만 병력, 장비와 시간이 효과적으로 사용되어야 하는지 의문스럽다.

과거와 현재

1989년 미 해병대는 사령관 앨프리드 M. 그레이Alfred M. Gray 장군의 지침이 다수 포함된 FMFM 1 『Warfighting』을 출간했다.* 교범이라기보다 철학적 보고서에 가까운 이 얇은 문건은 전쟁의 작전적 수준(작전술이 아닌)을 간략하게 소개한다. 작전적 수준을 담은 해병대 교범의 확장판은 FMFM 1-1 『Campaigning』(1990)이다. 이 교범은 훨씬 더 개념적이어서, 전쟁의 작전적 수준을 규모나 지휘 수준보다는 시간을 초월하여 다양한 전술적 행동을 연결하고 지원하는 활동과 관련되어 있다고 설명했다. "이러한 작전적 일관성이 없으면 이 수준에서의 전쟁 양상은 상대적 소진이 성공 또는 실패의 척도가 되는 일련의 단절되고 별개인 전술적 행동으로 전락할 것이다."[22] 원래 FMFM 1-1의 제목은 『Strategy』로, FMFM 1-2는 『Campaigning』으로 명명하고 각기 그 내용에 주안점을 두기로 되어 있었다. 1997년 찰스 크룰랙Charles Krulak 해병대 사령관이 교리를 재조정할 때까지 전략에 관한 교범은 간행되지 않았다. FMFM 1과 FMFM 1-1은 모두 1997년에 개정되어 MCDP 1 『Warfighting』과 MCDP 1-2 『Campaigning』(MCDP 1-1 『Strategy』는 계획대로 교리 문헌상의 지위를 찾았다.)으로 명칭이 변경되었지만 작전적 수준에 대한 내용은 그

* FMFM은 Fleet Marine Force Manual의 약어다. 현재는 MCDP(Marine Corps Doctrinal Publication)로 변경되었다.

대로 유지되었다.[23]

1992년 미 공군은 공군 교범 1-1을 출간했다. 이 교범은 공군 지휘부의 지속적인 지적 노력의 결과물이자 1991년 걸프전의 교훈을 종합한 것이다. 1992년 판에는 전략, 전술과 함께 작전적 수준이 포함되었으나 이전 버전(1984)에는 전쟁의 수준에 관한 논의가 전혀 없었다.[24] 이 문건에는 작전적 수준(다른 두 수준과 함께)이 기술되어 있지만 작전술에 더 초점을 두었다. 공군에서 작전술이란 "전투 사령관의 의도를 적극적으로 구현하기 위해 항공 및 우주자산을 계획하고 활용하는 것"이었다.[25]

미 해군은 1994년까지 전쟁의 작전적 수준을 공식적으로 채택하지 않다가 해병대의 제안으로 이를 받아들였다. 1994년 판 NDP* 1 『Naval Warfare』는 전쟁의 작전적 수준을 정의한 최초의 해군 교범으로서, 여기에서의 정의는 FMFM 1 『Warfighting』에 기술된 개념과 거의 일치한다.[26] 해군의 개념은 육군의 개념보다 훨씬 더 확장되었는데, 다른 3개 군은 규모, 거리를 기반으로 한 정의 또는 지휘의 수준보다 전술을 계획, 준비, 실시, 지속하는 데 더 비중을 두었다.

미군의 교리에서 전쟁의 작전적 수준이 채택된 후 역사가들은 미군의 역사에서 이 개념을 소급해 살펴보는 연구에 착수했다. 미 육군의 교리에서는 작전술을 지휘의 수준으로 정의했지만, 마이클 R. 매서니 Michael R. Matheny는 미국의 작전술에 관한 저작에서 작전과 작전술이 규모로 결정된다고 정의했다. 매서니는 전구戰區와 같은 넓은 지역 안에서 대부대를 장거리 이동시키는 것을 작전적이라고 정의하면서 이

* NDP는 Naval Doctrine Publication의 약어다.

문제를 더욱 혼란스럽게 만들었다.[27] (작전적 수준의 개념이 군수와 주로 연관된다는 점은 뒤에서 자세히 살펴볼 것이다.) 제임스 J. 슈나이더는 대규모 전장에 투입된 집단군Army Group* 창설부터 율리시스 S. 그랜트Ulysses S. Grant 같은 사령관의 '작전적 비전'에 이르기까지 온갖 잡다한 근거를 수집하여 미국의 작전술이 남북전쟁에서 탄생했다고 주장했다. 슈나이더가 간과했던 점—사실상 그는 이에 대해 전혀 언급한 바가 없다.—은 남북전쟁 당시 전투의 핵심 역할을 했다고 알려진, 사이비 전문 참모조직pseudoprofessional military staffs이었다. 슈나이더가 발견했다고 장황하게 설명한, 전쟁의 '새로운' 측면은 현대적인 참모부가 필요했던 초기 산업화의 현상이었을 뿐이다.[28] 미국에서 작전술이 등장한 시점은 남북전쟁 때인데, 사실상 참모부를 조직하기 시작한 시기였기 때문이다. 슈나이더는 작전술을 "전략의 목적 달성을 위해 광범위하게 흩어져 있는 작전들을 창의적으로 활용하는 것"이라고 정의했다.[29] 그러나 시공간적으로 전투력을 분할, 운용하는 것은 분명히 전술이며 이는 고대부터 변함이 없었다.

다행히 전쟁의 작전적 수준에 대한 미 육군의 관점은 변하고 있는 것으로 보인다. 2011년 판 ADP† 3-0 『Unified Land Operations』에서는 의도적으로 전쟁의 수준을 기술하지 않았다. 대신에 '작전술'이라는 용어를 사용하고, 특히 특정 수준이나 제대梯隊에 국한되지 않는다고 명시했다.[30] 그러나 유감스럽게도 작전적 수준이 육군의 교리에 슬며시 다시 등장했다. 작전적 수준을 기술한 가장 최근의 교범

* 2개 이상의 야전군으로 구성된 대부대.

† ADP는 Army Doctrine Publication의 약어다.

인, 2019년 7월에 발간된 ADP 3-0 『Operations』에서는 전쟁의 작전적 수준이 단 일곱 차례 등장한다. 두 번은 '전략적-작전적 수준', 한 번은 '작전적-전술적 수준'으로 등장한다.[31] 이는 초기 소련 교리를 연상시킬 정도로 섬뜩한 표현이다. 반면에 작전술은 독립적 개념으로 여러 번 기술된다. 전쟁의 작전적 수준을 전략, 전술과 하이픈으로 연결하지 않고는 이해시킬 수 없다는 것 자체가 개념의 부적절성과 육군이 재고하려는 의지 모두를 반증한다. 이리하여 육군의 교리는 혼란스럽고 모순된 상태로 남게 되었다.[32] 이는 결국 작전술을 정확하고 유용하게 체계적으로 이해하는 데 저해 요소가 되고 말았다.[33]

또 다른 방안: 해군의 최고회의Navy's General Board

비록 전쟁의 작전적 수준이 부적절한 발상에서 탄생했을 수도 있지만, 미 육군이 이 개념을 채택한 것은 전쟁 양상의 변화와 새로운 조건에 대한 일종의 체계적인 대응책이었다. 그러나 육군은 소련에서 해답을 찾는 대신 더 가까운 곳에서, 이를테면 미 해군에서 찾을 수도 있었다.

육군이 제2차 세계대전 이후 핵무기 시대에 지상전을 설계해야 했듯이 일찍이 해군도 유사한 도전에 직면했다. 범선에서 증기선으로 전환했고 수중과 공중 플랫폼을 해군 작전에 통합하는 작업을 해야 했다. 샤른호르스트가 이끈 프로이센 왕국의 군대와 마찬가지로 미 해군도 개념보다는 여러 가지 제도적 수단을 통한 전환을 추진했다.

첫 번째, 미국의 시스템에서 진정한 총참모부를 조직하려던 최초의 시도라고 할 만한 것은 해군회의체Navy Board를 조직한 것이다. 1898

년 처음으로 해군전쟁회의Naval War Board라 불린 이 조직은 그 후 여러 차례 운용되고 변화하면서 영향력이 커지기도 하고 약해지기도 했다.[34] 그들에게 해군력의 핵심 목표는, 변화하는 환경에 적응하는 것과 더불어, 다양하고 난해한 해전에서 승리하며, 전 세계적 존재감을 유지하면서, 세계에서 가장 강력한 해군이 되는 것이었다.

다른 제도적 대안으로 해군전쟁대학Naval War College 창설, 해군참모총장실Office of Naval Operations 신설, 해군장관 참모부Staff of the Secretary of the Navy 현대화, 특히 해군의 포술을 포함한 훈련 현대화 등이 추진되었다. 육군도 이와 유사한 조직을 보유했지만 해군이 성공하게 된 핵심 요인은 바로 이러한 시스템 간의 상호작용이었다. 이러한 조직들의 상호작용을 통해 새로운 개념과 교리가 도출되고, 실험을 거친 후 채택되어 해군 전체로 전파되는 환경이 조성되었다. 단지 한 개인의 지시에 의거해 어떤 개념을 톱다운top-down 방식으로 하달하지 않았다. 이러한 시스템을 통해 제2차 세계대전 이전과 그 기간 중에 해군은 태평양 전구에서 전역을 수행할 핵심 교리와 전술을 만들어 냈다.[35] 샤른호르스트 모델과 마찬가지로 이러한 전반적인 제도는, 새로운 개념을 침투 전술 또는 전투정보센터Combat Information Center 운용같이 보텀업bottom-up 방식으로 식별 및 테스트한 후 조직 전체가 채택하는, 소위 복잡적응계였던 것이다. 그러나 시어도어 루스벨트Theodore Roosevelt와 윌리엄 하워드 태프트William Howard Taft 행정부가 각고의 노력을 기울였음에도 불구하고 이 제도는 완전한 총참모부와 같은 조직이 되지는 못했다. 의회가 군에 대한 문민 통제력을 잃을 수 있다고 우려했기 때문이다.[36]

소결론

요컨대 공지전투는 독일군의 개념—독일 연방군과 그 이전의 독일군 교리에서 받아들인 임무형 전술, 기계화전, 주노력Schwerpunkt 등—과 86사단Division 86 및 86군단Corps 86 연구*와 같은 개념들 그리고 적극방어 교리의 일부 등으로 만들어진 나름대로 타당한 혼합물이었다. 대부분 소련의 종심작전에 대한 효과적인 대응책이었지만 두 개념이 정면 대결하여 시험대에 오르지 않은 것은 다행스런 일이다. 공지전투는 러시아의 작전술 개념과 미국의 전쟁의 작전적 수준을 접목한 모양새였다. 미 육군은 기본적으로 공지전투에 관한 과업을 대부분 완수해 냈다. 그리고 한 가지 문제에 대한 답을 소련으로부터 모방했다. 이 교리는 1991년 쿠웨이트와 이라크에서 시행된 사막의 폭풍 작전Operation Desert Storm에 영향을 미쳤는데, 이 작전의 특징은 종심상의 화력 공격과 공중강습작전이 포함된, 종심작전과 유사한 포위를 완성하는 것이었다.

이제 우리는 교리 초안 작성자들이 전쟁의 작전적 수준을 채택하는 데 완전히 동의하지 않았다는 사실을 알게 되었다. 훗날 육군 고급군사연구학교를 설립했고, 이 교리의 책임 연구관이었던 후바 보시드 체게 준장은 "작전술은 현재 서방의 군사교리에서 주장하는 전쟁의 수준이 아니다."라고 명확히 언급했다.[37] 장군은 그러한 교리를 채

* Division 86과 Corps 86은 1980년대 미 육군의 현대화 계획의 일환인 AOE(Army of Excellence)의 일부로, 1976년에 시작된 미 교육사령부 육군 86 부대 설계 연구에는 Heavy Divisions, ID 86, Heavy Corps 등이 포함되어 있었다. 이 연구는 1986년에 일어날 것으로 예상되는 위협에 대응하여 새로운 작전수행 개념을 제시하고, 차세대 무기에 맞춰 육군의 전술 및 지원 조직을 포괄적으로 재설계할 것을 제안했다.

택한 원인으로 번역의 오류를 지적했다.

전쟁의 작전적 수준은 그 기원부터가 모호하고, 그 후에도 오역되고 오남용되었다. 또한 우리는 독일과 소련이 전쟁의 작전적 수준을 만들어 냈다고 추정하지만 독일과 소련의 교리에 그것은 애초부터 존재하지 않았다. 그럼에도 불구하고 전쟁의 작전적 수준은 미군 교리에 아직도 남아 있다. 하지만 작전술은 실제로 존재했고 좀 더 완벽한 개념을 갖추었으며, 앞서 언급한 문제 따위는 전혀 없다. 미군에서는 두 개념의 혼재로 말미암아 전략을 지원하는 전술을 계획, 준비, 실시, 지속하는 기능으로서 작전술의 잠재력을 최대한 활용하지 못하고 있다.

5

작전적 수준과 민군관계

비대해진 행정부와 상비군은 더 이상 자유를 향해 가는 길에 안전한 동반자가 될 수 없다.

— 제임스 매디슨James Madison

1827년 프로이센에서 2명의 젊은 장군참모장교가 전쟁대학장 클라우제비츠에게 편지 한 통을 보냈다. 전술 상황에서 결심수립에 관한 문제와 자신들이 도출해낸 해결 방안에 대하여 전쟁대학장에게 의견을 묻는 내용이었다. 클라우제비츠는 방책의 장단점을 조언하기에 앞서 그들에게 이렇게 충고했다. "내가 문제의 본질부터 얘기해도 이해해 주게." 이어서 이렇게 말했다. "전쟁은 독립적 현상이 아니라 다른 수단에 의한 정치의 연속이라네. 결과적으로 모든 전략적 계획의 주된 내용은 **본질적으로 대개 정치적이며**, 계획이 전쟁과 국가 전체와 관계될수록 이러한 정치적 성격은 더욱더 중대한다네." 그는 정치적 맥락과 동떨어진 문제를 푸는 일이 '유용한 연습'일 수는 있지만, 전쟁의 정치적 성격이 배제된 상태에서는 전쟁을 정확히 이해할 수 없으므로 이 같은 문제와 해결 방안들은 현실과 거의 또는 완전히 동떨어져 있다고 설명했다. 그리고 이렇게 결론을 맺었다. "그러한 관점은 고대부터 지금까지의 전쟁사 전체를 부정하는 터무니없는 짓이라네."[1]

클라우제비츠가 총참모부 소속 장교에게 이런 말을 했다는 사실은, 프로이센 사람들도 이미 전쟁을 정치와 분리하는 추세에 있었음을 반증한다. 앞쪽에서는 작전적 수준과 민군관계의 관련성에 문제가 있음을 암시했지만 이론에 숨은 함의에 초점을 맞추었다. 그러나 민군관계라는 렌즈를 통해 실제와 이론에 내재한 의미를 살펴보면 그 문제가 얼마나 심각한지 깨닫게 된다. 전략은 본질적으로 정치적이기 때문에 전략-전술 관계에 대한 교리적 개념은 민군관계에 있어서도 중요한 의미가 있다.

독일의 사례

클라우제비츠의 조언은 효력이 없었다. 그의 편지를 받은 이들이 그를 무시해서가 아니라 클라우제비츠의 저작이 출간되기 전부터 프로이센에는 군사 우위 문화라는 큰 파도가 일고 있었고, 그의 저작이 출간된 후에도 그 파도는 무시무시한 높이로 올라가고 있었다.

그가 사망한 후에 출간된 『전쟁론』도 당시의 조류를 막는 데 전혀 도움이 되지 못했다. 한 가지 중대한 이유, 즉 그의 집필 의도가 담긴 초고와 달리 군이 정부를 더 강하게 통제하기를 원하는 이들이 원고를 수정해 발간했기 때문이다. 특히 클라우제비츠의 처남인 프리드리히 빌헬름 폰 브륄Friedrich Wilhelm von Brühl은 2쇄의 텍스트를 편집해 군부가 전쟁과 외교 정책에 관해서 민간 정책 결정자보다 더 강력한 발언권을 가져야 한다는 내용으로 고쳤고, 마치 이를 클라우제비츠가 주장한 것처럼 기술했다. 이 내용은 계속 정설로 믿어지다가 1950년대에 베르너 할베크Werner Hahlweg가 이 사실을 발견하면서 다시 수정되었다.[2] 그러나 수많은 영어 번역본이 오역된 채로 발간되어 여전히 이런 오류가 남아 있다. 일찍이 클라우제비츠가 도와서 발전시킨 샤른호르스트 모델을 통해 총참모부가 창설됐지만, 총참모부는 의도적으로 군사에 관한 민간기구인 전쟁부 예하로 남겨졌다.

1864년 덴마크 전쟁 중에 이러한 조직 편성이 바뀌기 시작했다.[3] 전쟁 중에 총참모장에 취임한 헬무트 폰 몰트케는 전쟁부를 통하지 않고 일선 부대에 직접 명령을 하달할 수 있는 권한을 부여받았다. 몰트케는 전쟁에 정치적 개입이 이루어지는 데 분노했고, 결과적으로 프로이센 수상 비스마르크와 마찰을 빚게 되었다.[4] 비스마르크는 정치에 전혀 관심이 없는 듯한 몰트케의 발언을 가로막았다. 프로이센-프랑스 전쟁 때 몰트케를 비롯한 군부 지도자들은 전쟁 계획을 수립하는 회의에서 비스마르크와 전쟁부 장관 알브레히트 폰 론Albrecht von Roon을 포함한 민간 정책 결정자들을 배제하거나 배제를 시도하기 시작했다.[5] 그 후 독일 제국군은 민간 정부의 권한을 박탈하여 군과 총참모부의 권력을 강화하고, 주요 기능을 전쟁부로부터 총참모부와 그 밖의 강력한 통제력을 행사할 기관들로 이양했다. 이는 더 큰 권력을 쟁취할 뿐만 아니라 군의 특권 영역을 축소할 수 있는 민주적 개혁을 원천 봉쇄하려는 움직임의 일환이었다. 이제 군부는 '국가 내부의 국가'*가 되었다.[6] 나치스Nazis가 권력을 장악하고 국방군이 기

* Deep state라고도 한다. 정부 내부에 있는 은밀한 비공식적 권력기구로서 일종의 거버넌스를 의미한다.

께이 그들의 지배를 받게 되자 군부는 '국가 내부의 국가'에서 국가 그 자체가 되어 버렸다.

러시아의 사례

소련은 거의 정반대의 상황이었다. 러시아 참모장교들은 제국 시대가 종말을 맞을 때까지 결코 좋은 대우를 받지 못했다. 레프 톨스토이는 『전쟁과 평화』에서 1812년 나폴레옹의 침공에 맞서 러시아군과 함께 싸웠던 클라우제비츠 같은 장교들을 매우 적나라하게 풍자했다.[7] 표트르 대제Peter the Great 통치 기간 중 총참모부와 병참총감부quartermaster가 설치되었지만 이후의 황제들은 이 조직들을 거의 활용하지 않았다. 더 나아가 파벨 1세Pavel I(1796~1801 재위)는 이들을 폐지했다.[8] 기존 명칭을 가져다 쓴 러시아 제국의 총참모부에는 프로이센의 그것처럼 중요한 권한과 임무가 맡겨지지 않았다.

차르의 총참모부는 러시아와 제국군대의 창조물이 아니라 러시아 귀족이 만들어낸 정치 기구였다. 군도 뒤늦게 현대화되었다. 1860년대와 1870년대의 밀류틴 개혁Miliutin reforms*으로 마침내 러시아에서 나폴레옹 방식의 혁명이 일어났다.[9] 러시아 제국이 독일의 총참모부를 본뜬 조직을 처음 도입했을 때는 3개 부서로 분리되어 있었지만 밀류틴이 하나로 통합했다.[10] 이때부터 러시아군 참모장교들은 전문적인 교육, 과업, 별도의 군복을 받게 되었다. 1870년대 후반이 되어서야 겐슈타비스티Genshtabisty라는 칭호의 러시아 장군참모장교들이

* 드미트리 알렉세예비치 밀류틴 백작이 1861년부터 1881년까지 러시아 전쟁부 장관으로 재임하던 시절 징병제를 도입하고 군관구를 설치한 개혁.

군 내부의 엘리트 계층에 자리 잡았다.[11] 그러나 개혁이 이루어진 후에도 진급과 직책에 있어서만큼은 사회적 신분이 결정적 요소였다.

러시아 혁명 후 러시아 내전을 겪으며 볼셰비키 정부는 권력을 장악하지 못했으므로 조직을 즉각 없애지는 않았다.[12] 총참모부의 권력은 갈수록 증대했다. 1930년대에 스탈린의 편집증이 심해졌을 무렵 총참모부는 정치적 표적이 되었고, 볼셰비키의 극악무도한 정치에 철저히 휩쓸려 버렸다. 스탈린은 이들을 숙청하여 군에 대한 정치 우위를 공고하게 만들었다. 1941년 나치 독일이 소련을 공격했을 때 소련군은 유능한 참모장교를 상실한 상태였고, 작전명령을 내릴 수 있는 조직이 부재해 비틀거리고 있었다. 스탈린과 주코프는 서둘러 유능한 참모장교단을 재건해야 했다. 전쟁이 발발할 당시 주코프는 총참모장이었고 전쟁 기간에 다양한 직책에서 더욱 강한 권력을 행사하게 되었다.

미국의 사례

미국에서는 독일, 러시아와 같은 상황이 전혀 일어나지 않았다. 독일에서는 권력을 장악한 군부가 민간의 영향력을 배제했고, 소련에서는 스탈린의 통치하에 군부의 영향력을 제거했던 반면, 미군은 스스로 이런 영향력 자체를 없애버렸다. 미국에서는 군이 전략에서 손을 떼는 상황이 발생했다.

미군에게 베트남 전쟁은 쓰라리고 충격적인 경험이었으며, 이것은 단지 패배했다는 사실 때문만은 아니었다. 군 지휘관들은 린든 존슨 Lyndon Johnson 대통령과 불편한 관계에 있었고, 그의 후임인 리처드

닉슨Richard Nixon이 취임한 후에도 관계 개선의 여지가 없었다.[13] 두 대통령 모두 국내의 정치적 요구에 따라 군사적 사안들을 결정했다. 이러한 행태로 인해 군대의 명예가 실추되었다. 이를테면 미군은 정부의 지시에 따라 남베트남 지도자들을 무분별하게 숙청하고, 인접국들을 불법적으로 침공했으며, 이런 사실을 대중에게 은폐했다.

이는 큰 업적으로 잘못을 가리려던 군대를 비난하고자 하는 말이 아니다. 미군의 전투 능력은 역사상 그 어느 때보다도 강력했지만, 윌리엄 웨스트모어랜드William Westmoreland 장군이나 크레이턴 에이브럼스Creighton Abrams 장군은 전쟁을 효과적으로 수행하기는커녕 전쟁의 본질 자체를 이해하지 못했다. 북베트남이 정치적으로 남베트남과 미국 본토에서 완벽한 승리를 거두고 있는 중에도, 이성을 상실한 미군은 오로지 베트콩과 북베트남군과 싸우는 전술에만 매몰되어 있었다. 전쟁이 종식된 후 미군의 고위급은 자신들이 전쟁에서 승리했고 정치가들과 언론이 전쟁에서 졌다고 여겼다. 군의 행위와 업적을 신성시하여 옹호하는 성향이 나타났다. 미 육군의 능력을 과도하게 옹호하는 변명이 등장했고, 이는 실제 전략만큼이나 정치적으로 어설펐던 기괴한 대안 전략alternative strategies과 결합하여 나타났다.[14]

정책 결정자들의 위법행위와 군 수뇌부의 신화 창작이 결합하자 군부와 민간 정부는 베트남에서 실패한 이유와 문제점을 정확히 진단할 수 없게 되었다. 민간 정책 결정자 또는 군 지도자들은 군사력의 한계를 전혀 이해하지 못했다. 미국이 보유한 최고 수준의 군사력을 투입해도 북베트남과 남베트남 사이의 정치적 문제를 해결할 수 없었다. 이 경험을 통해 군이 민군관계를 검토해야 한다는 자극을 받을 수도 있었으나 군은 아예 이 문제에서 손을 떼버렸다.

베트남 전쟁 직후 미군이 소련의 방식대로 정치와 무관한 작전적 사상을 채택한 것은 우연이 아니다. 민군관계에서 전적으로 모든 책임을 정치에 전가할 수 있는 간단하고도 적절한 방편이었다. 미국은 전략적 측면에서 패배했다. 또한 작전적 수준은 그 패배와 전혀 관련이 없었다. 작전적 측면에서 육군은 그들의 임무를 수행했던 것이다. 육군은 스스로 전쟁에 빠져들었고 그 후에 다른 군들을 끌어들였다. 미군도 클라우제비츠의 충고를 무시했다. 그러나 미국에서는 어느 한 쪽이 우위를 점하는 대신, 그저 한쪽이 팔짱을 끼고 발을 동동 구르며 참여하기를 거부하고 뒤로 한 발 물러나 있었다.[15]

오늘날의 민군관계

현재 미국의 민군관계는 무너졌다기보다는 표류하고 있다. 어느 한쪽 또는 다른 한쪽이 우위에 서려고 하기보다는 둘 다 상대방의 결정에 따르려는 듯하다. 정책 결정자들은 군 수뇌부를 크게 신뢰하고, 반대급부로 군 수뇌부는 무비판적으로 정부를 지지하고 신의를 표시한다. 정책 결정자들은 군사 분야에 거의 관심을 표명하지 않고, 군 수뇌부도 정치에 대해서 거의 무관심하다. 이러한 경향은 새뮤얼 헌팅턴Samuel Huntington의 객관적 문민통제 모델objective-control model의 영향으로 한층 더 강화되었다. 이 이론에 따르면 정책 결정자들과 군부에게는 명확하고 뚜렷한 각자의 영역이 존재한다는 것인데, 이는 시대착오적이고 문제가 있는 개념이다.[16] 그러면 정부와 군부 사이의 경계 또는 공유 영역인 전략은 홀로 버려지게 된다.

미국은 해외에서 두 차례에 걸쳐 한 번은 이라크에서, 또 한 번은 아프가니스탄에서 병력과 자원을 '추가로 파견'했다. 이를 통해 미국의 민군관계를 한눈에 파악할 수 있다. 두 경우에서 정책 결정자들에게는 그곳에서 반군과 테러리스트의 폭력행위가 증가하는 사태에 대한 해결책이 없었고, 그 지역에서 미군을 철수시킬 적절한 계획도 없었다. 두 가지 경우 군사 계획은 모두 동일했다. 바로 병력을 더 많이 보내는 것이다. 이라크 지역에는 2007년부터 2009년까지 미군 5개 여단이 추가로 투입되었다. 2010년에는 아프가니스탄 지역으로 추가 파견이 시작되어 3만 명의 병력과 기타 지원 인원이 투입되었다.[17]

한 곳에서는 이 방책이 잘 작동했지만 다른 쪽에서는 그렇지 못했다. 이라크에 병력을 추가 파견한 것은 분명 효과가 있었다. 이라크의 수니파 지도자들이 반군과 테러리스트에게서 등을 돌리고 미국과 이제 막 수립된 이라크 정부를 지원하기 시작했다. 이런 '수니파의 각성Sunni Awakening'*은 병력 증원과 동시에 일어났다. 이는 그 나라에 미군이 증원되면서 발생한 정치적 변화였다. 그러나 이것은 순전히 행운이었을 뿐이며, 결코 의도한 바가 아니었다. 그 후 군 수뇌부는 다른 곳에서도 그와 같은 결과를 얻고자 동일한 정책을 시행하도록 버락 오바마 대통령을 설득했고, 시행했지만 결국 실패했다. 아프가니스탄에서는 정치적 변혁이 일어나지 않았고, 다시 말해 군사력을 추가로 투입했지만 호기 자체가 없었다. 한편 군 수뇌부는 이라크에서의 증원 성공을 재현할 방법을 찾을 수 없었다. 왜냐하면 그곳에

* 안바르의 각성Anbar Awakening이라고도 한다. 이란 이라크의 알 안바르Al Anbar 지역의 수니파 부족이 이라크 내 알카에다 대신에 동맹군을 지원하기로 결심한 것을 의미한다. 이라크의 수니파와 시아파 사이에 진행된 내전, 특히 바그다드 주변에서의 내전으로 인해 시아파와 수니파 부족들이 혼합된 지역에서 거주하던 주민들은 각자의 부족으로만 구성된 지역으로 이주했다. 이 두 가지 모두 폭력(불안정)이 줄어드는 데 기여했다.

서 성공한 이유를 이해하지 못했기 때문이다. 그들의 계획은 이러했다. "우선 〔추가적인 5개 여단을 통해〕 안전 보장 및 경계를 강화하고 그 후 정치적으로 진전을 이룩하고, 이를 통해 실질적인 군대와 경찰력을 건설한다."[18] 하지만 실제로 이라크에서는 정반대의 사태가 벌어졌다. 정치적 진전으로 안보가 **조성**된 것이다. 정치에 일절 무관심한 미군 수뇌부의 확고한 입장에 기반해 이라크 증원 파견을 잘못 평가함으로써 아프가니스탄 문제에 관해 잘못된 억측을 초래했던 것이다. 즉 군사력의 추가 급파를 통해 안전한 상황이 구축되면 정치적 진전이 마법처럼 일어날 것이라는 착각이었다. 장군과 정책 결정자에게는 상황을 더 잘 파악해야 할 책임이 있다. 미군 장교단은 작전적 수준을 '최상의 군사적 진단'이 숨겨져 있는 일종의 방패로 사용하는 경우가 너무 많다. 그러나 어떤 군사적 진단도 그곳에 내재한 정치적 본질을 떼어내면 무용지물이 된다.

소결론

프로이센과 독일의 실패는 전쟁과 정치의 불가분의 관계에 대한 클라우제비츠의 조언을 따르지 않았기 때문이었고, 이로써 민군관계에서 군부가 다른 쪽을 지배하는 형태가 나타났다. 소련의 실패는 마르크스-레닌주의자들이 할 수 있는 단 하나의 방법을 따랐던 것, 특히 군부의 전문가들이 전체주의자들에게 완전히 굴복했기 때문이었다. 미국의 제도는 완전히 다른 방식을 따름으로써 실패의 길을 걷고 있다. 즉 긴밀한 관계에 있는 정부와 군부 모두 자신들의 책임과 전략에 내재된 정치적 본질에 관심이 없다. 건전한 민군관계는 균형 잡힌 권위와 책임의식을 특징으로 한다.

이 책을 집필하는 시점에도 미국은 아직까지 이라크나 아프가니스탄에서 정치적 진전을 달성하지 못했고, 전략과는 무관하게 리비아와 시리아에 개입함으로써 이 국가들을 수년간 혼란에 빠뜨렸다. 미군을 재건하겠다고 외쳤던 트럼프 행정부는 군을 정부의 이미지를 강화하는 도구로 인식하고, 석연치 않은 이유로 국내 문제에 군대를 동원하는 등 민군관계를 심각할 정도로 위협했다. 정책 결정자들은 지금 미군이 무엇을 하는지조차 모르고 있고, 만일 알더라도 미군이 어디에 있는지조차 모른다.[19] 그런 부분에서 정치에 무관심한 군대는 맹종을 전문성으로 혼동하고 맹목적으로 열정을 소비하는 도구일 뿐이다.

전쟁의 작전적 수준이라는 보루가 미군 장교단을 지원하고 선동하여 장교들이 전략의 고유한 정치적 본질에서 계속해서 멀어지고 있다. 군 전체가 당파적이어서도 안 되지만 정치에 무관심해서도 안 된다. 이는 군 장교들에게 개인적인 정치적 판단을 금한다는 의미가 아니다. 연구 결과에 따르면 군 장교들이 반드시 초당파적이어야 한다는 관념이 허구라는 사실이 밝혀졌다.[20] 정책 결정자들이 군대가 수행해줄 것으로 기대하는 전술과 전역을 이해하려고 노력해야 하는 것처럼, 군도 전쟁의 정치적 본질에서 물러나 있기보다 이를 깨닫고 기꺼이 받아들여야 한다.

6

작전술 이론

직관과 학문적 지식을 술術적으로 결합한 사고방식을 갖게 되면 이론을 통해 일반성과 특수성 사이에서 자유롭게 소통할 기회를 얻게 된다.

— 해럴드 R. 윈턴Harold R. Winton

지금까지는 비판적인 어조로 분석했다. 전쟁의 작전적 수준에 관한 몇 가지 찬반 주장을 검토했고, 이후 근대 전쟁 양상의 서막을 연 나폴레옹 혁명 이래로 전쟁의 작전적 수준이 발전한 역사를 살펴보았다. 우리는 전쟁의 작전적 수준이 프로이센과 독일의 시스템에 존재하지 않았다는 점을 확인했다. 그것이 소련의 제도에도 초기 형태로만 존재했고, 마르크스-레닌주의 군사사상과 관련된다는 사실도 확인했다. 그리고 미 육군이 소련의 견해를 잘못 번역했고, 다른 개념들과 그것을 혼합했으며, 잘못 적용했고, 면밀히 검토하지 않고 수용했음을 확인했다. 이로써 전쟁의 작전적 수준은 당연히 그리고 충분히 폐기해도 될 것이다.

또한 우리는 현대전의 복잡성에 대응하기 위해 전쟁의 작전적 수준이 발전하게 되었음을 발견했고, 이 복잡성이 실제로 존재한다는 사실을 확인했다. 현대전의 복잡성을 극복하려면 전쟁의 작전적 수준 같은 개념적 방법 대신에 전문적 참모부 같은 이른바 제도적 방법이 필요하고 효과적이었음이 판명되었다. 특히 군 참모제도의 발전은 그런 방법들 중 하나였고, 샤른호르스트 모델이 이를 실행하는 탁월한 방법이었으며, 군 참모부가 담당하는 과업을 의미하는 작전술은 매우 유용하고 작전적 수준이라는 개념에 내재한 결점을 갖고 있지 않다는 점을 확인했다.

이 장에서는 앞 장들에서 비판을 통해 효과성이 입증된 개념들을 살펴보며 작전술 이론의 기초를 설명한다.

전술-전략의 변증법적 관계 복원

규모, 복잡성 또는 지휘 수준을 이유로 전쟁의 작전적 수준이 필요하다고 주장하는 것은 어불성설이다. 왜냐하면 다른 두 수준, 다시 말해 전술과 전략이 그들 중 어느 것과도 전혀 관계없기 때문이다. 소련군이나 미 육군 모두 기능의 논리를 바탕으로 전쟁의 작전적 수준을 채택하지 않았다. 훗날 작전적 수준이 다른 두 수준을 '연결'한다는 주장도 있었지만, 이것 역시 말이 되지 않는다. 전략과 전술은 구분하기 어려운 지점에서 떼려야 뗄 수 없는 관계로 연결되어 있다. 전략은 전술을 통해서만 달성될 수 있다. 반면 전략이 부재한, 맹목적인 전술은 단지 무분별한 폭력에 불과하다. 하나를 행동에 옮기는 것은 자동적으로 다른 하나를 수행하는 것이고 그 반대도 마찬가지다. 연결해야 할 간격이 있다면 그것은 전술과 전략이 아니라 전술과 정치 간의 틈이고 이 둘을 연결하는 것이 바로 전략이다.[1]

클라우제비츠가 전쟁을 정의할 때 사용한 프레임워크framework는 전쟁을 개념화하는, 다시 말해 전쟁 수행방식의 구성요소인 전술과 전략 사이의 변증법적 관계를 설정한 것이다. 서문에서 언급했듯이 그는 규모도, 지휘 수준도, 부대의 크기도 아닌, 전략과 전술을 구분하는 논리를 사용했다.

그 논리에 따르면 전술의 정의는 "교전에서 군대를 사용하는 것"이다.[2] 군대가 적군과 교전할 때 전술의 논리는 항상 적군을 격멸하는 것과 관계가 있다.

같은 논리로 전략이란 "전쟁의 목적을 달성하기 위해 교전을 이용하는 것"이다.[3] 여기서 클라우제비츠가 지칭하는 것을 정확히 말하면 전투의 결과이다. 모든 전쟁의 목적은 상대에게 정치적 최종상태를 강요하는 것이다. 그러한 강요의 주된 수단은 성공적인 교전이다. 전략은 본질적으로 정치적이므로 정치적 논리를 따른다. 클라우제비츠는 익히 알려져 있듯 수정을 거치지 않은 『전쟁론』 원본에서 난해한 어투로 불분명하게 기술했지만, 개인 서신에서는 전략에 관해 명확하게 기술했다. "전쟁은 독립적인 현상이 아니라 다른 수단을 통한 정치의 연속이다. 결론적으로, 대개 모든 주요 전략 계획의 골자는 **통상 그리고 본질적으로 정치적**이며 그 계획이 전체 전쟁과 국가를 포괄할수록 그것의 정치적 성격은 더욱더 커진다."[4] 즉 전략의 논리는 정치적이며, 전술의 논리는 바로 전투인 것이다.

전술과 전략의 논리는 언제나 합치되지 않으며, 실제로는 종종 충돌할 때가 있다. 이를테면 제1차 세계대전 중 독일의 무제한 잠수함 작전은 전술적으로 타당했으나 미국을 전쟁에 끌어들였으므로 전략적 측면에서 치명적인 결과를 야기했다(사례 연구 3 참조). 독일의 입장에서는 전술과 전략이 결코 합치될 수 없었다. 연합국 측에서는 전술과 전략의 논리가 일치했다. 독일군을 격멸하는 것은 전술적으로 독일군의 교전 능력을 제거하는 것이자 연합국의 정치적 의지 구현을 저지하는 유일한 방해물을 제거하는 것이었다. 매우 간단하게 살펴봤지만 전술-전략의 변증법적 관계를 설명하는 데에는 이 정도면 충분할 것이다.

전술과 전략의 논리에 존재하는 이러한 모순은 클라우제비츠 이론의 일부이자 핵심이며, 변증법적 전쟁이론, 특히 헤겔의 변증법적 전쟁이론이기도 하다. 클라우제비츠와 독일 철학자 게오르크 빌헬름 프리드리히 헤겔Georg Wilhelm Friedrich Hegel의 변증법에 따르면 모순으로 인한 대립이 역동성을 생성하게 되지만, 이로써 두 상충되는 요소의 합명제가 만들어지기도 한다.[5] 즉 전술과 전략의 상호작용이 상반될 때도 있지만, 합명제(상대에게 정치적 최종상태를 강요하는 방법)를 만들어 내는 것이다. 따라서 변증법적 관계에 있는 두 요소 사이에 인위적인 수준*을 삽입하는 것이 어째서 두 요소의 기능을 중단하는 원인이 되는지도 쉽게 알 수 있다. 바로 그것이 둘의 상호작용을 차단하기 때문이다.[6]

이런 이중적 논리를 파악하는 것이 전쟁을 이해하는 데 핵심이다. 바로 그 점에서 전쟁은 역설적 성질을 갖고 있다고 할 수 있다. 전술적으로 타당한 것이 전략적으로는 타당하지 않을 수 있다. 전술과 전략의 합명제를 달성하는 것은 정치적 목적을 달성하기 위해 군사력을 사용하는 데 있어 핵심이다.

* 전쟁의 작전적 수준.

전략 이론에서 전쟁의 작전적 수준을 배제해야 하는 또 다른 이유는 단순성과 대칭성을 달성하기 위해서이다. 전술은 요망하는 정치적 최종상태에 영향을 받겠지만 주로 전투에 관한 것이다. 전략은 정치적 최종상태 달성에 관한 것이기 때문에 본질적으로 정치적이다. 작전적 수준은 정치적일 수도 있고 정치와 무관할 수도 있으며, 전략보다는 덜하지만 전술보다는 정치적 고려를 더 많이 포함할 수도 있다. 정치와 관련된 2개의 수준도, 정치와 무관한 2개의 수준도 불필요하다. 마지막으로, 일부는 정치와 무관하고 일부는 정치적인 하이브리드 형태는 얼핏 보기에도 부적절하다. 작전적 수준을 지지하는 사람들 스스로 그것이 정치와 전혀 관계없다고 주장하기 때문이다. 그런 발상은 더 큰 혼란을 초래할 수도 있다. 전쟁을 하나의 현상 또는 특정한 사건으로 이해하는 것 자체가 정치적 목적에서 비롯되며, 마찬가지로 그것이 전쟁의 성격을 결정한다.[7] 전쟁은 또 다른 (폭력적) 수단에 의한 정치의 연속이므로, 본질적으로 전쟁 그 자체는 정치적이다. 전쟁의 작전적 수준은 이러한 프레임워크에서 논리적으로 도출된 개념이 아니다.

이로써 작전적 수준은 자체적인 논리를 가질 가능성도 없고, 유용하다고 할 만한 여지도 없다. 작전적 수준에 관한 논리를 설명하려는 옹호자들은 대개 그것을 전술, 전략, 혹은 둘 다 지원하기 위한 것으로 활용한다. 다시 말하면 작전적 수준에는 독자적 기능이 없다. 전역에서 전투는 적군을 상대로 승리하기 위해 벌어진다(승리를 전술로 구현). 이러한 논리는 2명의 반란군 조직에도, 수만 명의 군대에도 똑같이 적용된다. 이것은 규모, 숫자와 지휘의 수준에 따라 변하지 않는다. 그러한 승리를 활용하는 문제가 곧 전략이며, 오로지 전략으로

만 달성할 수 있다.

이는 저스틴 켈리와 마이크 브레넌의 주장과 같은 논리이다. 이들은 전쟁의 작전적 수준이 도입되면서 미군에서 전략을 달성하기 위한 전술 구사 능력이 파괴되었다고 주장한다. 이 둘의 관계가 완전히 단절되었기 때문이라는 것이다. 이는 윌리엄 F. 오웬William F. Owen의 주장과 맥을 같이한다. 전쟁의 작전적 수준이 널리 퍼진 후 전술의 술術적 부분이 퇴보했다는 논리다.

더욱이 '수준'이라는 개념 또한 더 이상 필요하지 않다. 전쟁의 작전적 수준의 부정적 효과 중 하나는 전술과 전략이 별개의 활동이라는 논리를 고착화했다는 것이다. 이런 분리는 결코 효과적이지 않다. 전략이 없으면 전술은 아무것도 달성하지 못하고, 전술이 없는 전략은 불가능하기 때문이다. 전술과 전략은 이들 간의 내재된 모순*을 해결하기 위해 결합되어야만 정치적 목표를 달성할 수 있다. 수준이라는 개념 자체가 총체적으로 고려해야 할 사안들을 인위적으로 분리시켜 놓았다. 미 육군대학원Army War College의 토머스 브루시노Thomas Bruscino 교수는 이렇게 언급했다. "견실한 이론이 되려면 어떤 현상이 무엇을 의미하는지 표현하기에 앞서 우선 그 현상에 대한 설명이 정확해야 한다. 정책, 전략, 작전술, 전술이 고착된 계층 관계에 있다는 논리는 타당하지 않으며, 따라서 그런 함의를 기초로 한 이론적 분석은 어불성설이다. 전쟁의 수준들이란 용어 자체가 수준 간에 고정적·논리적·순차적 연결이 존재한다는 의미를 함축한다. 전쟁의 수준이 사람들로 하여금 정책, 전략, 작전술, 전술 간의 상호 영향을 무

* 전술과 전략은 본질적으로 추구하는 바가 다르며 전술적으로 이해되는 것이 전략적으로는 이해되지 않을 수 있다.

시하게 함으로써 분석 측면에서 결함을, 적용 측면에서 문제점을 야기했다."[8]

전술적-작전적-전략적이라는 계층적 단계에 따라 전쟁을 삼분화하는 것은 전쟁을 인위적인 선형으로 표현하는 것인데, 이것 자체가 틀렸다. 이는 전쟁, 전략, 이론 연구를 '만일-그렇다면if-then' 식의 일련의 기술로 변질시킨다. 전술이 정상적으로 수행되면 작전도 수행되고, 작전이 성공하면 전략도 성공한다는 식이다. 이런 논리는 전문 군사교육 과정에서 가르치기도, 교리에 기술하기도 쉽다. 또한 지휘관들이 교실 밖에서 전쟁의 본질적 복잡성과 비선형성에 직면했을 때 그렇게 훈련한 내용에만 매달리기 십상이다. 그러나 이는 그릇된 처사일 뿐만 아니라 현실 세계에서는 결코 실현할 수 없는 일이다.[9]

마지막으로, 혹자는 전쟁의 작전적 수준이 전장에서 벌어지는 사태와 정책 결정자의 관심사, 즉 전술과 정책 사이에서 중요한 연결 기능을 수행한다고 주장한다. 이 기능은 매우 중요하지만 이것은 전략의 기능이다. 마르틴 콘베르거Martin Kornberger와 아네르스 엥베르-페데르센이 클라우제비츠의 전략 개념을 기술하며 이렇게 썼다. "전략은 전투 수행이나 정책 수립이 아니라 그 둘 사이를 중재하는 요소로 구성된다."[10] 이토록 중요한 전략의 연결 기능을 배제하고 전략과 정치의 연결을 단절한다면, 나아가 전쟁의 작전적 수준이 그 역할을 하게 된다면, 전략이 제 역할을 하는 데 매우 부정적인 영향을 미치게 된다.

작전술: 전술의 실현

작전적 수준의 이론적 문제점을 인식하는 것도 중요하지만, 전투에서 전술의 실행 가능성을 검토하는 것도 필수적이다. 나폴레옹 혁명 이후 전술의 실행 가능성은 어느 한 개인의 문제가 아닌 더 큰 문제로 변했다. 이제 전술은 조직의 노력으로 구현하는 것이 되었다.

전술을 구현하는 데 필요한 기능을 설명하는 방법으로 작전술의 개념이 등장한 것도 바로 이 때문이다. 밀란 베고가 작전술을 "지정된 전구에서 전략적 또는 작전적 목표를 달성하기 위해 전역과 주요 작전을 계획, 준비, 실시, 지속하는 이론과 실체에 관련된 군사술의 한 요소"라고 정의한 것을 여기서 다시 한번 언급할 필요가 있다.[11] 그러나 작전술을 전역과 주요 작전의 계획, 준비, 실시와 지속으로 한정한 것은 부적절하다. 규모와 상관없이 모든 군사작전에서 계획, 준비, 실시와 지속은 필수적이다. 하지만 베고의 정의를 잘 정리해 보면 핵심에 좀 더 가까워진다. 전술-전략의 변증법적 관계, 특히 전략적 효과라는 콜린 S. 그레이의 개념과 결합하면 다음과 같은 정의가 도출된다. 작전술은 전략적 효과를 달성하기 위해 전술을 계획, 준비, 실시, 지속하는 것이다.

여기서 다시 전술은 "적을 격퇴하는 방식으로서 군사력을 조정, 운용하는 것이다."[12] 그리고 전략적 효과란 "전략적 성과가 사태의 진행 과정에 미치는 누적적이고 순차적인 영향이다."[13] 단일의 목표 달성을 위해 시간의 흐름에 따라 실행되고 통합된 전술이 곧 전역Campaign인 것이다.

한 개인이 홀로 그러한 과업들을 수행하기에는 너무나 복잡하고 광범위하다는 점을 인식했기에, 군사 조직들은 이러한 기능을 관리하기 위해 참모부를 설치하기 시작했다. 작전술 이론에 관한 많은 연구들이 존재하지만, 군의 참모부가 그것을 이행하기 위해 어떻게 훈련하고 조직되며 장비를 갖추어야 하는지에 대한 이론을 창안하려는 노력은 거의 없다. 이 주제에 관해서는 이 책의 나머지 부분에서 살펴보겠다.

작전술의 기능

근대의 지휘관들은 전술을 구현하기 위해 다양한 기능을 수행하는 참모부를 필요로 하게 되었다. 여기에는 가용한 전투력 관리, 아군과 적군, 작전환경에 관한 정보 관리, 시공간과 연계된 전술적 행동의 협조·조정, 지원화력 관리, 군수와 지속지원 조정, 지휘통제 수단과 절차 관리 등이 포함된다.

따라서 작전술은 수많은 기능을 요구한다. 전술적 준칙과 마찬가지로, 비록 그 방식은 각양각색이겠지만, 작전술에 필요한 기능은 오늘날의 군사 교리에 이미 성문화되어 있다. 나아가 전술과 전략 간의 변증법적 관계라는 맥락에서 교리에 작전술에 필요한 기능이 담겨 있으나 교리에 정해져 있지는 않다. 이는 통상 '전투수행기능'이라 칭하는 것들로, 여기에는 일반적으로 정보, 기동, 화력지원, 지휘통제, 군수 또는 지속지원, 부대방호 등이 포함된다. 또한 이러한 기능들은 완벽하게 일치하지는 않지만, 근대적 참모부의 주요 기능과 밀접한 관계를 맺고 있다. 이는 결합과 혼란을 초래하기도 했다. 전술적 준칙과 마찬가지로 작전술의 원칙으로서 전투수행기능을 명확하게 하려면 이를 면밀히 검토하여 일부를 수정, 통합, 삭제할 필요가 있다.

우선 작전적 기능은 전술을 가능하게 한다. 가장 최근에 발간된 미 육군의 ADP 3-0에 전투수행기능의 역할이 잘 기술되어 있다. "전투수행기능의 목적은 모든 제대와 전쟁 수행 수준별 지휘관과 참모들에게 공동의 핵심 역량을 발휘하는 데 필요한 지적 체계를 제공하는 것이다."[14] 2007년까지 미 육군의 교리에서 전투수행기능은 '전장운영 체계' 또는 '전장기능 영역'을 지칭했다.[15] 어떤 용어를 사용하든, 이들의 공통점은 필수적인 전투력의 승수효과 또는 전술적 조력기능을 설명하는 인지적 프레임워크로서 유용하다는 점이다. 이는 각 기능이 촉진제 역할을 수행한다는 것을 의미한다.

중요한 점은, 이 기능들이 때때로 그렇게 보이기는 하지만, 전술 부대를 편성하는 데 정해진 형판이 아니라는 것이다. 이 기능들은 전술적 수준의 지휘관들을 보좌하기 위해 참모부가 이행하는 책임 분야다. 이를테면 전투-공병부대는 작전참모부의 계획에 따라 다음과 같은 임무를 수행할 수 있다. 포대의 진지를 강화함으로써 화력지원을 가능하게 하고, 요새를 건설하고 통로를 개척함으로써 병참선 유지를 가능하게 한다. 작전술을 작전적 기능들로 구분하는 것은 그 범주들이 고정 불변하다거나 군사력이 이런 방식으로 조직되어야 함을 의미하지는 않는다.

첫 번째 기능은 아군의 가용 전투력을 관리하는 인사행정* 기능이다. **인사행정은 군 조직의 인적자원을 물리적·정신적·도의적으로 유지함으로써 전술을 가능하게 한다.** 이는 전략 이론과 역사 문헌에서 거의 주목받지 못하지만 모든 군대가 기능을 발휘하는 데 중요한 요소다. 부관장교adjutants가 작전장교의 기능을 수행하거나, 어떤 군대에서는 인사장교의 지위가 작전장교보다 더 높을(또는 동등할) 정도로 인사행정은 매우 중요하다. 모든 지휘관은 자신에게 얼마나 많은 병력

* 원어는 administration, 행정이지만 문맥상 한국군에서 사용하는 인사행정으로 번역했다.

이 가용한지 알아야 하고, 병력의 요구사항을 파악해야 하며, 급여와 보상을 보장해야 한다. 도의적 단결력을 유지하는 데 공정하고 효과적인 인사행정의 역할은 무척 중요하다.

두 번째 기능은 정보다. **정보는 아군과 적군, 주민, 환경과 관련한 사실, 수치, 지식을 확인하는 동시에 적군의 정보 활동을 차단함으로써 전술을 가능하게 한다.** 정보를 관리, 획득, 처리 또는 분석하여 인텔리전스를 생산하지 못하는 군대는 눈먼 장님이나 다름없다. 정보, 특히 적군에게 가용한 정보를 기민하게 다루면 기습, 기만을 달성하고 혼란, 충격을 일으킬 수 있다.

세 번째 기능은 사실상 가장 중요한 조정·통합 기능, 좀 더 일반적인 표현으로 작전이다. **작전(조정·통합)은 시간, 공간, 가용 전투력을 고려하여 전술적 행동과 작전적 기능을 수행 및 동시통합함으로써 전술을 가능하게 한다.** 전술적 행동들을 개별적으로, 분리된 상태로 시행한다면 제한적인 목표만 달성할 수 있을 뿐이다. 전술을 이행하는 전투부대들은 개별적인 합보다 더 큰 효과를 창출하기 위해 시공간상에서 조직적으로 조정·통합되어야 한다. 이것이야말로 전술부대의 행동과 그 밖의 기능을 동시에 하나로 묶어 주는 작전술의 핵심이다.

네 번째 기능은 지원 화기를 운용하는 화력지원이다. **화력지원은 여러 구성요소들을 지원하는 장사정 무기, 원격 통제 무기 그리고 중화기를 활용함으로써 전술을 가능하게 한다.** 화포가 개발된 이후로 화력지원의 기술적 요인 때문에 전문성을 갖춘 부대와 병력이 필요해졌다. 화력지원 전문가는 참모부의 중요한 구성원이다.

다섯 번째는 군대의 수송과 지속지원을 담당하는 군수기능이다. **군수는 전술부대의 이동과 지속지원을 용이하게 함으로써 전술을**

가능하게 한다. 전투부대의 이동이 불가능하고 부대의 장비가 유지되지 못하고 탄약과 식량을 보급받지 못하면 전투를 수행할 수 없다. 물자가 보충되지 않고 장비가 수리되지 않으면 작전을 지속할 수 없다. 군수는 작전술의 기반이다.

여섯 번째는 지휘관과 부하들 간에 중요한 의사소통 체계를 관리하고 유지하는 지휘통제기능이다. **지휘통제는 상하급 지휘관과 참모부 간에 피드백 루프를 구축하여, 즉 상급자는 하급자에게 지침을 하달하고 하급자는 상급자의 상황 인식에 기여함으로써 전술을 가능하게 한다.** 상급 지휘관은 지휘 기능을 통해 예하 지휘관들에게 지시를 내리고, 통제 기능을 통해 자신이 조치한 행동에 대한 피드백을 받고, 새로운 조치를 취하거나 지침을 조정할 수 있다.

근대 이전 대부분의 군사사 사례에서 지휘관들은 대개 이 여섯 가지 기능을 직접 관리해야 했다. 전쟁의 규모가 점점 더 커지면서 군대조직의 분화가 증가하고 템포가 더 빨라짐에 따라 지휘관들을 위해 참모부가 이러한 분야들을 담당하게 되었다.

소결론

앞서 제시한 이론을 간단하고 명료하게 요약하면 다음과 같다. 전쟁은 2개 이상의 정치적 실체 간의 전략적 경쟁이다. 정치적 목적은 전략을 통해서만 달성되고, 전략도 전술로만 달성된다. 전술적 행동들은 전역에서 조정·통합되며, 전역은 계획, 준비, 실시, 지속되어야 한다. 작전술은 전략적 효과 달성을 지향하여 전술을 계획, 준비, 실시 및 지속하는 것이다. 작전술에 필요한 주요 기능은 인사행정, 정보,

작전, 화력지원, 군수와 지휘통제이며 특별 참모부의 역할도 배제해서는 안 된다. 이러한 논리는 필자가 앞서 출간한 『전술의 정석』에서 기술한 전술 이론과 더불어 모든 군대가 노력을 경주해야 할 편성, 훈련, 장비를 갖추는 등의 모든 과업을 포괄한다.

7
인사행정

전쟁을 더 많이 알게 될수록 행정과 수송이 얼마나 중요한지 더 확실히 깨닫게 된다.

— 아치볼드 C. P. 웨이벌Archibald C. P. Wavell

역사가들과 군사 사상가들은 조직체로서 군대의 인사행정에 거의 관심을 기울이지 않았다. 어떤 조직에서나 관료제는 불가피하지만 전쟁에서 비효율적·비효과적인 군 전투력 관리는 치명적일 수 있다. 따라서 참모장교들이 관리해야 하는 일종의 작전적 기능으로서 인사행정은 그 중요성이 요구되는 맥락에서 다루어질 필요가 있다. 모든 군대에 인사행정은 존재하지만 그 형태가 다양하고 세세한 부분까지 문서로 정립되지 못했다. 그럼에도 불구하고 역사상 모든 작전의 승패는 그 작전에 투입된 인적자원을 얼마나 잘 관리했느냐에 따라 결정되었다.

여기서 '인사행정'이라는 용어는 현대의 군사 실무에 일치시키기 위해 사용되었지만, '인적자원 관리'로 이해하는 것이 타당하다. 이는 민간 기업에서 직원 관리, 개발과 관련된 기능을 설명할 때 흔히 사용하는 용어다.[1] 시장에서 경쟁하는 데 필요한 일들을 기꺼이 수행하는 직원이 없다면 그 어떤 기업도 결코 성공할 수 없다. 군대가 인적자원을 소홀히 관리하면 그 결과는 훨씬 더 심각하다. 장병들이 급여를 안정적으로 수령하지 못하고 진급에서 배제되며 자신의 노력을 인정받지 못한다면 정반대의 대우를 받는 이들만큼 열정적으로 싸우지 않을 것이다. 오랫동안 과도하게 홀대받은 장병이 지휘관의 등에 칼을 꽂는 경우도 있는데, 이는 당연하다. 따라서 인적자원 관리는 군사사를 통틀어 지휘관들의 주된 관심사였다. 인사행정 체계가 양호한 군대일수록 전투에서 당연히 더 잘 싸울 것이다.[2]

인사행정은 작전을 가능하게도, 불가능하게도 한다. 왜냐하면 전투부대의 사기와 직결되어 있기 때문이다. 이 책의 독자들 중 현역이나 예비역 군인이 있다면 급여, 수당, 휴가, 진급, 전역 등이 지연되는 행정 문제를 직간접적으로 한 번쯤 경험한 적이 있을 것이다. 훌륭한 지휘관은 이런 문제를 간과하지 않을 것이다. 인사행정을 담당하는 참모부 요원은 다른 조직원들만큼이나 중요하고, 이들은 군대의 인적자원이 명령을 실행할 준비를 갖추도록, 기꺼이 실행할 수 있도록 보장하는 역할을 수행한다. **인사행정은 군 조직의 인적자원을 물리적·정신적·도의적으로 유지함으로써 전술을 가능하게 한다.**

인사행정의 역사적 개관

역사를 통틀어 모든 지휘관은 인적자원을 활용하는 데 관심을 두고 병력 관리 지원을 필요로 했다. 하지만 주권 국가의 정부가 군대를 관리하는, 소위 관료제가 생겨난 이후부터 근대적인 군 인사행정이 등장했다. 국방부라는 조직으로 발전하기 이전에 유럽에서는 봉건귀족이나 용병대장이 군대의 인사행정 업무를 위임받아 전담했다. 그 후 국가가 군대를 소유하면서 정부가 군의 인사행정을 관장했다. 오늘날 널리 알려진 것은 서구의 유럽식 군사 관료제이지만 고대 페르시아나 고대 로마, 중세 중국에서도 초기 형태의 관료제가 존재했다.

군사력과 군 인사행정의 효과적인 관계 면에서 프랑스군은 본보기가 될 만한 군대였다. 30년 전쟁(1618~1648)이 한창 벌어지던 때에 프랑스 정부는 재정 파산 상태였기에 용병과 외인부대proxy forces*에 의존할 수도 없었으며, 군대는 무기력한 병사들로 가득했고 부패가 만연해 있었다. 정부는 근대적인 민간 공무원 조직을 통해 이 문제를 해결하고자 했다. 이들은 군의 행정을 담당하고, 조직을 편성·규제하며, 정기적 관리와 군수보급을 통해 군을 더 잘 지원했다. 그 결과 17세기 말에 프랑스군은 유럽에서 가장 강력하고 전문적이며 선진화된 군대로 거듭났다.[3]

프랑스는 거기서 멈추지 않았다. 루이 14세의 전쟁부 장관인 마크-피에르 드 부아예 드 폴미, 아르장송 백작Marc-Pierre de Voyer de Paulmy, comte d'Argenson은 스페인 왕위계승 전쟁 이후에 평민도 군복무를 통

* 직역하면 대리군이지만 외국인으로 편성된 부대를 뜻하는 용어로 번역했다.

해 귀족의 지위를 얻을 수 있는 길을 열어 주는 등 합리적인 계몽주의 정책을 도입했다.[4] 포병과 보급 같은 병과에 필요한 기술은 귀족 아래의 계층만 보유했기에 평민을 등용하는 것은 매우 중요한 문제였다. 인적자원을 모집하는 기반을 다양화하면서 군의 역량이 크게 증대했다. 후임 장관들은 일부 장병의 재정적 스트레스를 해결하고, 장교의 지위를 매매하는 행위*를 근절해 나갔고, 능력에 따른 진급 제도를 도입했다.[5] 해군부ministry of the navy에서도 이와 유사한 개혁을 시도했지만 그 효력과 성과가 미미해 육군에 비해서 그리 성공적이지 못했다.

물론 이런 개혁만으로 프랑스 혁명을 막을 수는 없었다. 이러한 개혁이 프랑스에 국한된 것도 아니었다. 인접 국가들과 적대국들도 이와 유사한 개혁안을 도입했다. 그러나 전장이 어디든 상관없이 정상적이고 합리적으로 부조리 없이 군사력을 관리하는 체계는 승리하는 데 기여하게 된다. 즉 인사행정 기능이 제대로 작동하는 것이 중요하다.

인사행정 기능

어떤 이유에서건, 물론 그다지 좋지 않은 이유일 수도 있겠지만, 근대화 이후 군 인사행정의 술術적 영역은 다른 기능들과 마찬가지로 권위를 상실했다. 이 기능은 원래 매우 고차원적이고 중요하며 기술적인 직무로 여겨진 영역이었다. 두 차례의 세계대전을 치르는 동안 어떤 군대는 '전투에서 남성의 부담을 덜어 주기 위해' 특별히 여성에

* 17세기부터 19세기까지 영국, 프랑스를 비롯해 유럽에서 장교의 지위 매매가 흔했으며, 프랑스에서는 1758년까지 지속되었다.

게 인사행정 직위를 맡기기 시작했다. 이로부터 군 인사행정의 성적 차별화 과정이 시작되었을 수도 있고, 그것을 여성적 사무로 인식하거나 '남성적 활동'보다 부차적인 영역으로 인식하게 했을 수도 있다. 물론 이런 논리는 어불성설이다. 군 인사행정은 작전술의 다른 기능들만큼이나 중요하다.[6]

인사행정을 담당했던 부관장교 또는 부관총감adjutant general*은 오늘날 작전참모부가 수행하는 많은 역할을 전담했다. 독일군의 참모부에는 인사참모부장이라는 특별한 직책이 있었다. 지휘관은 성실하고 유능한 자를 뽑아 그 직위를 부여했고, 그의 주요 임무는 이를테면 공공장소에서 음주 후 추태, 명령 불복종, 도박으로 인한 부채, 결투(불법화된 이후) 등 '명예와 관련된 문제'로 일탈한 장교들을 '교화'하는 것이었다.[7] 이러한 멘토링mentorship과 피후견인protégé 프로그램을 통해 실수를 저지른 유능한 인재의 손실을 막고 재기의 기회를 제공하여 군의 인적자원을 보존했다. 동시에 이런 훈련을 통해 멘토들도 훗날 그들의 부대를 지휘하는 데 필요한 개인의 리더십을 발전시킬 수 있었다.

인사행정 기능에 주목한 이론가들은 거의 없다. 1903년, 미국의 해양 전략가 앨프리드 세이어 머핸Alfred Thayer Mahan이 이 주제를 직접적으로 다룬 에세이를 발표했다. 「해군 인사행정의 원칙The Principles of Naval Administration」이라는 제목의 에세이는 진보적이고 민주화된 사회의 해군들을 검토했지만, 머핸의 원칙은 시공을 초월하여 근대적 조직을 갖춘 육군과 해군이라면 모두 동일하게 적용된다. 그는 인사행

* 오늘날의 참모장.

정을 "어떤 권위 있는 기관이 특정한, 절실한 요구를 충족할 목적으로 개인 또는 단체에 부여한 직무"라고 정의한다.[8] 인사행정은 합법적 권한에 의해, 특정한 목적을 위해, 공직 또는 직책에 임명된 모든 사람에게 필요하다. 이는 말 그대로 제복을 입은 모든 이에게 적용된다. 머핸은 어떤 측면에서 군의 인사행정이 기업경영 같은 민간 기업의 관리와 비슷하다고 생각했다. 하지만 또 다른 측면에서는 많은 차이가 존재했다.[9]

머핸은 군의 인사행정이 다른 방식들과 크게 다른 점을 이중적 성격이라고 말한다. 군의 인사행정은 군 조직 특성상 내부 효율성을 담당할 뿐만 아니라 전체적인 국가 기관과 같은 외부 조직이 담당해야 할 분야도 있다. 다시 말해 군의 인사행정은 내부적 행정과 외부적 행정으로 구성된다.

지휘관과 참모장교들 모두 대중에게 신뢰감을 주는 행정을 해야 할 의무가 있다. 머핸은 훌륭한 행정과 훌륭한 행정가의 필요성을 설명하면서 이를 엔진에 비유했다. "엔진이 좋아야 하지만 엔지니어도 훌륭해야 한다."[10]

내부적 인사행정

인사행정의 첫 번째 기능은 내부적인 또는 지휘부의 요구를 규정에 맞게 효율적으로 관리하는 것이다. 이 기능을 담당하는 참모장교를 대개 부관장교adjutant라고 칭한다. 군의 참모부가 발달하기 시작했을 때 부관총감은 인사행정과 작전 기능을 결합한, 오늘날의 S-1과 S-3 장교의 역할을 모두 수행했다. 미국의 일부 주방위군U. S. National Guard에서는 여전히 최고위급 장교가 부관총감 직책을 맡고 있다.

다소 부정적으로 들릴 수도 있겠지만, 관료제는 모든 군사 조직에 존재하며, 전문 조직이라면 관료적 요구사항들을 효율적으로 관리해야 한다. 앞서 언급한 바와 같이 이러한 문제가 발생하면 사기를 떨어뜨리고 지휘부의 작전 효율성에 실질적 위험을 초래한다.

인사행정 참모부의 주요 기능은 인적자원을 추적, 관리하는 것이다. 즉 정해진 시간에 전체 또는 부분적인 과업을 수행하는 데 투입할 수 있는 인원이 몇 명인지 파악하는 것이다. 작전을 실행하는 데 얼마나 많은 병력이 가용한지를 세부적으로 확인하지 않고서는 어떤 지휘관도 작전을 효과적으로 계획할 수 없다. 인적자원을 확인하는 과업에는 모든 지휘관에게 중요한 피드백 메커니즘인 전사상자의 명부를 작성하고 숫자를 집계하는 것도 포함된다.

인사행정 분야에서 효과적으로 관리해야 하는 가장 중요한 부분은 아마도 급여일 것이다. 병력이 행군을 기피하면 강제로 시킬 수 있지만, 만일 급여를 지급하지 않으면 병력은 행군을 거부할 것이다. 수세기 동안 장병에게 급여를 정상적으로 지급하지 않은 군사 조직은 거의 없었다. 장병은 식량을 보급받지 못할 때도, 현지에서 식량을 찾아다니거나 약탈해야 할 때도 있었다. 국가가 장병에게 최소한 매일 식량을 제공해야 한다는 관례는 17세기 후반에 이르러서야 정립되었다. 프랑스 국방장관 프랑수아 미셸 르텔리에François-Michel le Tellier가 최초로 이를 시행했다.[11]

일반적으로 의무, 종교, 영현英顯을 전체 참모부서와 별개인 특별 참모부의 업무로 간주하지만, 이들은 당연히 인적자원 관리 체계의 일부이자 부관참모의 감독하에 이루어져야 한다. 의무참모는 부대원의 육체적 전투력 유지에 관심을 경주하고, 만약 군에 편제되어 있다면, 정신건강 전문가들은 부대원의 정신적 전투력 유지에 관한 업무를 담당한다. 군종, 영현, 법무 담당관은 부대의 도의적 전투력 유지에 관심을 둔다. 이러한 전문 분야는 모두 반독립적인 특별 참모부의 과업에 속하므로 지휘관이 전문가 한 명에게 여러 분야의 감독 임무를 맡길 수도 없다. 따라서 이들의 업무를 조정, 통제하는 별도의 참모조직이 존재하지 않는 것이다. 그러나 참모장교들은 유사한 역할을 수행한다.

외부적 인사행정

외부 조직과 교류하지 않고 참모부가 해당 부대의 행정적 요구를 충족할 수 있는 경우는 거의 없다. 상급부대 지휘부, 합동 및 연합작전을 위한 인접 부대, 정보와 외교기관 또는 주둔국 기관 등이 이런 외부 조직에 해당한다. 예를 들면 영국군에는 정보작전information operation을 포함해 다른 기구들과 '접촉'해야 하는 일선 부대들을 오가며 다양한 기능을 담당하는 '정보 및 대외활동' 부서가 있다. 현대전에서는 이러한 기능이 한층 더 중요해졌고, 이들을 관리할 조직을 갖추지 못하면 참모부 전체에 감당할 수 없는 상황이 발생할 수도 있다.

이러한 기능에는 공보 업무, 의전 및 주요 직위자 간의 회의, 연합 및 합동 또는 동맹군과의 연락 업무, 현지 계약 등이 있다. 모두 오늘날에도 지속되며, 반드시 관리되어야 하는 전통적인 참모 기능이다. 연락 업무와 행정에 숙달된 하나의 참모부서가 이런 기능을 전담하는 것이 적절하다.

나폴레옹이 전역을 수행하는 동안 그의 참모부에 국가 행정 관리 인원이 어떻게 편성되었는지를 상기해 보라. 프랑스의 통치자로서 나폴레옹은 외부적 인사행정을 무시할 수 없었다. 오늘날의 지휘관과는 상황이 다르겠지만 당시에도 외부 기관과 조직과의 관계를 간과할 수 없었다. 이들이 조력자든, 주요 동맹국이든, 전장에서 협력할 조직이든 상관없이 참모부는 반드시 이들과 교류해야 한다. 이는 나폴레옹이 했던 것처럼 다른 정부 기관과의 교류, 협력뿐만 아니라 비정부 기구와의 접촉도 포함한다. 즉 인도주의 지원단체, 경제기구, 원조 및 개발기구, 작전지역과 그 주변에 거주하는 민간인과의 교류를 의미한다. 사단급 지휘부에 관한 어느 연구에 따르면 해당 사단은 물론 예하 부대 지휘부도 지역 환경과 효과적으로 접촉할 필요가 있다는 사실이 밝혀졌다.[12]

연락장교들이 수행하는 외부적 인사행정도 전장에 직접적으로 영향을 미칠 수 있다. 동맹전쟁coalition warfare이 보편화되어 가는 상황에서 전쟁이 벌어지면 동맹국들 사이의 상호 협조는 통합된 참모부 형태보다 연락장교를 통해 더 많이 이루어진다. 이를테면 나폴레옹을 몰락시켰던 동맹군들은 프로이센 총참모부의 연락장교들을 통해 하나로 결집했다.[13]

동기-위생 이론

민간 경영 분야의 개념을 군사 영역에 적용하는 데에 회의적인 시각이 많지만, 그중 한 가지 이론은 군의 인사행정에 적용할 수 있다. 경영과 가장 유사한 작전적 기능이라고 할 수 있는, 심리학자 프레더릭 허즈버그Frederick Herzberg의 동기-위생Motivator-Hygiene 이론이다.

동기-위생 이론은 주로 직원의 불만과 만족의 정도를 일선형 척도로 판단할 수 없다는 가정에 기반한다. 양쪽 극단에는 각각 분리된

'범위scale'가 존재한다. 회사의 정책과 인사행정, 감독, 대인관계, 근무 환경, 급여, 지위와 같은 직장의 역학관계가 제대로 관리되지 않으면 직원들의 불만이 커진다. 그러나 인사행정 분야의 대우가 양호하더라도 만족도를 증진하는 데 도움이 되지 못하거나 현상 유지에 그칠 수도 있다. 성과에 대한 인정, 발전 그리고 승진(즉 진급)과 같이 다른 측면의 관리가 직원의 만족도를 높이는 데 더 큰 영향을 미친다.[14]

이 이론을 군사조직에 적용하면, 인사행정이 사기, 부대 단결력(개인이 부대에 속해 있다는 감정), 조직의 단결력(특정 군과 병과에 대한 개인의 소속감)에 어떻게 기여할 수 있는지를 확인할 수 있다. 정책이 미흡할 때, 정책 자체는 양호하더라도 제대로 시행되지 않을 때는 부대와 조직의 단결력이 저하되고 전투 효율성도 감소한다. 그러나 포상, 인정과 진급은 단결력과 전투 효율성을 증대할 수 있다. 군대의 포상제도와 관련된 인사행정은 사기를 유지하는 데 매우 중요하다. 포상은 정서적 격려뿐만 아니라 진급, 인정과도 관련이 있다. 포상 절차는 효율적이고 가장 공명정대한 방식으로 시행되어야 하며, 고급 지휘관과의 개인적 친분이 작용해서는 안 되며, 지인 또는 고위급, 영향력 있는 개인에게 포상하는 행위와 장교와 부사관, 병사들 사이에 불공정하게 포상하는 관행은 금물이다.

인사행정과 태평양 전구

어떤 이들은 인사행정이 전투 효율성에 실질적으로 영향을 준다는 데 동의하지 않을 수도 있다. 제2차 세계대전의 태평양 전구Pacific Theater에서 벌어진 장면들을 살펴보면 인사행정의 영향력이 얼마나 중요한지 이해할 수 있을 것이다. 이 사례는 위험을 초래하는 잘못된 인사행정과, 성공적인 전술적 행동을 뒷받침하는 훌륭한 인사행정의 사례를 잘 보여 준다. 이렇듯 인사행정이 전투 효율성에 영향을 미친다는 사실은, 작전적 기능의 영역에 인사행정을 포함해야 할 필요성을 반증한다. 적절한 관리를 통해 적절한 인원을 적시 적소에 투입하고, 꼭 필요한 경우를 제외하고는 지휘부의 인원을 빈번하게 또는 불필요하게 교체해서는 안 되며, 그런 일로 생기는 혼란을 방지해야 한다. 때로는 효율성을 증대하고자 의욕을 부려도 행정적 조치가 지연될 수 있다. 반대로 군사적 효율성과 무관한, 정치적 또는 군조직의 요구에 자극을 받을 수도 있다.

곰리와 홀시

과달카날 전역Guadalcanal Campaign이 시작될 즈음 미 남태평양 전구 사령관은 로버트 L. 곰리Robert L. Ghormley 제독이었다. 그는 명석하고 노련한 장교였지만 그가 과달카날처럼 복합적인 전역을 지휘하는 데 적합한 인물이었느냐라는 문제에 관해서는 여전히 의문시되는 점들이 있다. 그는 남태평양 사령관으로서 오랜 시간 동안 매우 열악한 환경에서 연합군의 작전을 지원했다. 과달카날 상륙 후 몇 개월이 지난 1942년 10월, 이 전구를 시찰한 체스터 니미츠Chester Nimitz 제독은 해병 제1사단에 제공하는 지원 상황을 확인하고 매우 불쾌한 표정을 지었다. 이 사단은 주요 비행장을 포함하여 섬의 극히 일부 지역만 점령했다. 니미츠는 전투 중인 해병을 지원하는 데 항공력과 해군의 전력을 최대한 투입하지 않은 곰리가 공세적 리더십을 갖추지 못했다고 판단했다. 10월 16일 그는 곰리의 지휘권을 박탈하고 지휘

부 교체를 위해 후임자가 올 때까지 대기하라고 지시했다.[15]

대담하고 공격적인 성향을 지닌 윌리엄 '불' 홀시 주니어William 'Bull' Halsey Jr. 제독이 해군 사령관으로 부임했다. 전쟁 후반에 몇 가지 의문스러운 결정을 내리기는 했지만 홀시는 1942년 10월 남태평양의 사령관으로 완벽한 적임자였다. 그는 취임 직후 과달카날의 지상군 사령관인 알렉산더 밴더그리프트Alexander Vandegrift 소장을 불러 자신이 할 수 있는 모든 지원을 약속했다.[16] 홀시의 해군은 약속했던 것 이상을 지원했다(사례 연구 5 참조). 곰리를 해임하고 홀시로 교체한 인사행정 조치는 밴더그리프트의 해병대에 즉각 효과를 발휘했고 매우 유익했다.

밴더그리프트와 패치

군의 인사행정이 전투 효과성을 저하하지 않고 증대한다는 측면에서 밴더그리프트의 능력도 탁월했다. 1942년 9월에 과달카날에서 해병 제1사단은 치열하게 전투하는 중이었지만, 밴더그리프트에게는 처리해야 할 인사행정 문제들이 있었다. 당시 하달된 진급 명령에 사단의 많은 장교들이 포함되었다. 일본군의 저항이 격렬했음에도 그 명령에 따라서 토머스 홀컴Thomas Holcomb 해병대 사령관은 밴더그리프트에게 진급자들 중 일부를 귀국시키라고 명령했다. 전투에 투입하기에는 나이가 너무 많은 장교들에게 새로운 부대를 편성하고 훈련하는 임무를 부여하기 위한 조치였다. 이 지시를 반긴 밴더그리프트는 전투 시 제대로 임무를 수행하지 못하는 일부 장교들을 본국으로 돌려보냈다. 이유인즉슨 이들의 전투 경험이 훈련에서 충분히 가치를 발휘하리라는 것이었다.[17] 하지만 나이가 많아도 여전히 탁월한 전투

지휘 능력을 지닌 고참 장교들은 유임했다. 밴더그리프트는 행정적 부담을 적시 적소에 적임자를 배치하는 호기로 활용했다.

전역 후반부에 지상군 지휘관이 밴더그리프트에서 미 육군의 알렉산더 M. 패치Alexander M. Patch 소장으로 교체된 이후 인사행정 측면에서 과달카날 지상군의 전투 효율성은 저하되었다. 패치 장군의 제14군단 예하 부대 중 하나인 해병 제2사단이 해병 제1사단의 임무를 인수하고자 전개했다. 존 마스턴 4세John Marston IV 소장이 지휘한 해병 제2사단은 유럽의 레이캬비크Reykjavik 전구에서 임무를 수행했던 부대로, 태평양 지역에서 수행하는 작전에는 처음 참여했다. 과달카날 지상군의 주력이 육군이며 마스턴이 패치보다 선배라는 이유로 사단장만 제외하고 사단 병력만 과달카날로 파견됐다. 그 대신 알폰스 드카레Alphonse DeCarre 준장이 해병 제2사단장으로 임명되었다. 전술적 수준의 타당한 이유 없이 해병대원들을 조직하고 훈련한 장군의 지휘권을 박탈한 것이다.[18]

과달카날의 지상군 지휘관으로서 패치가 결심했던 비정상적인 인사행정 조치는 이것이 끝이 아니었다. 1943년 1월 일본군이 과달카날 섬에서 철수할 즈음, 패치는 사단급 부대를 편성하여 최종 공세를 시행하고자 했다. 그는 드카레 장군에게 해병 제6연대와 육군 제147연대, 제182연대를 해병 제2사단 본부 예하로 배속한다는 명령을 하달했다. 패치는 단순히 제147, 182연대를 해병 제2사단에 배속한 것이 아니라 이른바 혼성 부대를 창설하고자 했다. 이에 드카레의 사단을 육군-해병대 혼성사단Combined Army-Marin Division, CAM으로 개칭했다.[19] 이렇듯 관료적 고상함에 취한 미군 지휘관들이 시간을 낭비하고 있었지만 미군에는 다행스럽게도, 과달카날에 남아 기아에 허덕이며 필사적인 지연작전을 수행했던 일본군은 이런 호기를 전혀 이용하지 못했다.

버크너, 게이거, 스틸웰

태평양 전구에서 벌어진 비정상적인 인사행정 조치는 또다시 나타났다. 오키나와 전투Battle of Okinawa에서 상륙군 지휘관은 미군의 사이먼 볼리바 버크너 주니어Simon Bolivar Buckner Jr. 중장이었다. 일본군의 오키나와 방어 태세는 최고로 강력한 수준이었고, 이에 미군의 공세도 지지부진한 상황이었다. 이것이 버크너의 리더십 때문이었는지에 대해서는 논란의 여지가 있지만, 전투가 끝나갈 무렵에 버크너 장군은 일본군의 포격에 전사하고 말았다.[20]

버크너의 후임으로 과달카날, 부건빌Bougainville, 괌Guam과 팔라우Palau 제도에서 전투한 경험이 풍부한 베테랑이자 강성인 로이 게이거Roy Geiger 해병대 소장이 지명되었다. 태평양에서 게이거보다 전투 경험이 더 많은 미군 장교는 없었다고 해도 과언이 아니다. 그는 나머지 전투에서 오키나와의 미군을 지휘했다. 게이거가 큰 성공을 거두고 전투가 거의 끝났음에도 불구하고, 미군은 육군 소속 장군 조셉 W. 스틸웰Joseph W. Stilwell을 그의 후임으로 임명했다. 버크너가 사망하기 전부터 그는 더글러스 맥아더Douglas MacArthur 장군에게 지휘권을 달라고 독촉했다. 스틸웰은 야전군을 지휘하기에는 나이가 너무 많았고 태평양 전쟁에서 단 한 번도 부대를 지휘해 본 적이 없었다.[21] 실제로 스틸웰은 다른 연합군 지휘관들과 불화가 지속되어 중국에서 수행하는 작전에서 배제된 적이 있었다. 또다시 자군 이기주의가 인사행정의 효율성과 전투 효과성보다 우선시된 사건이었다.

소결론

앞의 사례들을 통해 군의 전투 작전을 위해 인사행정이 지속되어야 하며, 이것이 군의 전투 수행에 얼마나 큰 영향을 미치는지 살펴보았다. 다른 작전적 기능들과 마찬가지로 인사행정은 전투 효율성을 증대 또는 저하시킬 수 있고, 전역 전반에 걸쳐 전술적 행동에도 영향을 미친다.

인사행정은 분석적으로 작동하며, 인간을 움직이는 활동이다. 일반적으로 이런 분야의 학문은 내용이 명확하지만, 이를 적용하려면 인간을 개별적이고 총체적으로 이해해야 한다. 또한 판단도 필요하다. 전투가 종결되어도, 교전이 중단되어도 인사행정 업무는 중단되지 않는다. 실제로 인사행정은 전투 시에 훨씬 더 중요하다. 전투 행동을 기록한 문건은 훗날 의료 또는 기타 지원이 필요한 관련자들에게 실질적인 도움을 줄 수 있기 때문이다.

이러한 지원을 간과해서는 안 된다. 오히려 매우 중요하다. 하지만 너무나 오랫동안 인사행정은 전투수행기능의 목록에서 제외되었다. 지휘관은 내부적·외부적 인사행정에 관심을 경주해야 하며, 그에게는 전투에 집중할 수 있도록 효율적·효과적으로 관리할 수 있는 유능한 참모부가 필요하다.

8
정보

우리는 32명의 사람과 당나귀 3마리의 발자국을 발견했다.

—기원전 2000년경 이집트 국경 순찰 보고서

전투는 정보*를 기반으로 진행된다. 정보가 없다면 전술도 존재할 수 없고 단지 거칠고 맹목적인 행동과 무작위적인 무력 충돌만 존재할 것이다. 적어도 지휘관은 적군이 누구고 어디에 있는지, 어떻게 싸울지 알아야 하고, 적군도 이미 그 점을 알고 있다고 판단해야 한다. 먼지 구름부터 발자국, 공전 궤도를 돌고 있는 인공위성으로 탐지한 표적처리 데이터에 이르기까지 전투부대는 정보를 통해 전투가 벌어지기 전부터 시행을 거쳐 전투 종료 후까지의 방향을 결정한다.

에드워드 루트왁은 유사한 수준으로 무장한 양 진영의 전투—중부 유럽에서 나토군과 소련군의 가상 전투—는 상황 파악, 대응방법 결정, 상대보다 더 빠른 실행의 경쟁이라고 간주했다.[1] 모든 조건이 거의 동

* 일러두기 참조.

일할 때 두 초강대국이 전력을 쏟는 정면충돌 상황에서 한쪽이 상대편보다 더 빠르게 행동하고 반응할 수 있다면 이는 승부에 결정적 영향을 미칠 수 있다. 그러나 무장이 유사하든 그렇지 않든, 군대를 움직이고 작전을 뒷받침하는 정보의 중요성은 결코 간과할 수 없다. 존 보이드John Boyd는 이론가로서 이러한 아이디어를 기반으로 완벽한 전쟁 이론을 발전시켰다.

뒤에서 살펴보겠지만 보이드는 '관측observe–판단orient–결심decide–행동act의 순환 고리'(이하 OODA 루프라 표기함)라는 경쟁적인 결심 모델을 개발했다. 개인 및 조직(군 참모부)이 정보를 획득하고(관측), 이를 분석하며(판단), 그 정보를 기반으로 결정하고(결심), 조치하는(행동) 방식의 모델로서, 여기에서 핵심은 정보의 상태가 변경되는 것이다. 보이드의 의도가 무엇이었든 간에 그는 정보 기능의 모델을 창조했다.

수 세기 동안 군의 정보 활동은 인텔리전스와 카운터인텔리전스counterintelligence*에 중점을 두었다. 이것에 관해서는 『손자병법』의 간첩, 즉 오늘날의 휴먼 인텔리전스 운용을 다룬 부분†에 잘 기술되어 있다. 정보는 군대에 중요하고 오늘날 군대는 정보를 활용하지만 인텔리전스만으로 모든 문제를 해결할 수는 없다. 나폴레옹 혁명으로 군대에 필요한 정보가 늘어났고, 정보의 필요성은 갈수록 더 커졌다. **정보는 아군과 적군, 주민, 환경과 관련한 사실, 수치, 지식을 확인하는 동시에 적군의 정보 활동을 차단함으로써 전술을 가능하게 한다.**

* '대정보 활동'이라 번역하기도 한다.

† 『손자병법』 제13편 용간편.

역사적 개관

고대

오늘날 정보전information warfare, 정보작전 또는 영향력 작전influence operations(이하 정보전)이라 부르는 것들은 고대에도 존재했다. 역사적 기록으로 남아 있는 고대 사례 중 하나는 아시리아Assyria의 전쟁 서사시들이다. 이는 단순한 예술 작품이 아니라 아시리아의 통치를 받아들이게끔 하기 위해 피아 주민들에게 영향력을 행사하는 의미를 띠었다. 그중 하나인 아다드-니라리 1세Adad-Nirari I의 작품에는 군사적 승리뿐만 아니라 카시트Kassites족과 같은 패배한 이들에 대한 자비도 표현되어 있다. 왕은 이 시들을 왕궁에 전시하고 낭송하기 위해 만들었다.[2] 아슈르나시르팔 2세Assurnasirpal II의 서사시처럼 오늘날의 공보와 정보작전을 혼합한 형태의 군사작전을 묘사한 시들도 있었다.

> 나는 성문 맞은편에 기둥을 세우고 반역 세력 우두머리들의 가죽을 벗겨서 기둥을 덮었다. 그 기둥으로 벽을 쌓고, 기둥에 말뚝을 박았다. 다른 기둥들 사이에도 말뚝을 박아 묶었다. 나의 영토 안에 있는 많은 이들의 가죽을 벗겨서 성벽 위에 펼쳤다. 그리고 반역한 고위급 장교들의 사지를 잘랐다. 아히아밥Ahiabab(반역 세력의 지도자)을 니네베Nineveh로 끌고 가 가죽을 벗겨서 니네베의 성벽에 펼쳤다.[3]

이렇게 잔혹한 내용을 기술한 목적은 저항이 무의미하다는 메시지를 전달하기 위함이었다. 이는 단순한 허풍이 아니었다. 아슈르나시르팔이 활용한 정치적 폭력은 정치적 의사표현이었고, 사후에 말과

건축물이라는 수단을 통해 상세히 부연되었다. 아시리아 전쟁의 서사시들은 고대의 정보작전—전쟁의 가능성을 억제하기 위해 비군사적 대중을 상대로 한 커뮤니케이션— 사례라고 할 수 있다.

정보 유포는 물론 정보 수집 활동도 고대부터 있어 왔다. 최근 몇 년 동안 미군은 다양한 작전지역에 대한 경제적·국지적·민족학적 정보를 수집하고 평가하는 시스템을 구축해야 했다. 하지만 고대에도 그런 일이 필요했다. 알렉산드로스 대왕과 율리우스 카이사르Julius Caesar도 전역을 위해 같은 작업을 수행했다. 실제로 로마군은 3개 계층의 특수 정찰부대를 포함해 진보한 정보 시스템을 보유했다. 즉 근거리 정찰을 위한 프로쿠르사토레스procursatores, 원거리 정찰을 위한 엑스플로라토레스exploratores, 그보다 더 멀리까지 정찰하기 위한 스페쿨라토레스speculatores가 존재했다.[4]

정보 측면에서 탁월한 인물은 카이사르였다. 그는 이 시스템을 전문화했고, 정보를 매우 중요하게 여겼기 때문에 정찰부대들에 자신에게 직접 정찰 결과를 보고하라고 지시했고, 그들에게 권한을 부여했다. 이 시스템의 효력은 갈리아 전쟁에서 입증되었다. 카이사르는 부족들 간의 내분을 일으켰으며, 적군의 군대뿐만 아니라 보급창고와 병참선까지 공격했다.[5]

고대 로마의 지휘관들은 특히 상대의 사기를 무너뜨리기 위해 정보를 활용하는 방법을 잘 알았다. 제2차 포에니 전쟁(기원전 218~202)에서 로마군은 남부 이탈리아에서 한니발의 군대를 포위했다. 그때 한니발의 동생 하스드루발 바르카Hasdrubal Barca 휘하의 카르타고 군대가 포위망을 깨뜨리고자 북부 이탈리아를 통과해서 이동하는 중이었다. 로마군은 포위망에서 일부 전력을 빼내어 북쪽으로 급파해 하스드루발 군대를 전멸시켰고, 그 즉시 복귀하여 포위망을 견고하게 유지했다. 한니발은 이런 상황을 전혀 알지 못했다. 로마군은 하스드루발의 수급을 한니발의 진영으로 보냈고, 그제야 한니발과 그의 부하들은 지원군이 사라졌다는 사실을 깨달았다.[6] 이 일이 한니발 군대의 사기에 어떤 영향을 미쳤을지 가늠할 수 있을 것이다.

중세

중세의 군대에서도 정보가 중요했다. 튜턴 기사단Teutonic Order*은 정찰대를 운용하여 그 지역의 도로를 정찰하고 길 안내와 지형의 특징, 다른 지역의 상황들을 정리한 보고서를 작성케 하여 편람으로 엮었다.[7] 100년 전쟁Hundred Years War(1337~1457) 동안 영국과 프랑스는 각자 상대방의 영토에서 현지 스파이 조직망을 활용했다.[8] 12세기 쿠르드족 장군 살라딘Saladin은 오로지 정보로만 영토를 획득했다. 1174년 급속도로 전개된 전역에서 그는 적대 세력에게 적통인 에미르emir†의 이익을 위해 일한다는 편지를 보냈지만 이는 사실이 아니었다. 그는 저항 없이 다마스쿠스Damascus를 점령했고, 얼마 지나지 않아 홈스Homs와 하마Hama도 장악했다.[9] 영토를 확장해 나가며 살라딘은 스스로 통치자라고 선포했다.

30년 전쟁 중에는 정보의 중요성이 한층 더 커졌다. 인쇄술의 발명과 문해 능력, 즉 글을 읽고 쓸 줄 아는 사람이 증가하면서 정보의 유포 범위도 한층 더 넓어졌다. 또한 17세기에는 초보 수준의 신문과

* 십자군 전쟁기에 조직된 기사수도회. 로마 가톨릭 교회에 소속되었다.

† 아랍의 왕족, 수장.

우편 시스템이 등장해 군대의 이동과 전투 결과에 대한 정보가 널리 퍼졌다. 곧 포스터와 전단지 형태로 배포되는 선전물이 등장했고 민간인들이 정세에 대한 논평을 통해 전쟁에 점차 개입하게 되었고, 한쪽 또는 다른 쪽에 유리하게 정보를 왜곡하는 현상도 나타났다.[10] 누군가는 지도자들을 당혹스럽게 하고 그들의 권위를 실추시키기 위해 그들의 편지를 공개했다. 당대 최고 수준의 지휘관 중 한 명인 구스타브 아돌프Gustav Adolf는 대중의 지지를 얻고자 독일의 영토 침공을 정당화하는 공개 선언문을 작성하기도 했다.[11]

영국 내전(1642~1646) 중에는 군사 행동을 지지하는 여론을 조성하는 데 선전과 정보를 활용하는 경우가 급증했다. 영국도서관British Library에는 1641년에 영국에서 발행된 신문 4종이 소장되어 있다. 그런데 1645년에 이르자 발행된 신문 종수가 무려 722종에 달했다.[12] 정보전 형태로 미디어를 활용하는 방식은 미국 독립혁명을 거치면서 고도의 책략으로 승화되었다. 양측*은 식민지 주민들을 자신들 편에 합류하도록 설득하는 데 언론 매체를 이용했다. 토머스 페인Thomas Paine의 『상식*Common Sense*』과 『미국의 위기*American Crisis*』 같은 저작은 독립 지지를 이끌어내는 데 결정적 영향을 미쳤다.[13] 벤저민 프랭클린Benjamin Franklin은 정보의 잠재력을 다음과 같이 일목요연하게 정리했다. "이제 우리는 언론을 통해 정부와 대화할 수 있게 되었다. 훌륭한 저작과 잘 작성된 팸플릿은 위대하고 보편적인 영향력을 갖고 있다. 어디서나 읽히는 신문을 통해 똑같은 사실도 매일 상이한 관점에서 비판을 받는다. 이러한 과정에서 진리를 구현할 수 있는 엄청난

* 미국 식민지 정부와 영국 정부.

기회를 얻게 되는 것이다."[14]

나폴레옹은 매우 자주 정보전을 사용한 사람이자 희생자였다. 이집트 전역 중에 영국 해군은 나폴레옹의 편지를 포함하여 수많은 프랑스 원정군의 서신을 가로챘다. 영국 정부는 나폴레옹과 프랑스군 장교들이 쓴 편지들을 그대로 엮어 연감으로 발간했다. 이를 통해 영국은 그들을 매우 난감한 상황에 빠뜨렸으며 프랑스의 전의戰意를 떨어뜨렸다.[15] 아크레 공방전Siege of Acre(1799) 당시 영국 해군 준장 시드니 스미스Sydney Smith는 프랑스군의 패전, 심지어 프랑스 내부 혁명에 관해 상세히 다룬 유럽 전역의 신문들을 나폴레옹에게 보냈다. 더 이상의 지원을 기대할 수 없음을 인식한 나폴레옹은 공성전을 포기했다. 신문 보도 내용은 모두 사실이었다.[16]

미국 남북전쟁 중에 토머스 J. '스톤월' 잭슨Thomas J. 'Stonewall' Jackson 장군의 셰넌도어Shenandoah 계곡 전역은 탁월한 기동전의 사례로 회자된다. 잭슨의 성공은 뛰어난 정보력 덕분이었다. 그가 보유한 소규모의 남군은 정보를 제외하면 모든 면에서 열세였다. 전쟁 이전에 잭슨은 셰넌도어 계곡에 거주한 적이 있었기에 지형을 잘 알았다.[17] 또한 그 지역의 민간 지도 제작자인 제디디아 호치키스Jedediah Hotchkiss를 참모로 고용했다.[18] 끝으로 그의 휘하에는 비록 정규교육을 받지는 않았지만 정찰에 능통한 훌륭한 기병대 지휘관이 있었다.[19] 그 덕분에 잭슨은 북군을 신속히 제압할 수 있었고, 이는 그가 적과 작전 환경을 정확히 이해했기 때문이었다.

잭슨은 부정확한 정보로 실수를 저지르기도 했지만, 셰넌도어의 북군 지휘관들에게는 정보 처리 체계가 부재했고, 이를 무능한 민간업자들에게 맡겨 버렸다. 잭슨의 상대였던 너새니얼 뱅크스Nathaniel

Banks 소장은 이미 과거의 일이 되어 버린 잘못된 정보에 의존해 작전을 수행했다.[20] 셰넌도어 계곡에서 북군과 남군의 차이점은 잭슨의 존재 여부가 아니라 기본적으로 정보를 활용하는 작전술information operational art을 구사하는 능력의 여부였다.

근대

앞서 살펴보았듯이 나폴레옹의 참모부는 군사정보를 전문적으로 관리하기 시작했다. 이를테면 그는 지형 정보를 담은 지도에 유독 집착하기로 유명했다. 그러나 그의 시대 이래로 지휘관이 사용할 수 있는 정보 자산의 수가 증가했고 지형의 영향은 전혀 줄어들지 않았다.[21]

제1차 세계대전 때 새로운 정보 전송 방식이 도입되자 전자전electronic warfare과 신호정보 같은 최신 정보전 방식이 등장했다. 서부전선에서는 에펠탑Eiffel Tower을 독일군의 무선 통신을 방해하는 데 사용하기도 했다.[22] 무선 통신은 해전에도 심대한 영향을 미쳤다. 과거에는 전함이 해상에 있으면 자취를 감출 수 있었다. 광범위한 지역을 탐색할 수 없었기에 연락을 취하거나 찾을 수도 없었다. 그러나 이제는 교신 신호를 감지하고 위치를 파악할 수도, 이를 다른 함정에 전달할 수도 있었다. 이를테면 크리스토퍼 크래독Christopher Cradock 제독이 지휘한 영국 해군 함정들은 독일 해군의 활동을 저지하는 임무를 수행하는 데 전자전을 활용했다. 이들의 임무는 마젤란 해협Magellan Straits 일대에서 독일의 순양함, 특히 막시밀리안 폰 슈페Maximillian von Spee 제독 휘하의 샤른호르스트호와 그나이제나우호를 찾아 격침하는 것이었다.[23] 우선 크래독은 칠레 연안의 태평양 방면을 주시했다.[24] 그러던 중 피지Fiji 제도의 수바Suva에 있던 무선기지국이 독일 해군의 무전을 포착하여 슈페 전대의 위치를 알아냈고, 이에 크래독은 탐색 범위를 좁힐 수 있었다.[25] 1914년 11월 1일 영국과 독일의 함정들은 무선 교신을 통해 코로넬Coronel 근처의 칠레 해안에서 서로를 발견했다. 슈페도 영국 해군의 전대가 그 지역에 있다는 사실을 알고 있었다. 그러나 독일 해군은 전력을 은폐하고자 단 한 척만 무선 통신을 사용했기 때문에 크래독은 독일군 순양함 한 척이 홀로 움직이고 있다고 판단했다.[26] 비록 영국 함정들은 구형이었지만 크래독은 독일군 순양함이 아무리 최신예 함정이라도 한 척 정도면 충분히 격파할 수 있다고 생각했다.

양쪽의 전대는 탐색하기 위해 소개疏開대형으로 기동하다가 서로를 발견하자 전투대형으로 전개했다.[27] 영국의 구형 함정들은 그들보다 훨씬 강한 화력을 보유하고 은폐 중이던 독일 함정들을 향해 돌진했다. 독일 해군은 유리한 위치에 있었다. 석양을 등진 크래독의 함정들의 실루엣을 더 잘 식별할 수 있었던 것이다.* 샤른호르스트호와 그나이제나우호의 함포 사거리도 영국군의 그것보다 훨씬 더 길었다. 영국의 굿호프Good Hope호와 몬머스Monmouth호는 격침되었고 나머지 한 척은 일대의 영국 함정들에 경고하기 위해 철수했다. 영국 수병 1,600명이 전사한 반면 독일 측 병사는 단 3명만이 부상을 입었다.[28]

인텔리전스—적군에 관해 처리되고 분석된 정보—는 정보를 활용하는 작전술의 한 가지일 뿐이지만 대단히 중요한 요소다. 군사작전의 요체

* 독일 측이 태양을 마주보고, 영국 측이 태양을 등진 형세였다. 원래 태양을 마주보고 전투하는 쪽이 불리하지만 해가 기울자 박명으로 인해 영국 함정들의 실루엣이 더 뚜렷하게 보였다.

인 인텔리전스는 적군에 대한 정보를 취하는 근본적인 이득만을 뜻하지 않는다. 인텔리전스를 통해 군사 기만과 같은 정보전의 또 다른 효과를 누릴 수 있다. 1944년 노르망디 상륙작전에서 연합군은 인텔리전스를 활용하여 상륙에 앞서 효과적인 기만작전을 계획하고 그것이 정상적으로 작동했는지 확인할 수 있었다.

태평양 전구에서 일본군의 암호를 해독한 미군은 미드웨이 해전Battle of Midway(1942)에서 승리하여 태평양의 통제권을 되찾는 데 결정적 계기를 마련했다. 인텔리전스 활동으로 일본 함대가 미드웨이섬을 공격할 날짜를 파악할 수 있었고, 이로써 니미츠 제독은 일본군을 격멸할 전력을 배치할 수 있었을 뿐만 아니라 산호해Coral Sea에 있던 함정을 이용해 거짓 통신문을 전송하여 일본군이 미군의 모든 항모전단이 여전히 그곳에 있다고 확신하게 만들었다.[29]

정보를 획득하고 적군의 정보 획득을 방지하는 것도 중요하지만, 상대방이 획득한 정보 자체를 무용지물로 만드는 것도 중요하다. 트로이의 목마부터 오늘날에 이르기까지 군사 기만은 정보를 활용하는 작전술의 기능이며, 이 분야는 참모부가 주도적으로 관리해야 한다.[30] 감시와 디지털 인식 기능이 발전했다고 해서 상대를 기만할 기회가 줄어든 것은 아니다. 1990년대에 코소보Kosovo에서 NATO의 전투기들이 세르비아의 목표물에 3,000발의 정밀 유도폭탄을 투하했다. 그러나 NATO의 타격을 받은 실제 표적은 단 50개에 불과했고, 그들이 파괴한 500여 개는 모두 허위 표적이었다.[31]

정보 기능

클라우제비츠는 군사 조직의 정보 수집, 처리, 활용이 어렵다고 주장했는데, 과연 그의 말이 옳았다. 그는 인텔리전스를 광의의 개념—"'정보'란 적국과 조국에 대해 우리가 가진 모든 지식을 의미한다. 따라서 사실상 우리의 생각과 행동의 토대가 된다."—으로 해석했다. 이는 엄격히 따지면 군사 인텔리전스라기보다 정보의 포괄적 개념이다.[32] 그는 정보전에 관해서도 다루었다. 클라우제비츠는 『전쟁론』보다 훨씬 먼저 출간한 『전쟁의 원칙*Principal of War*』에서 전쟁의 세 가지 동인動因—목적—을 제시했는데, 그중 세 번째가 '대중의 지지를 얻는 것'이었다.[33] 그가 정보화 시대의 전쟁을 이해하지 못했다는 주장 또는 '새로운' 정보로 가득한 전장에서는 『전쟁론』이 더 이상 가치가 없다는 논리는 틀렸다.

정보전에 관해 다양하고 경쟁적인 정의가 존재하지만 여기서는 클라우제비츠가 제시한 포괄적인 정의를 사용한다. 정보전은 군대가 작전환경과 적군과의 상호작용을 정확히 감지하여 이를 이해하고, 그러한 능력을 보존하며, 적군의 모든 정보활동을 방지하는 것을 의미한다. 이런 활동에는 인텔리전스(정보 수집과 분석), 작전 보안 및 비밀 유지(상대방의 정보 수집 및 분석을 방지), 기만 및 허위정보 유포(적군의 정보 왜곡) 등이 포함된다. 네 번째 활동은 일종의 불가지론不可知論, 즉 진위 여부를 알 수 없게 하는 방법이다. 이를테면 신호정보, 인간정보, 전자전과 사이버전 등이며 이는 정보를 수집, 방지 또는 조작하는 수단이다.

분석과 인텔리전스

현재 미군 교리에서 인텔리전스는 정보와 별개의 전투수행기능으로 인식되지만* 사실 이 둘은 매우 밀접하게 관련되어 있다. 인텔리전스가 정보의 하위 요소인지 아닌지는 또 다른 문제다. 인텔리전스는 단순한 정보가 아니다. 지휘관과 참모부 또는 임무와의 연관성에 따라 수집, 처리, 분석된 정보이다. 인텔리전스의 실제 활동은 단순히 정보를 수집하는 것만을 의미하지 않는다. 정보를 활용해 예측하는 것이며, 보유한 정보를 기반으로 적군이 무엇을 할지 또는 하지 않을지를 판단하는 것이다. 인텔리전스와 정보의 차이점은 바로 예측이라는 특성이다. 그러나 인텔리전스는 정보에 의존하기 때문에 인텔리전스는 정보의 일부라고 할 수 있다.

인텔리전스라는 개념은 나폴레옹 혁명 이래로 확장되었다. 오늘날에는 거의 모든 정보가 군사작전과 관련된다고 할 수 있다. 또한 어떤 정보가 관련이 있고 없는지 확인할 수 있는 명확한 방법이 없기 때문에 정보를 수집한 후에는 인텔리전스로서의 가치를 분석해야 한다. 기존의 군 참모부는 통상 정보를 포괄적인 관점으로 인식하지 않았고, 확실한 인텔리전스가 아닌 것들을 걸러내야 한다고 생각했다. 총참모부라는 조직이 만들어진 이후 군의 참모제도가 크게 발전하지 않았기 때문에 이러한 인텔리전스의 개념도 발전하지 못했다.[34]

그렇다고 해서 그것이 중요하지 않다는 뜻은 아니다. 군의 인텔리전스는 어떠한 정보전 이론에서도 중요한 지위를 차지할 수 있고, 그래야만 한다. 그것 없이는 공세적 또는 수세적 정보전을 효과적으로 수

* 6대 전투수행기능은 지휘 및 통제, 정보, 이동 및 기동, 화력, 방호, 지속지원이다. 여기서 정보는 information이 아니고 intelligence다.

행할 수 없기 때문이다. 그러나 참모장교들이 적절한 결론을 도출하기 위해 분석한 정보, 즉 인텔리전스란 무엇인지 이해하는 것이 매우 중요하다. 끝으로, 서방의 군사교리에서는 인텔리전스와 정보전을 서로 다른 분야로 인식하지만 다른 군대에서는 그렇지 않다. 예를 들어 중국 인민해방군은 인텔리전스를 정보전을 구성하는 네 가지 요소 중 하나로 간주한다.[35]

정보전

정보전은 역동적인 경쟁이다. 이러한 정보전 과정에서 대결하는 양측은 공세적 정보전(군사 기만과 같은)으로 적군의 정보처리 과정에 영향을 미치고, 수세적 정보전(작전보안과 암호화 기술 등)을 통해 아군의 정보처리 과정을 보호할 수 있다. 공세적 정보전이란 상대를 모욕 및 오도하고, 기만하며, 전투력을 약화하기 위해 인텔리전스를 사용하는 모든 행위다. 수세적 정보전이란 상대방의 정보 활용을 거부하고 아군의 의도를 보호, 은폐, 위장하기 위해 정보를 활용하는 모든 행위다. 정보를 전달하는 수단만큼이나 정보전의 형태도 다양하다. 여기에는 군사 기만, 전자전, 사이버작전, 심리전 등이 포함된다. 그러나 여기서 정보 그 자체를 활용하는 정보전과 무전기나 컴퓨터 같은 수단을 혼동해서는 안 된다.

정보를 개념화하는 한 가지 방법은 존 보이드의 우다 루프OODA Loop다. 그가 이런 용도로 OODA 루프를 만들었다고 보기는 어렵지만, 이 루프를 살펴보면 그가 정보와 그에 대한 인식을 얼마나 중시했는지 알 수 있다.

이 모델은 군사작전의 정보 영역에서 이미 충분히 적용되고 있으며,

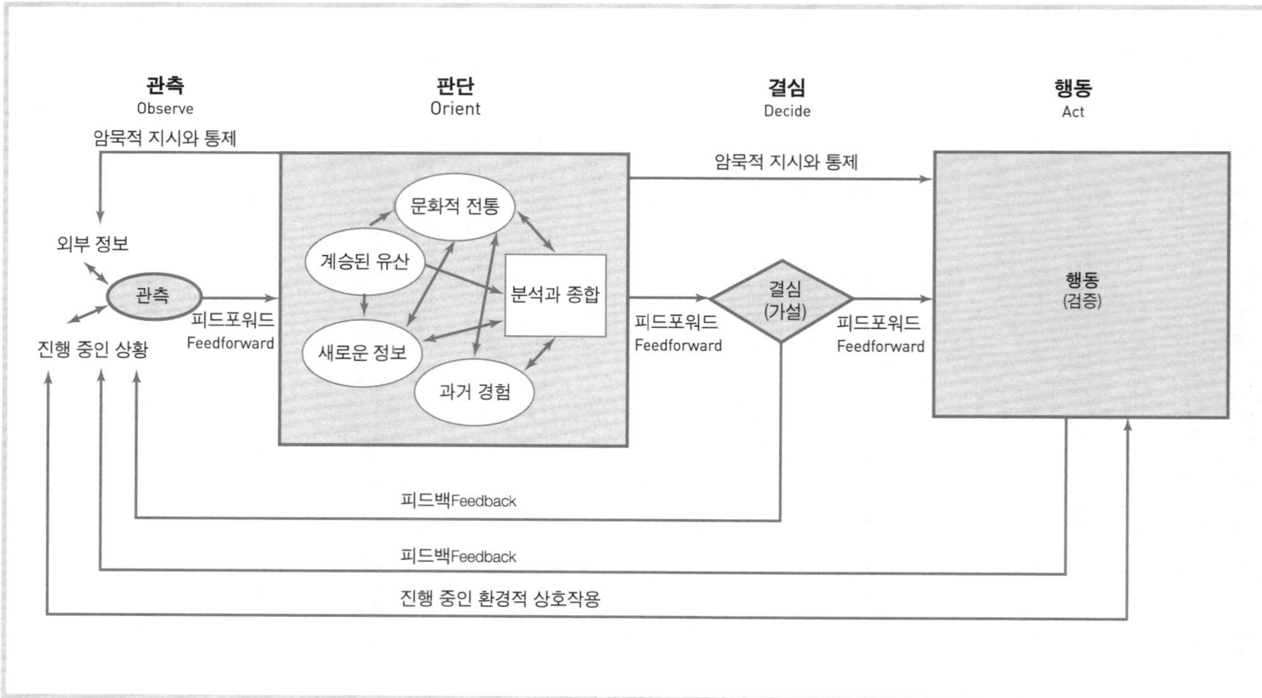

존 보이드의 OODA 루프

출처: 크리스 로빈슨 제공

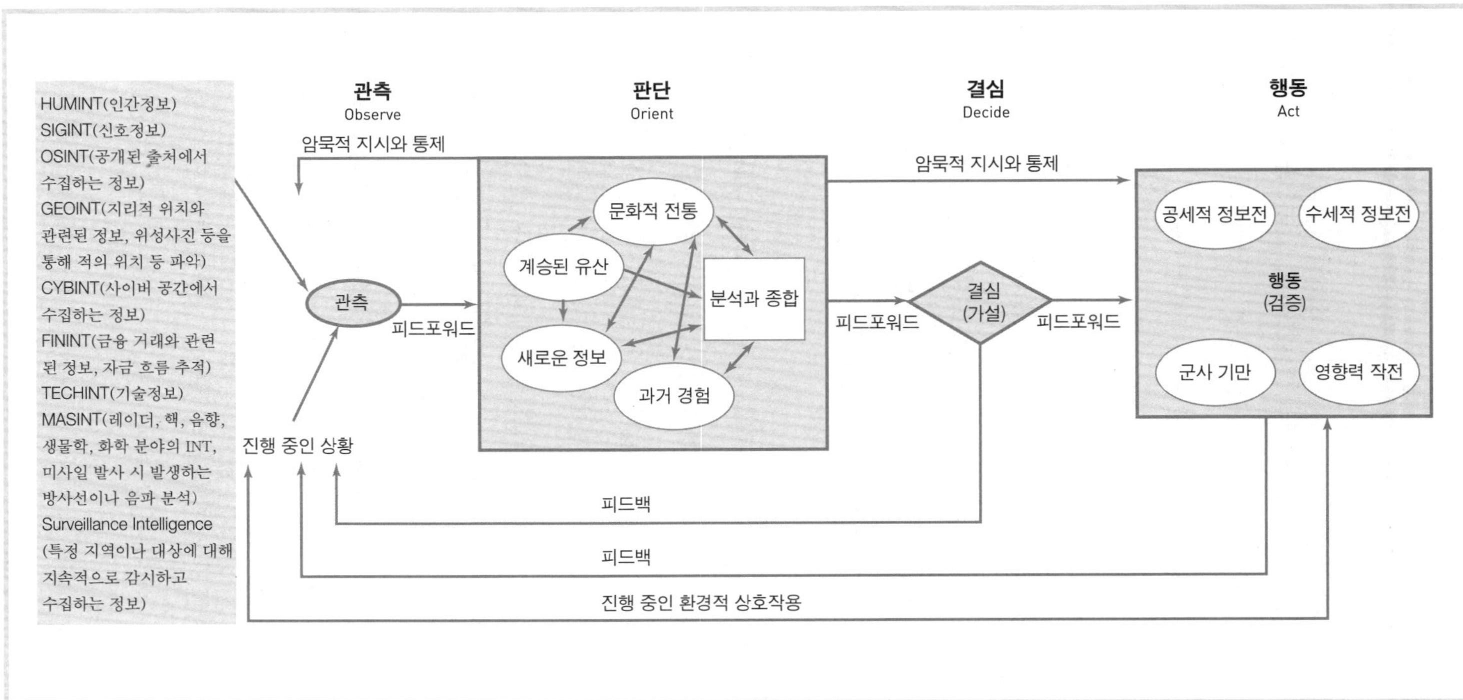

존 보이드의 OODA 루프(구체화)

출처: 크리스 로빈슨 제공

가장 큰 강점은 인식과 정보처리를 통합하여 군사 행동을 취하게 한다는 점이다.

군대가 최전선에서 작전 환경을 인식할 수 있는('관측' 단계) 몇 가지 방법과 상대적 우세를 판단하기 위해 마지막까지 정보를 활용할 수 있는('행동' 단계) 몇 가지 방법을 살펴보면 다음과 같은 결과를 도출할 수 있다.

OODA 루프는 상대보다 빠르게 행동하고 반응하면 승리할 수 있다는 가정을 기반으로, 군대가 어떻게 결심하고 행동해야 하는지를 보여 주고자 고안되었다. 보이드가 의도하지는 않았겠지만, 정보전에 대한 확고한 논리 구조를 제공한 셈이다. 정보전으로 군대가 작전 환경, 피아의 전투력을 이해하고 적과 다른 세력들의 인식을 조작할 수 있다는 것이다.

상대의 'OODA 루프를 무력화outlooping'한다는 개념을 명확히 이해하기 위해 좀 더 살펴보자. 행위자가 다양한 수단을 통해서 정확한 정보를 수집, 분석, 종합하는 능력이 탁월할수록 더 효과적으로 의사결정을 할 수 있고, 결과적으로 공세적 및 수세적 정보전, 군사 기만, 영향력 작전을 좀 더 효과적으로 수행하고, 기타 전투부대들도 효과적으로 운용할 수 있다. 이 과정이 길어질수록, 사태가 더 빨리 진행될수록, 상대는 정확한 정보를 기반으로 의사결정을 하는 경쟁에서 더욱더 뒤처지게 된다. OODA 루프의 핵심을 이런 과정을 통해 단지 상대보다 더 빨리 행동을 취하는 것이라고 오해하는 경우가 많다. 실제로 중요한 것은 이 과정의 질적 수준이며, 잘못된 정보 또는 부실한 절차로 성급히 결정하고 행동하면 재앙을 불러올 수 있다. 정보참모부가 추구해야 하는 바는 이 과정의 질적 수준을 보장하고, 반대로 적군의 과정을 파괴하는 것이어야 한다.

대부분의 다른 군사 능력과 마찬가지로 정보는 공세적 또는 수세적으로 사용될 수 있다. 공세적 정보전에서는 전역과 관련된 정보를 획득하는 것은 물론, 상대방이 이용할 수 있는 정보를 왜곡, 기만, 조작 또는 기타 방식으로 손상한다. 수세적 정보전에서는 우군에 관한 정보를 보호하고, 적군의 정보 획득을 거부한다.[36]

정보전의 수단

정찰과 대정찰

기동의 한 가지 형태인 정찰과 대정찰은 용이한 기동을 위해 정보를 획득하는 경쟁으로 볼 수도 있다. 정찰 임무 또는 차장과 같은 대정찰 임무를 수행하는 부대 편성은 대개 기동부대의 편성과 동일하지 않다. 그래서 과거에는 경기병을 정찰에 활용했고, 중기병을 결정적 공격에 투입했다.

최근 몇 년 동안 무인항공기처럼 정찰 임무를 수행하는 무기체계의 수가 급증했다. 이러한 능력은 적군의 방공 능력이 취약한 상황에서 제한적으로 사용되는 경향이 있다. 하지만 현대전에서는 시공간적으로 광범위한 정찰이 매우 중시되며, 결과적으로 대정찰 능력의 중요성이 더욱 커지고 있다.

공보

공보는 기만이나 조작에 활용되지 않지만 전술적으로 중요한 수단이다. 모든 군대는 작전지역 주민들이 지켜보는 가운데, 현대에는 국제 사회의 지지를 얻어야 작전을 수행할 수 있다. 군대가 공보를 무시하면 주민들은 자연스레 군대의 활동에 대해 각자 추측하게 될 것이다. 이러한 추측은 부정확하고, 상대방에 의해 조작될 수도 있다. 군대는 추측과 조작에 대응하기 위해 계획적이고 협조된 공보 활동에 노력해야 한다. 여기서 실패하면 상대방의 정보전 노력에 휘말려 기동 공간과 주도권을 빼앗기게 된다. 이는 수세적인 정보전 능력에 속하지만 그 중요성을 결코 간과해서는 안 된다.[37]

탈레반이 NATO의 강점인 최첨단 과학기술 면에서는 많이 부족했지만, 2001년 이후 아프가니스탄에서 응집력 있고 지속적인 여론전을 통해 서방의 작전을 방해했다. 탈레반은 전단 등의 간단한 수단으로 테러 집단과의 전쟁에서 중요한 부분인 정보 공간을 초기부터 장악했다.[38]

사이버전

사이버전이야말로 유일하게 새로운 형태의 정보전일 것이다. 물론 현실적으로 가장 확실한 적용 방식은 상대편의 디지털 네트워크에 침투하여 정보를 획득하는 것이지만, 기만하거나 잘못된 정보를 유포하거나, 단순히 디지털 시스템을 공격하여 기능을 마비시키는 등의 무수히 많은 방법이 있다. 수세적 사이버전은 정보 유출, 기만, 서비스 장애뿐만 아니라 아군의 디지털 네트워크를 보호하는 조치도 포함한다. 국가별로 사이버전 능력은 매우 높은 수준의 보안등급으로 분류되기 때문에 상세한 부분까지 공개적으로 설명하기는 매우 어렵다.

전자전

전자전은 꽤 오래전부터 존재했고 오늘날에도 매우 중요하다. 제1차 세계대전 시 독일의 전파 송수신을 방해하고자 프랑스가 에펠탑에 부대를 투입한 사례도 있었다. 전자전을 통해 다수의 효과를 얻을 수 있다. 예를 들어 전파교란Jamming으로 상대의 지휘통제 네트워크를 무력화할 수 있고, 전파 전송을 통해 그릇되거나 기만하는 내용의 방송을 내보내 정보 공간을 포화 상태로 만들 수도 있다.

공세적 및 수세적 전자전은 항공 기술과 함께 발전했다. '빔 전투Battle of the Beams' 기간에 독일 공군은 전파를 활용하여 목표물로 폭격기를 유도하는 방법을 개발했다. 영국도 재빨리 전파를 교란하는 방법을 터득했다.[39] 베트남 전쟁 중에 미 공군은 적 방공시설의 전파 신호를 찾아 파괴하기 위한 '와일드 위즐wild weasel'* 미사일을 활용하여 광범위한 지역에 설치된 방공레이더를 제압하기 시작했다.[40] 미사일과 유인誘引(또는 미끼) 장비가 개발되자 공습을 거부하기 위해 다층 대공미사일과 탐지 수단이 결합된 좀 더 복잡한 통합 방공 시스템이 등장했다.[41] 이러한 시스템에 대한 대응 수단도 즉각 개발되었다. 1982년에는 이스라엘이 시리아 방공망을 타격하기 위해 무인항공기를 활용했다. 시리아는 무인항공기를 식별하기 위해 전파를 송출해 자신들의 방공망을 노출시켰고, 결국 이스라엘 공군에 의해 방공망이 파괴되었다.

* 야생 족제비란 뜻으로, 베트남전 당시 미 공군이 적 대공망을 무력화하기 위해 개발한 프로젝트를 가리킨다.

군사 기만

『전술의 정석』에서 심도 있게 다루었듯이, 지휘관이 기만을 시행하고자 할 때에는 정보참모부의 역할이 매우 크다.[42] 기만은 전통적으로 인텔리전스의 영역으로 간주되지만 정보에도 의존한다. 적군의 정보수집 능력을 알아야 하고, 기만 정보를 해석할 가능성과, 그에 따라 일어날 확률이 높은 행동들을 판단해야 한다. 군사 기만의 핵심은 정보 처리 과정에서 적군을 오류에 빠지게 하는 것이다. 정확한 정보를 수집할 수 있는 최신 기술이 등장하여 기만의 가능성이 줄어들 수도 있다. 하지만 정확한 정보를 수집하는 수단이 늘어날수록 부정확한 정보를 획득할 가능성도 증가한다. 따라서 군사 기만의 역할은 과거보다 미래에 더 커질 가능성이 높다.[43]

인공지능, 양자 컴퓨터, 데이터 사이언스data science와 같은 첨단과학기술이 계속해서 발전함에 따라 전장에서 정보의 영향력, 중요성, 위력은 더욱 증대할 것이다. 군에게 이러한 발전은 위협이자 기회이며, 나아가 현재 인간이 수행하는 단순한 과정들의 일부를 대신할 수도 있다. 이러한 기술이 핵심적인 정보 분석의 속도, 효율성, 정확성을 향상하여 더 고난이도의 인텔리전스를 생산할 잠재력이 매우 크다. 하지만 아직은 현실로 구현되어야 할 것들이 남아 있다.

소결론

인텔리전스는 작전을 주도한다. 인텔리전스를 생산하려면 정보가 필요하다. 정보 기능은 그 중요성만큼이나 너무나 광범위해서 세세하게 살펴보기가 어렵다. 또한 정보와 인텔리전스를 별도의 영역으로 다루는 것은 의미가 없다. 이 두 가지를 개념적으로 구분하면 각 분야 내에서, 또 다른 분야와의 관계에서, 특히 작전 시 긴밀한 조정과 통합을 하는 데 문제가 발생한다. 우선 이들의 상호작용에 관한 이론을 올바로 정립하지 못하면 아무리 많은 과학기술 수단을 활용해도 통합이 이뤄질 수 없다. 아프가니스탄에서 미국은 마법에 버금가는 최첨단 과학기술을 총동원했지만 정보전을 수행하는 데 큰 어려움을 겪었다. 탈레반이 지속적으로 '야간 전단'을 사용하여 그 일대에 영향력을 행사했기 때문이다.[44] 정보가 고대의 작전술임을 이해한다면, 오늘날 문제를 파악하고 해결하는 과학기술이라는 수단으로 인해 초래되는 혼란을 방지할 수 있다.

군대가 인식하든 못하든 간에 전투에서, 전장 근처에서 일어나는, 전투와 관련된 거의 모든 것은 정보와 관련이 있다. 순수한 폭력마저도 메시지를 담고 있다. 물론 가장 중요한 원칙은 말보다 행동이 의지를 더 강하게 전달한다는 것이다. 전장에서 발생하는 사건들은 어느 정도까지는 관점에 따라 달리 해석될 수 있다.

보스니아, 코소보, 이라크, 아프가니스탄에서 부대를 지휘하며 폭넓은 경험을 쌓은 영국군 장군 닉 카터Nick Carter는 이렇게 말한다. "지휘관은 어항 속에서 사는 존재다. 전쟁은 일종의 연극이며 지휘관인 당신은 다양한 관객의 관심을 끌 만한 볼거리를 만들어야 하는 연출가다. 성공은 반드시 그 이야기의 승리로 정의되기 때문이다."[45] 정보 혁명이 세계적으로 널리 확산되는 가운데, 현대의 전장에서 승리하기 위하여 지휘관들은 정보 기능과 정보참모부 장교들을 더욱더 중시할 것이다.

9 작전

전투 계획이란 각 사단별로 언제, 어디서, 어떻게 싸울지를 결정하는 것이다. 이는 곧 전투할 시간, 공간, 방법을 결정하는 것이다.

—카를 폰 클라우제비츠

기동은 전형적인 전투수행기능 중 하나지만 작전참모부operations staff는 전술의 한 가지 기능인 기동뿐만 아니라 다양한 방법적 측면에서 전술부대tactical units/forces와 지원부대 간의 협업에 많은 노력을 기울인다. 기동을 작전적 기능으로 인식할 때의 문제점은 공세적 수단에 중점을 둔다는 것이다. 그러나 지휘관과 참모부는 공격과 방어 모두를 고려해야 한다. 따라서 기동은 일종의 전술적 준칙이라고 보는 편이 더 적절하다.[1] 아울러 작전참모부의 과업은 기동뿐만 아니라 다른 전술적 준칙과 통합하고, 다른 참모 기능과 협업하는 것이다. 작전참모부가 담당하는 협업이란 여러 참모 기능의 노력을 통합함으로써 작전활동에 투입되는 전 부대가 적시 적소에서 전술을 시행할 수 있도록 보장하는 술術이다.[2] 전투에서 유리한 상황을 조성하기 위해 시간, 공간, 전투력을 조정하는 기능은 클라우제비츠의 초기 저작들에 기술되어 있으며, 『전쟁론』에 한층 더 발전된 형태로 제시되었다. 이러한 기능을 '협조'라고 칭할 수도 있으나, 이 책에서는 명확한 소통을 위해 오늘날의 관용에 따라 '작전'이라고 부른다.

작전참모부의 장교들은 참모부에서 가장 중요한 전술 기능을 담당한다. 그들이 주로 담당하는 분야는, 항상 전략적 목표를 주시하면서 지휘관이 요구하는 전술적 이동을 시행하기 위해 부대를 배치·전개하는 것이다. 따라서 그들의 주요 관심 대상은 주로 시간과 공간, 전투력이다. 즉 각기 다른 전술부대들의 강점을 극대화하고, 상호 간의 약점을 보완하며, 전술부대를 적시 적소에 투입하고, 긴밀히 협조시켜야 한다. 그리고 지속지원을 통해 부대들의 조합이 단순한 총합보다 더 큰 효과를 나타내게 해야 한다. 작전은 시간과 공간을 연계하여 전투부대의 운용과 협조를 책임지는 기능이다. 이때 이를 완수하는 주된 방법은 계획수립이며 목표는 제병협동이다. 이는 작전참모부가 서식명령 작성을 총괄·종합하는 조직인 이유이다. 그 부서장인 작전참모부장은 일반적으로 지휘관으로부터 예하부대 및 예하부대 참모부에 대한 과업지시 권한을 위임받는다. 작전 분야는 일종의 기능으로서, 밀란 베고의 언급대로 계획수립과 동시통합의 기능 모두를 관장한다.

작전참모부의 과업은 계획을 실행하는 가용 부대의 운용을 구상하는 것이다. 이때 운용이란 기동전, 진지전 또는 게릴라전, 공격이나 방어, 체계적이고 지리한 소모전 또는 역동적이고 기동에 초점을 둔 섬멸전일 수도 있다. 어떤 형태든 하나가 다른 것들보다 더 좋거나 나쁘다고 할 수 없고 상황, 임무, 전략과 적군의 능력에 따라 몇몇 방법이 상대적으로 적절하다고 볼 수도 있다. 작전술의 협조 기능은 전술

—다시 말해 전투—과 직접적으로 관계된다. 물론 작전참모부가 작전술의 다른 기능들을 긴밀히 협조시키는 것도 매우 중요하다. 클라우제비츠의 말을 빌리면, "전쟁에서 모든 활동은 […] 전투와 직간접적으로 관련된다. 군인을 징집하여 군복과 무기를 지급하고, 훈련시키며, 재우고, 물과 식량을 주고, 행군을 시키는 것은 오로지 적시 적소에서 싸울 수 있도록 하기 위함이다."[3] **작전(조정·통합)은 시간, 공간, 가용 전투력을 고려하여 전술적 행동과 작전적 기능을 수행 및 동시통합함으로써 전술을 가능하게 한다.**

역사적 개관

작전 기능의 전체 역사를 기술하면 여러 권의 책이 되겠지만, 여기서는 아처 존스Archer Jones의 개념, 즉 전쟁의 역사에 나타난 주요 '무기체계weapon systems'*를 요약하는 정도만으로도 충분하다. 존스는 경보병, 중보병, 경기병과 중기병이라는 네 가지 주요 고대 무기체계를 식별했다. 시대와 문화에 따라 세부 모습과 장비는 다양했지만, 이러한 분류법으로 당시에 운용된 단위 부대 형태를 구분할 수 있다.

경보병은 경량화된 갑옷과 검이나 투창으로 무장했다. 경보병 부대는 중무장한 적군을 직접 상대할 수 없지만 기동성이 탁월했다. 중무장 보병은 더 두터운 갑옷과 방패를 사용하고 다양한 검을 지녔다. 물론 경보병보다 이동속도가 느렸지만 팔랑크스phalanx 같은 밀집대형으로 전투할 때 이들을 공격하거나 제압하기란 쉽지 않았다. 경기

* 맥락상 '무기를 활용한 병과 체계'가 정확한 번역이다. 저자가 기술한 보병, 기병은 '무기체계'가 아니기 때문이다. 그러나 여기서는 원문에 쓰인 단어를 그대로 옮겼다.

병과 중기병도 기마를 제외한다면 그런 측면에서 대동소이했다. 경기병 부대는 수색 정찰, 소규모 습격과 차장 등에 적합했다. 충격 효과를 나타내는 중기병은 주로 공격에 활용되었다.

다수의 고대 전쟁 방식은 적군의 약점에 우군의 강점을 지향하기 위해 이러한 네 가지 무기체계를 조합해서 기동했다. 예를 들어 경기병 궁수는 중보병에게 강했다. 보병의 무장이 너무 무거워 상대 기병들과 거리를 좁히지 못한 상태에서 기병은 화살을 쏠 수 있었기 때문이다.[4]

만일 강점을 지닌 어떤 부대가 적과 조우하면 강점이 작동하는 한 거의 승자가 되곤 했다. 중보병과 경보병이 백병전을 하면 중보병이 승리했다. 그러나 경보병이 기동성을 발휘해 전투를 회피하면 중보병은 승리하지 못했다. 중보병이 밀집대형을 취하지 않으면 기병이 보병을 항상 압도했다.

중세 시대에도 네 가지 무기체계가 적용되었다. 서구에서는 예외적으로 중기병을 매우 중요하게 활용했다. 군사적·기술적 이유뿐만 아니라 다양한 정치적 이유에서 말을 탄 기사가 중추적인 무기체계였다. 물론 다른 사례들도 많다. 십자군에 맞선 아랍 군대는 경기병과 경보병—이들만으로 전투하지는 않았지만—을 활용하여 상당한 성과를 거두었다. 스웨덴 군대는 그리스의 팔랑크스를 모방하여 18피트* 길이의 장창으로 무장한 보병을 밀집대형으로 운용했다.[5] 게르만인도 곧 그들을 모방했다. 또 다른 변혁을 일으킨 영국의 장궁보병도 성공적이었다. 어떤 방식의 강점을 상쇄하고자 새로운 부대, 전술의 개발

* 약 5.5미터.

을 반복하는 대안적 방식이 당시에는 지배적이었다.

투발 무기체계, 특히 소화기와 화포 기술이 발전한 이후에는 보병이 기병에 비해 우세했다. 기병은 대부분 수색 정찰과 탐색, 때로는 노출된 적군의 측방을 타격하는 임무를 수행했다. 과거에 장사정 화력을 공성무기와 투창부대가 담당했다면, 근대 직전의 시대에는 포병이 그 임무를 수행했다.

근대에는 말이 차량화, 기계화 장비로 대체되었고 기계화부대가 각광받았다. 그러나 대전차유도미사일이 개발되자 네 가지 무기체계가 다시금 균형을 이루었다.

존스의 논리에 따라 강약점을 기초로 구분한 무기체계는 참모장교들이 무기체계의 운용계획을 수립하는 데 용이하게 활용될 수 있다. 다양한 지상, 해상, 또는 공중 단위 부대는 다른 부대에 비해 고유의 효과—또는 고유의 취약성—를 만들어 내는 상이한 특성들을 갖고 있다. 다양한 단위 부대들의 강점을 유리하게 활용하고 취약점을 보완하기 위해 그 조합을 조정, 통제하는 것이 작전참모부의 과업이며, 이것이 바로 '제병협동combinde arms'이다. 알렉산드로스 대왕 때부터 오늘날에 이르기까지 상이한 특성을 지닌 부대들을 성공적으로 조합한 군대가 동일한 전력을 보유한 상대에 비해 우세했다. 제병협동은 단순하게 보이지만 이를 간과하기 쉽고, 군대가 이를 완벽하게 숙달하기가 대단히 어렵다. 선진화되고 경험이 풍부한 군대조차도 효과적인 제병협동 작전 수행에 실패하기도 한다. 1950년 북한 지역에서 중공군이 미군과 한국군, 유엔군을 공격했을 때 성공의 열쇠는 바로 기습을 달성하는 것이었다. 제병협동이 잘 유지된 상태로 전개해 있던 미군 부대들은 기습을 받고도 더 빨리 회복할 수 있었다. 미 제10군단장 에드워드 아몬드Edward Almond 소장 휘하의 부대들은 너무 넓은 지역에 흩어져 있어서 상호 간 지원이 불가능한 상황이었다. 그 부대 중 하나였던 O. P. 스미스O. P. Smith 소장의 미 해병 제1사단은 상호 제병협동 지원 능력을 구비했다. 제10군단의 나머지 부대들은 중공군의 습격에 붕괴된 반면, 해병 제1사단은 결속력을 유지하여 생존자들과 함께 퇴로 확보를 위해 싸울 수 있었다.[6]

작전에 관한 이론

역사상 다양한 군대의 강약점을 분석한다면 불후의 작품이 탄생할 것이다. 아래의 개념들을 통해 전역의 시간과 공간, 전투력 측면을 다루는 작전계획을 용이하게 수립하는 일반적인 조합들을 살펴보겠다.

클라우제비츠는 『전쟁론』 제3권 11장에서 '적소에 전투력 집결'을, 그다음 장에서 '적시에 전투력 집결'을 다루었다. 이러한 개념은 그의 저작 전반에 걸쳐 군사력 운용을 기술할 때마다 되풀이된다. 이렇게 작전을 삼차원적으로 인식함으로써 지정된 공간에서 시간에 따라 전술부대를 배치하는 모든 범주의 방법을 담을 수 있으므로 이러한 관점은 대단히 유연하다고 할 수 있다. 그는 시간을 다룬 장에서 '병력, 시간, 공간'을 전투의 '요소'로 기술했다.[7] 밀란 베고는 이를 '작전적 요소'로 기술했다.[8] 뭐라고 부르든, 이들을 조정·조합하는 일이 바로 작전참모부의 과업이다.

작전과 공간

시간과 공간에 따라 전투부대를 운용하고 협조시키는 방법에 관한 다양한 이론이 존재한다. 어떤 이론이 다른 것에 비해 본질적으로 더 낫다고 말할 수는 없다. 다만 시공간, 가용한 아군부대, 적군 그리고 작전참모부의 제한사항constraints과 금지사항restraints을 고려하면 좀 더 적절한 몇 가지 이론이 존재할 뿐이다. 이런 작전 기능의 술術이란 각종 요인을 검토하고 그 방법을 평가 및 결정하는 것이다. 작전참모부가 전장과 전술 상황을 어떻게 가시화하고 개념화하는가에 따라 다른 결과를 가져올 수 있다.

공간 대비 전투력의 비율

공간 대비 전투력의 비율은 주도권과 밀접한 관련이 있다. 공간 대비 배치된 전투력이 부족하면 적군에게 전투를 회피할 공간이나 측방과 같은 약점을 포착할 기회를 허용한다. 역사를 통틀어 공간 대비 전투력의 적절한 비율은 상대를 대적하는 데 필수 요소였다. 같은 지형에서 전투력이 더 강한 쪽이 전장 공간과 전투의 진행 속도를 지배할 수 있다.[9] 하지만 만일 양측 모두 동일한 공간에서 전투력 비율이 높으면 제1차 세계대전의 서부전선에서처럼 교착상태가 발생할 수 있다. 부여된 임무와 가용 지형을 고려하여 이러한 비율을 분석함으로써 어떤 전술을 적용할 수 있는지 없는지를 판단할 수 있다.

해양이라는 광활한 환경에서 지휘관은 자신이 원하는 비율을 거의 달성하기 어렵다. 그런 만큼 해군은 공간 대비 전투력 비율에 특히 관심이 더 많다. 우선 함대가 적군을 찾고, 그 후 적군에게 전투를 강요하는 능력을 갖추는 일이 필수적이다. 이것이 육지 사이의 해상 병목지점처럼 해상의 중요지형maritime terrain이 해전에서 점점 더 중요해진 이유이다. 이를테면 좌우, 종심상 한계가 있는 수로에서는 적군이 싸울 수밖에 없는 상황이 조성된다. 공중 작전의 특징은 공간 대비 전투력 비율이 높다는 것이다. 공중 공간에서는 경쟁이 심하고, 통제할 수도 없으며, 요충지나 기타 제한적인 지형이 거의 없기 때문이다.

비대칭적 전투력 운용: 주노력 강화

전역에서 시간-공간-전투력을 관리하는 핵심 목표는 기동을 위한 호기를 창출하는 것이다. 기동은 유리한 공간과 시간에 비대칭적이고 집중적인 전투력 운용으로 촉진될 수 있다. 비대칭적 전투력 운용이란 주노력과 보조노력을 지정하여 시행하는 것이다. 주노력 부대는 때때로 지휘관들의 '성공을 위한 으뜸패'를 의미하며, 계획상의 결정적 전투를 담당하도록 선정된 부대이다. 통상 전투력을 '강화'하는 방법으로 부대 규모 확장, 주요 핵심전력 지원, 중요한 지원 기능의 우선권 부여 등이 있다. 보조노력 부대는 주노력 부대의 행동을 방해할 수 있는 적 부대를 고착하는 등의 임무를 완수해 주노력 부대가 작전을 원활히 수행하도록 지원하는 중요한 과업을 담당한다.

이러한 역할은 고정되어 있지 않으며 상황에 따라 바뀔 수 있다. 주노력, 보조노력 부대와 더불어 예기치 못한 상황에 대비하거나, 주노력 부대가 달성한 전과를 확대하기 위해 후방에 배비된 부대, 즉 예비대가 지정되어 함께 운용된다.

또 다른 관점의 비대칭적 전투력 운용 방법은 그 유명한 B. H. 리델하트B. H. Liddell Hart의 간접 접근이다.[10] 직접적인 정면공격이 아니라, 상황별 측방 및 포위 공격 또는 예기치 못한 방향으로 공격하는 것이 핵심이다. 또한 적군이 선택한 방어 또는 공격 진지를 포기하도록 적군의 병참선을 치기 위해 기동하는 방법을 포함한다. 이로써 적군은 불리한 장소에서 재배치 또는 전투를 강요받게 된다. 예를 들어 1864년 미국 남북전쟁 시 북군 장군 윌리엄 T. 셔먼William T. Sherman이 애틀랜타Atlanta를 탈취한 사례는 간접 접근의 대표적인 전역이다. 이 전역에서 셔먼은 자신이 원하는 시간과 장소에서만 전투했다. 그는 남군이 방어 진지를 구축할 때마다 정면공격으로 진지를 격파하기보다 그 진지를 우회 기동하여 적군을 혼란에 빠뜨리고 적군의 방어진지를 무용지물로 만들어 버렸다. 이런 접근방식이 적중했던 이유는, 셔먼 장군에게 이런 기동을 완성할 수 있는 시간과 공간이 있었기 때문이다. 같은 시각에 동부 전구에서는 조지 미드George Meade 소장이 로버트 E. 리Robert E. Lee 장군의 북버지니아군과 대치 중이었다. 이쪽 지형이 훨씬 더 험했고 워싱턴 D. C., 리치먼드Richmond와 훨씬 더 가까워 결전이 필요한 곳이었다. 율리시스 S. 그랜트 중장의 지시에 의거해 미드는 훨씬 더 직접적인 접근을 택했다. 본질적으로 어느 한 가지 방법이 다른 것보다 더 낫다고 볼 수는 없다. 단지 전구의 시간, 공간, 전투력 비율과 조건에 좀 더 적절한 방식이 존재할 뿐이다.

통상 전투력 절약은 비대칭적 기동을 촉진한다. 대개 이것은 전쟁의 원칙에 채택되어 거의 항상 다른 원칙들과는 별개로 적용되지만 사실 이 원칙은 주노력 강화와는 정반대의 개념으로, 일종의 지침 성격을 띤다. 결정적 지역에 전투력을 더 많이 투입하기 위해 결정적이지 않은 지점에는 임무수행에 적절한 전력만 투입한다는 개념이다. 즉 주노력을 강화하여 비대칭을 달성하기 위해 다른 보조노력 부대에 최소한의 전력을 편성해야 하는데, 이것이 곧 전투력 절약이다. 그렇다고 해서 보조노력 부대가 임무를 완수하는 데 필수적인 자원마저도 보유하면 안 된다는 것을 의미하지는 않는다. 다른 분야와 마찬가지로 주노력을 강화하는 데에는 수확체감의 법칙,* 즉 한쪽이 증대하면 다른 쪽이 감소한다는 법칙이 적용된다.[11]

내선과 외선

내선과 외선은 배치된 전투부대와 병참선 사이의 관계를 나타내며, 전투부대를 한 지점에서 다른 지점으로 이동시킬 수 있는가에 관한 것이다. 이 개념에는 순수 기하학적 원칙에 기초한 시간 요소가 존재한다. 내선에 있는 부대는 우발 상황에서 외선에 있는 적군보다 훨씬 더 빨리 전투력을 전환할 수 있다. 반대로 외선에서 움직이는 쪽은 내선에 있는 부대보다 훨씬 더 넓은 기동 공간을 확보하고 더 많은 선택지를 갖게 된다.

나폴레옹은 이 개념을 만들지는 않았지만 이를 활용하여 큰 효과를 거둔 사람이다. 그는 부하들의 전투 및 행군 능력을 신뢰했기에 2개의 적군 사이에 자신의 군대를 투입하고 전력을 집중해 한쪽의 적군을 격멸한 후 다른 위치에 있는 적군을 제압했다. 즉 두 적군이 합세하여 자신을 협공하지 못하게 했다. 물론 항상 성공하지는 않았다. 워털루Waterloo 전투에서는 실패했다. 나폴레옹이 영국군과 대치할 때 겝하르트 폰 블뤼허Gebhard von Blücher 원수가 이끄는 프로이센군이 그의 측방을 완벽하게 공격했던 것이다.

* 자본과 노동 등 생산요소가 한 단위 추가될 때 이로 인해 늘어나는 한계생산량은 점차 줄어든다는 경제법칙. 즉 일정한 농지에서 작업하는 노동자 수가 증가할수록 1인당 수확량은 반비례해 감소한다.

나폴레옹의 참모부에서 일했던 앙투안-앙리 조미니Antoine-Henri Jomini는 내선과 외선을 이렇게 정의했다. 내선은 "총사령관이 1개 또는 2개 부대로 수 개의 적군을 상대할 때, 적군이 우세할 시점까지 소요되는 시간보다 더 빠르게 아군 전체를 집중해 기동할 방향이 있을 때 적용하는 방법"이다. 외선은 "내선과는 정반대로, 1개 군대로 동시에 적군의 양측방 또는 여러 방향으로 작전하는 방법"이다.[12]

물론 나폴레옹은 내선과 외선을 활용하는 데 대가였지만 그의 시대 이전에도 이런 사례가 많았다. 기원전 207년 제2차 포에니 전쟁이 절정에 이르렀을 때 하스드루발 바르카는 카르타고 군대를 이끌고 이탈리아를 침공했다. 그의 형 한니발은 남부에서 로마군에게 포위되어 있었지만 사실상 로마군을 사이에 두고 협공할 수 있는 호기였다. 그러나 로마의 집정관 가이우스 클라우디우스 네로Gaius Claudius Nero는 카르타고군 사이에 위치한 내선의 이점을 활용했다. 그는 포위망에서 재빨리 전력을 빼내어 하스드루발의 군대를 격파했고, 한니발이 미처 알아채기 전에 부대를 남부로 복귀시켰다.[13] 또 다른 사례는 1865년 남북전쟁의 피터스버그Petersburg 포위전이다. 북군의 그랜트 장군은 미드 장군에게 남군의 전선에 정면공격을 지시한 일로 비판받았다. 그러나 북군의 이러한 공격 때문에 남부의 북버지니아군Army of Northern Virginia은 어쩔 수 없이 전선을 신장할 수밖에 없었다. 내선에 있던 리의 남군은 신속히 방향을 전환할 수 있었지만, 외선에 있던 그랜트는 당시 상황을 정확히 파악했다. 자신에게는 전 지역에서 강점을 유지하기에 충분한 전력이 있다는 점, 그리고 리에게는 모든 전선을 유지하는 데 필요한 증원 전력이 없다는 점을 잘 알고 있었던 것이다. 그랜트는 리 장군이 어떤 조치를 취하든 결국 전선을 지키기 위해 전력을 소모할 수밖에 없는 상황을 조성했다. 그는 내선에 있던 리의 가장 큰 강점을 무력화했고, 그 결과는 자명했다. 집중은 외선의 강점을 발휘할 수 있는 방책이며, 기동은 내선의 강점을 살릴 수 있는 방법이다.

작전과 시간

시간에 관해서 작전참모부의 핵심 관심사안은 바로 작전한계점culminating point이다. 모든 공세적 전역에서는 어느 시점에 작전한계점에 도달하거나 그 기세가 둔화되는데, 조기에 이런 상황이 발생하지 않도록 해야 한다.[14] 작전으로 전투공간을 설계conceptualize해야 하듯이, 임무를 달성할 때까지 작전한계점에 도달하지 않도록 가용 전력의 전술적 행동을 동시통합하기 위해 작전을 통해 전역의 타이밍timing, 즉 시간대별 계획을 설계해야 한다.

연속화Sequencing

전역의 타이밍을 통제하는 가장 흔한 방법은 단계별로 전술적 행동을 연속화, 조직화하는 것이다. 각 단계는 다음 단계로 연결될 수 있어야 한다. 즉 보급소를 설치한 다음에 기동부대를 보급하고, 이후에 목표들을 확보한다. 각 단계는 정해진 사태 또는 시간에 따라 결정될 수 있다. 짐 스토르는 이렇게 말한다. "만일 어떤 부대를 투입하려면 시간보다는 사태(전술적 성공)에 따라 시행 여부를 결정해야 한다. 사전에 정해진programmed 계획대로 공격작전을 수행하면 공격 기세를 유지하기 어렵다."[15]

적절한 연속화는 전투력을 동시통합할 뿐만 아니라 전술부대를 적시에 지원함으로써 작전한계점에 이들이 도달하지 않도록 참모부의 임무수행에 기여하고, 전력을 축차적·개별적으로 투입하는 것을 방지함으로써 지휘관에게 도움을 준다.

동시성Simultaneity

동시성은 충격효과를 발생시키기 위한 소련군의 개념이다.[16] 이는 동일한 시간—반드시 동일한 공간일 필요는 없다.—에 적군을 상대로 가용한 모든 전력을 투입하여 상대를 마비시키기 위한 방법이다. 즉 상대가 취약해진 상태에서 대응할 수 없게 만드는 것이다. 모든 가용 전력을 동시에 운용하는 방법은 두 가지 목표를 달성하기 위한 것이었다. 첫째, 적군*이 소련군의 어떤 방면으로도 기동할 수 없게 하고, 둘째, 적군의 전술적 철수를 저지하는 것이었다.[17]

운영분석operations research†을 통해 동시성의 목적을 검증할 수 있다. 충격효과 달성은 성공과 매우 밀접하게 관련될 뿐만 아니라 기습 달성을 위한 것이다. 그러나 이것은 소련군의 개념처럼 시간에만 한정되지 않는다. 동시성은 기동, 특히 신속한 이동 그리고 급변하는 환경과 관계가 있다.[18] 따라서 충격효과를 창출하기 위해 작전참모부가 시간과의 균형을 고려해야 하는 공간적 요소도 존재한다.

지속Persisting 전역 대 급속Raiding 전역

역사가인 존스는 전역의 실제적 형태에 따라 '지속 전역'과 '급속

* NATO군을 포함한 소련의 전쟁 상대.

† 수학적·통계적 모형(분석방법)을 활용하여 경영 관리, 군사작전, 정책 등을 효과적으로 실행하는 방법을 분석, 연구하고 효율적인 의사결정을 돕는 기법.

전역'으로 나누었다.[19] 급속 전역은 단기적이며, 특정 목표를 달성한 후 철수 또는 다른 방식으로 종결된다. 지속 전역은 장기간 진행되며, 그 끝이 있을 수도 있고 없을 수도 있다. 지속 전역도 특정 목표를 추구할 수 있지만 목표를 달성하도록 지정된 부대들은 장기간에 걸쳐, 어쩌면 무기한으로 작전을 준비해야 할 수도 있다.

참모부는 임무와 지휘관의 의도 달성에 필요한 전역 형태를 판단해야 하며, 급속 또는 지속—단기 또는 장기— 전역을 유지하고 가능하게끔 조정하고 통제해야 한다.

순차Sequential 전역 대 누적Cumulative 전역

J. C. 와일리J. C. Wylie 제독은 '순차 전역'과 '누적 전역'으로 구분하면서 '작전적 패턴'이라는 용어를 만들어 전략을 구분했다. 순차 전역에서는 각각의 행동 또는 단계가 이전의 행동, 단계와 연결되어 그 결과에 영향을 미친다. 누적 전역에서는 행동들이 독립적이다. 각각의 전술적 행동이 동일한 목표를 추구하지만, 각각은 목표를 지향하는 개별적인 '플러스 또는 마이너스 요인'이 된다.[20]

작전과 전투력

섬멸Annihilation 대 소모Exhaustion

독일의 군사사학자 한스 델브뤼크Hans Delbrück(1848~1929)는 '섬멸전략Niederwerfungsstrategie'과 '소모전략Ermattungsstrategie'이라는 두 가지 개념을 제시했다. 당시 독일의 군사사상가들은 섬멸을 중시했다. 적군이 더 이상 저항할 수 없는 수준까지 소모를 강요해야 한다고 주장했으며, 신속하게, 대규모 전역에서 적군을 격멸하는 것을 중요시했다.

연구에 깊이 몰입했던 델브뤼크는 『병법사*Geschichte der Kriegskunst im Rahmen der Politischen Geschite*』에서 또 다른 방법론을 제시했다. 신속하게, 대규모로 적과 싸워 승리하기보다는 시간의 흐름에 따라 천천히 상대를 약화시키는 방법을 찾아낸 것이다. 델브뤼크는 두 가지 형태 중 어느 하나가 더 낫다고 말할 수 없으며, 지휘관이 둘 중 하나를 선택해야 하는 문제라고 기술했다. 섬멸전을 추구할 능력이나 자원이 부족한 국가는 어쩔 수 없이 소모전략을 선택할 수밖에 없다. 핵심적 차이는 시간이며, 작전참모부는 당면한 문제를 해결하기 위해 더 적절한 방안을 선택해야 하고 이때 자원과 임무 간의 균형을 잘 고려해야 한다.[21]

간접 접근Indirect Approach

앞서 논의했듯이 리델 하트의 간접 접근은 다시 논의할 가치가 충분하다. 그는 자신의 영향력 있는 저작 『전략론*Strategy*』에서 유럽 역사상 다수의 전역을 분석했고, 지휘관들이 적군을 직접적이기보다 간접적으로 공격했을 때 승리한 경우가 더 많았음을 발견했다.[22] 그는 주로 공간적 측면을 중시했다. 즉 적군이 어떤 지역에서 우군의 공격을 대비하고 있는 상황을 가정하면, 그 지점에 대한 정면 공격보다는 측방 또는 포위 공격이 항상 더 유리하다는 것이다. 이어서 리델하트는 이러한 간단한 분석 결과를 바탕으로 전반적인 전략 이론을 정립했다.

참모부는 당면한 임무와 상황을 분석하고, 적군에게 쉽게 노출되지 않고, 아군의 이점을 활용할 수 있는 간접적 접근 방안을 모색해야 한다. 그러나 간접 접근이 항상 가능하지는 않다. 가능하다면 두 방법 모두를 결합할 수 있어야 하고, 결합해야 한다.

기동전Maneuver Warfare 대 소모전Attrition Warfare

많은 책들이 기동과 소모의 이분법을 다룬다. 특히 이를 집중적으로 조명한 서적은 미 해병대의 근본 철학이 담긴 MCDP 1 『Warfighting』이다. 이 교범에서는 소모전을 "우세한 화력으로 적군의 물리적 자산을 계속 파괴해 승리를 추구"하는 일종의 철학이라고 정의했다. 이어서 기동전을 "적군의 시스템을 체계적으로 무력화하기 위해 공격을 추구"하는 철학이라고 기술했다.[23] 여기서 주목할 점은, 소모전과 기동전을 전쟁 스펙트럼상의 양극단으로 설명할 수 있다는 것이다. 즉 소모전은 집중과 화력의 전술적 준칙에 따라 중앙집권적 통제를 활용하는 성향이 있는 반면, 기동전은 기동, 템포와 충격이라는 전술적 준칙에 따라 분권화된 지휘를 주로 활용한다.

이 교범에서는 기동전을 편성상의 강약점, 제한사항과 법령상의 임무를 기반으로 둔 미 해병대의 우수한 철학으로 묘사한다.[24] 다른 군사 조직들은 편성의 특성이 상이하므로 이러한 스펙트럼상의 다른 방식을 선호할 수도 있다. 기동전과 소모전 중에 각기 다른 시간과 장소의 작전적 상황에, 투입된 다양한 부대에 좀 더 부합하는 방식이 존재할 것이고, 참모장교들은 그 사이에서 최적의 조합을 달성하기 위해 전역 목표와 더불어 그 조직의 철학을 채택해야 한다.

공중작전

항공부대의 핵심은 바로 협조다. 협조의 목표는 적절한 항공기가 적절한 시간과 공역에 위치하고, 충분한 공중 자산이 기술의 한계를 기반으로 한 '작전 대기on station' 상태에 있도록 보장하는 것이다. 항공기는 승무원의 휴식, 재급유, 재무장을 위해 빈번하게 착륙할 수밖에 없다.

특정 항공자산에 적합한 임무를 부여할 때는 필수적으로 시간, 공간과 전투력을 관리해야 한다. 임무와 임무 완수 시점, 출격 지점부터 표적까지, 복귀까지의 거리와 항공기의 강약점을 조율하는 작업은 무척이나 복잡하고, 이를 신속히 반복적으로 처리하려면 전문적인 참모부가 필요하다.

해양작전

해군은 함대와 기동부대를 편성할 때 유연하고 탄력적으로 협업하기 위해 항상 다양한 등급의 함정들을 조합해야 한다. 해양에서도 제병협동은 필수적이다. 지상전을 중시하는 이들은 드넓은 바다와 많은 양의 물자를 운반하는 함정을 바라보고 해양에서는 시공간의 조건과 제약이 거의 없을 것이라고 인식한다. 그러나 해군 장병들은 이런 생각에 동의하지 않을 것이다. 바다는 단순한 공간이 아닐 뿐만 아니라 바다에서 함정을 유지하는 것도 쉬운 일이 아니다.

중요 지형이 지상군 장병에게 언제나 관심 대상이듯 해군 수병도 그러하다.[25] 제한된 또는 개방된 수역은 가용한 함정의 강약점을 강화하거나 약화할 수 있다. 전투함정의 주무장이 충파 자재에서 화포로, 항공기와 미사일로 바뀌었지만 이 점만은 변하지 않았다. 잠수함이 발명된 이후 해저 수심도 고려해야 할 사항이다.

소결론

이 장에서는 세 가지 전통적인 작전적 요인—공간, 시간, 전투력—에 대해 논했다. 사이버와 우주 공간 같은 잠재적 요인까지 고려하면 연구와 고찰이 더 많이 필요하다. 사실 작전 기능—시공간에서 전술 부대의 협조—을 1개 장에서 다 다룰 수는 없다. 이 주제를 다룬 많은 저작들이 있으므로 여기에서는 이를 어떻게 달성해야 하는가에 대한 몇 가지 개념과 철학을 간단히 소개하고, 이 기능이 공간, 시간과 전술 부대들의 운용과 설계를 중심으로 어떻게 작동하는지에 관해서 검토했다.

뒤쪽에서 다시 한 번 공간, 시간, 전투력을 평가하는 방법과 함께 클라우제비츠의 공격과 방어, 존스의 지속과 급속, 델브뤼크의 섬멸과 소모의 개념을 살펴볼 것이다.

10
화력지원

포대 하나의 가치는 소총수 1,000명과 맞먹는다.

— 윌리엄 티컴서 셔먼

전역을 지원하는 화력 운용은 단순한 문제가 아니다. 전술가는 어떤 형태의 교전에서든 적군을 격멸하는 데 화력지원을 요청하면 그만이지만, 참모부는 무기체계의 파괴 효과의 균형을 추구하는 동시에 이들의 경제적 운용, 방호, 다른 작전적 기능과의 협조를 고려해야 한다.[1]

군대의 장사정, 대구경 무기체계의 협조, 지속지원과 운용은 지휘관에게 매우 중요한 관심 분야이다. 하지만 이런 것들은 너무나 복잡해서 지휘관이 직접 관장할 수 없다. 만일 지휘관이 실질적인 지휘에 전념하지 않고 직접 화력지원에 개입하면 단순히 표적처리targeting에만 에너지를 낭비하는 우를 범할 수 있다. 화력지원을 해야 하는 군수 분야의 부담도 매우 크다. 그러나 적절한 수준에서 운용되면 그에 따른 효과도 크다. **화력지원은 여러 구성요소들을 지원하는 장사정 무기, 원격 통제 무기 그리고 중화기를 활용함으로써 전술을 가능하**

게 한다. 화력지원이 작전술의 다른 요소들과 사뭇 다른 측면이 있는 이유는, 화력지원 자체만으로는 결정적 역할을 수행할 수 없기 때문이다.

역사적 개관

화력지원 체계, 즉 포탄을 발사하기 위해 구축된 플랫폼은 오랜 시간에 걸쳐 극적으로 변화했다. 그렇지만 역사상 모든 전역에서 이들의 기능 자체는 변하지 않았다. 먼 옛날에는 투석기 같은 무기체계가 적군의 기동을 저지하고, 아군의 기동을 보장하며, 적군의 요새를 파괴하는 데 탁월한 효과를 발휘했다.

1241년부터 1242년까지 몽골군이 유럽을 침공했을 당시 이런 무기체계에 새로운 기능이 더해졌다. 몽골군은 자신들의 움직임을 은폐하고 적군을 혼란에 빠뜨리기 위해 전장에서 연기와 소음을 일으키는 화약을 사용했다.[2] 그 후 지휘관과 참모들은 화력의 물질적 파괴력뿐만 아니라 각종 탄약의 효과까지도 고려해야 했다. 특히 근대에 들어 화력지원은 정보와 중첩되는 성향을 갖고 있다.

화력지원은 대포 포병cannon artillery이 등장하면서 본격적으로 효력을 발휘했다. 화약은 이미 오래전부터 사용되었지만 1132년경 대포가 중국에 존재했다는 주장이 있다.[3] 서구에서는 1346년 크레시Crécy에서 대포가 최초로 운용되었다. 그러나 이 전투에서는 성능이 저급한 적은 수의 화포가 투입되었으며, 이것이 영국군의 승리에 결정적으로 기여하지도 않았다.[4] 1380년 키오자Chioggia 전투에서는 베네치아군이 최초로 무거운 돌을 날리는 대포를 사용해 요새 성벽을 무너

뜨리는 데 성공했다.[5]

15세기 초에 대포는 유럽의 모든 군대와 국가에 존재했고, 성을 공격하거나 전투하는 데 사용되었다. 포병은 공성포병과 야전포병으로 구분되었다. 전자는 대개 크기가 크고 이동이 불가능하지는 않지만 어려웠으며, 후자는 행군하는 부대와 함께 이동이 가능할 정도로 작고 기동성을 갖추었다. 기마 포병이 보유한 화포가 가장 작았다. 기병과 함께 이동하면서 지원하려면 작고 기민하게 움직여야 했기 때문이다.

포미장전식 화포는 19세기에서 20세기로 전환되는 시기에 등장했다.[6] 1897년에 프랑스 육군은 '75형' 대포 또는 '프랑스식 75형' 대포라고 불린 포미장전식 화포를 개발했는데, 1분당 사격발수가 34발 정도였다.[7] 일반적인 포구장전식 대포의 사격속도보다 빨랐을 뿐만 아니라 장전과 사격 절차가 더 안정적이었다. 75형 대포의 사거리는 8,500미터에 달했는데, 이는 이전의 화포 사거리에 비해 다섯 배가량 늘어난 수치였다.[8]

초기에 75형 대포는 표적을 직접 관측하고 사격하는 방식으로 운용되었다. 사수가 표적을 직접 관측하지 않는* 간접사격 방식을 적용한 화포는 1888년에 개발되었다.[9] 수 킬로미터 이격된 표적을 타격할 수 있게 되자 이러한 방법들이 숙달되고 체계화되었다. 포대장은 일반적으로 6문의 화포를 지휘했고, 자신이 직접 표적을 관측하러 전방으로 이동했으며, 포대와 멀리 떨어진 곳에서 계산 결과를 포대에 전달했다.

제1차 세계대전 중 독일군 포병장교 게오르크 브루흐뮐러Georg

* 오늘날 관측장교의 유도를 통해 사격하는 방식.

Bruchmüller 대령은 포대급 이상 부대들의 협조된 포격이 가능한 체계를 개발했다. 화포의 위치와 대기조건에 관한 데이터를 사용하여 사격 전에 탄착지점을 계산하는 방식이었다. 이러한 능력은 1918년 독일군 춘계공세의 핵심 요소였다.[10] 프랑스군도 해안 포병의 사격방식을 도입하여 이와 유사한 예측사격predictive-fire* 능력을 발전시켰다.[11] 전간기에는 중앙집권화된 사격지휘소가 설치되어 이러한 계산을 담당했다.[12]

제2차 세계대전에서는 로켓 포병이 등장하여 대포 포병의 주요 기능을 대신했다. 전쟁 이전에 이탈리아, 독일, 미국 해병대는 항공기로 지상군에 화력을 지원하는 방법을 최초로 도입했으나, 오늘날 우리가 아는 근접항공지원CAS†은 1945년까지 태평양 전구에서 미 해병이 개발했다. 그 후 박격포를 포함한 모든 형태의 화력지원이 더 강력해졌고 정확성도 더욱 높아졌다. 아직도 전 세계의 주요 군대에서는 계산에 기반한 화력지원이 주로 시행되지만, 유도 시스템이 내장된 정밀무기 개발과 사용도 전 세계적으로 확산되고 있다.

화력지원의 기능

화력지원은 지극히 단순하게 운용될 수 있다. 단지 적군을 격멸하는 데 활용하는 것이다. 그러나 다른 전술적 활동과 결합하면 더욱 강력한 효과가 나타나게 된다. 포병으로 공략하고 보병으로 점령한

* 포병이 적에게 경고사격이나 수정사격 없이 효력사로 적군을 제압하는 사격방법. 초탄부터 명중률을 높이기 위한 사격이다.

† 아군 지상군과 근접한 적 목표물에 대한 항공기의 공대지 공격 작전.

다는 말이 있다. 이 격언은 화력지원이 단순하다는 의미가 아니라, 다른 병과와의 제병협동으로 기동을 용이하게 하고자 계획·운용되는 화력지원이야말로 지휘관에게 진정한 가치가 있음을 뜻한다.

화력전투 대 근접전투

전술에 관한 고전에서 클라우제비츠는 전투를 두 가지로 분류했다. 바로 화력전투와 근접전투다. 근접전투는 보병의 총검 돌격같이 적군과 직접 교전하는 전투다. 반면 화력전투는 보병의 일제사격과 포병사격을 포함하여 돌격을 준비해서 돌격하기 직전까지의 모든 활동을 일컫는다. 본질적으로 적군과 부딪히기 전까지 지원화기와 오늘날 승무원이 탑승해 조종하는 무기체계를 운용하는 것이다.

클라우제비츠는 근접전투를 확실성certainty이라는 용어로 정의했다. 적군을 확실히 격퇴하는 유일한 방법은 적군에게 진지 이탈을 강요하고 그 지역을 탈취하는 것이다. 또한 근접전투는 화력전투보다 더 큰 공포심과 위기감을 조성하여 심리적으로 적군이 패배를 확신하게 만든다. 보병의 돌격만큼 이런 공포심을 일으키는 방법도 없다.[13]

각각이 일으키는 심리적 효과 측면에서 화력전투와 근접전투는 차이가 있다. 지원화기는 파괴력 측면에서 잠재력이 훨씬 더 크지만 그러한 파괴력은 단지 개연적일 뿐이다. 현대의 정밀 유도무기도 표적을 성공적으로 파괴할 **확률probability**이 높을 뿐, 결코 파괴를 확신할 수는 없다. 화력전투 시에는 표적이 이탈할 가능성도 상존한다. 그러나 근접전투는 적군이 어떤 지역에 반드시 있거나 있을 것이고, 적군을 살상한다는 확실성을 수반한다. 둘 중 어떤 형태든 전투를 치러야 한다는 것 자체는 매우 불쾌한 일이지만 두 형태의 심리적 효과는 다르다. 근접전투는 화력전투에 비해 좀 더 자신의 의지를 적군에게 강요할 수 있다.

이는 클라우제비츠가 제시한 아이디어 중 하나로, 현대적 관점에서 살펴볼 필요가 있지만, 근접전투와 화력전투의 차이는 기동을 가능하게 하는 화력지원의 역할과 돌격전투를 할 수 있는 보병, 기갑부대, 기타 전력의 역할로 명쾌하게 구분된다.

관측, 처리, 사격

화력지원을 하려면 무기 플랫폼뿐만 아니라 관측도 필요하다. 표적을 타격하려면 그 표적을 명확히 식별하고 추적해야 한다. 다시 말해 무기체계는 비록 사람의 눈이라고 할지라도 센서 같은 장치와 연동되어야 한다. 관측을 통해 수집된 정보는 어떤 방식으로든 처리되어야 한다(정보 기능, 정보와 인텔리전스의 차이점을 참조하라). 일단 이 작업을 완료해야 포탄을 사격할 수 있다.

포병 사격의 절차에 관해 살펴보면, 정찰팀 또는 지원 요청 부대가 관측 임무를 수행하고, 사격지휘소는 정보를 처리하며, 최종적으로 포대가 사격을 시행한다. 근접항공지원의 절차도 유사하다. 이러한 절차는 전자공격electronic attack과 공세적 사이버전offensive cyberwarfare 같이 최근에 생겨난 화력지원에도 적용될 수 있다. 표적 식별은 필수적이고, (실제로는 서버를 통해) 정보처리가 이루어져야 하며, 그 후 어떤 형태로든 표적처리 과정을 거쳐 타격해야 한다. 타격은 이러한 수단들을 실제로 적용한 결과이며, 전술 영역에 해당한다.

표적처리Targeting

앞의 수단들을 계획, 준비, 지속, 협조하는 것과 관련하여 어떤 지휘관도 화력지원을 무제한으로 받을 수 있을 정도로 운이 좋은 경우는 없다. 플랫폼 자체와 그에 따른 탄약 등과 관련한 군수 측면의 부담도 굉장히 크다(예를 들어 사이버전을 위해 필요한 네트워크도 이런 측면은 동일하다). 따라서 참모장교는 흔히 다음과 같은 문제에 봉착한다. 화력지원을 할 때 무엇을 표적으로 선택하며, 표적으로 선정하지 말아야 할 것은 무엇인가?

이런 질문에 답하는 과정이 바로 표적처리다. 이때 여러 가지 요인들의 균형을 고려해야 하는데, 그중에서도 특히 정밀도precision와 정확도accuracy를 고민해야 한다. 이 두 개념은 동일하지 않다. 정밀도는 선정된 표적을 타격할 수 있는 능력이다. 정확도는 선정된 표적을 타격했는지를 판단하는 것이다.[14] 표적처리는 참모부가 가용한 정보와 역량을 통합 및 조정하는 작전술 과정으로, 언제, 어느 곳에 화력을 지원할지 우선순위를 결정함으로써 차후 전투를 준비하는 것이다. 선정된 표적에 그러한 수단을 실제로 활용해 타격하는 것은 전술 영역에 해당한다.

무장 및 탄종 선정Weaponeering

무장 및 탄종 선정은 표적을 타격하는 데 적합한 탄약을 결정하는 것이다. 탄약마다 효과가 다양하며, 화력지원 과업이 다양한 만큼 그에 알맞은 적절한 탄종이 있다. 여기에도 과학과 술術이 존재한다.

무장 및 탄종 선정에서 과학이란 지상에서 지상으로의 화력투사를 위한 '기술적 사격지휘'를 의미한다. 이는 포탄을 한 지점에서 다른 지점으로 날려 보내기 위해 수학, 탄도학, 물리학을 적용하는 부분이다. 화력지원 참모부는 이러한 과학을 통해 물리적으로 무엇이 가능한지 판단한다.

무장 및 탄종 선정에서 술적 측면은 '전술적 사격지휘'를 뜻하는데, 이는 물리학이 아닌, 이 분야의 참모장교들의 판단에 따라 결정된다. 어떻게든 표적을 타격할 수는 있지만, 다음과 같은 사항들을 결정해야 한다. 표적에 대해 사용할 최상의 탄종은 무엇인가? 이 탄약을 우선적으로 사용해야 하는 표적이 있는가? 표적을 안전하게 타격할 수 있는가? 민간인, 우군과 너무 근접해 있지 않은가?

이와 같은 문제들은 항공기와 해군 함정의 사격을 비롯해 전자전 및 사이버전(공세적 사이버전 능력을 보유한 경우) 같은 그 밖의 지원 무기체계에도 동일하게 적용된다. 이런 문제에 대한 해답은 요망하는 효과에 따라 달라질 수 있다.

효과

화력은 파괴력뿐만 아니라 다양한 효과를 통해 전술부대를 지원할 수 있다. 차장(적군이 아군의 행동을 관측, 탐지하지 못하도록 방해), 신호전파(불꽃 및 조명탄을 활용), 조명 등이 바로 이러한 활동에 속한다. 사이버전같이 새롭게 등장한 능력도 효력을 발휘한다.

참모부가 당면한 문제는 가용한 화력으로 이러한 과업들을 수행하게 되면 다른 과업, 특히 살상 임무를 수행하지 못하게 된다는 점이다. 이를 담당하는 참모부는 살상 및 비살상 화력지원의 위험과 효과, 가용한 무기와 탄약 그리고 임무와 계획에 따른 가용성과 정확도에 미치는 기상의 영향 등을 균형 있게 판단해야 한다.

새롭게 부상한 화력지원 능력

지금까지 화력지원의 원칙과 특성을 살펴보았다. 이를 감안할 때, 최근 새롭게 등장한 능력은 향후 화력과 유사하게 운용될 수 있고 화력지원의 범주에도 속할 수 있다. 정보전, 사이버전, 다양한 전자공격 등이 바로 그것이다.

이런 능력을 깊이 있게 다루는 데에는 기술적인 면이 많이 필요하지만, 이를 활용할 때 참모장교들이 직면하게 될 문제는 동일하다. 즉 반드시 표적을 탐지해야 하고, 표적을 타격할 수단들도 식별(그리고 가용)해야 한다. 또 다른 방책들도 평가해야 하며, 방책들의 우선순위도 판단해야 한다. 그리고 실행할 행동들과 함께 요망하는 효과도 조율해야 한다. 이렇듯 새롭게 등장한 다수의 능력들은 전통적인 화력지원 플랫폼처럼 운용될 수 있다.

소결론

무기 체계의 화력이 증대할수록 화력지원의 중요성도 높아졌다. 화력지원의 협조 양상은 간접 사격능력의 발전에 따라 극도로 복잡해졌다. 사수는 표적을 볼 수 없는 곳에 있기에 동료들이 제공하는 표적의 위치정보, 적성 여부, 화기의 정확도를 신뢰해야 한다. 참모부는 화력지원을 조정하고 검증한 후, 전장에서 적절하게 화력을 운용하는 과정에서 엄청난 에너지를 소모하게 된다.

11
군수

역사상 수많은 군대가 적군의 노력이 아니라 보급품 결핍과 혼란 때문에 파멸했다.

— 리슐리외Richelieu 추기경

군수軍需, Military Logistics 없이는 어떤 작전도 불가능하다. 전쟁 양상은 본질적으로 조직화된 폭력이고, 군 조직이 갖추어야 할 첫 번째 능력은 군대를 무장시키고 이동시키는 것이다. 군수는 군사력을 이동시키는 일뿐만 아니라 군대를 지속, 유지하는 일도 포함한다. 조미니가 『전쟁술*Précis de l'art de la guerre*』에서 정의한 바에 따르면, 군수란 "군대를 이동시키고, [···] 보급수송 부대가 지속적으로 전장에 도착해 보급품을 공급하고, [···] 병참선을 설치하고 조직하는 실제적인 술術"이다. 이는 전투부대의 이동, 이들에 대한 보급지원, 보급품과 부대가 이동해야 할 병참선을 보호하는 것 등을 포함한다. 이 분야는 통상 전투수행기능에서 '지속 지원'을 지칭하지만, 단순한 지속 지원보다 훨씬 더 많은 것을 포함한다. 군수의 중요성에 관해서는 더 포괄적으로 이해해야 한다. 나폴레옹 이전 시대에 존재했던 초기 참모부는 주로 군수와 재정 분야를 담당했다. 근대의 참모부는 군수와 재정참모부에서 확장되었다고 할 수 있다. 문헌에 최초로 기록된 근대적 참모장교는 병참총감Quartermaster General인데, 그는 선발대(또는 설영대)로 이동하여 숙영지를 물색하는 임무를 담당했다.[1]

아무도 군수의 중요성을 부인하지는 않지만, 군수는 '냉철한 계산'이 요구되는 분야라는 이유로 종종 소홀히 연구되었다.[2] 『이론적 군수*Pure Logistics*』의 저자 조지 소프George Thorpe는 이 기능을 연극 공연에 필요한 무대 관리에 비유했다. 청중은 배우와 무대, 소품을 주의 깊게 보지만 공연에 필요한 사소하고 세부적인 사안들에는 관심을 갖지 않는다.[3] 군에서는 이러한 소소한 것들이 다른 모든 일을 위해 반드시 충족되어야 하므로 군수는 곧 작전술의 기반인 것이다. 그래서 일각에서는 전술과 전략 사이에 어떤 수준이 존재한다면 이는 사실상 군수 영역이라고 주장하기도 한다. **군수는 전술부대의 이동과 지속지원을 용이하게 함으로써 전술을 가능하게 한다.**

역사적 개관

수 세기에 걸쳐 군수의 핵심 사안은 식량, 사료와 물이었다. 식량은 장기간 안정적으로 보관할 수도, 행군 중에 쉽게 획득할 수도 없었으며, 사료가 필요한 가축을 이용해 식량을 수송해야 하는 등 군수 문제가 매우 복잡했다.

대부분의 군대는 식량을 현지 징발에 의존해야 했고, 그것도 연중 특정한 시기에만 가능했다. 쌍방의 군대가 매우 근접한 지역에 주둔해 있을 때에도 식량을 조달하기 위해 그 지역에서 농사를 지어야 할 정도로 식량 확보 경쟁이 치열했다. 적군에게 식량 자원을 허용하지 않는 초토화 전술scorched-earth tactics*은 효과적이고 흔한 방법이었지만 아군에 역효과를 초래할 수도 있었다. 부대를 집중하면 보급 문제가 더욱 심각해졌다. 그래서 아군이든 적군이든, 군대가 주둔하는 것은 그 지역 주민들에게 전혀 달가운 일이 아니었다.

해상에서의 군수는 또 다른 면이 있다. 함정은 안정적으로 항해할 수도, 장기간 항해하는 데 충분한 물을 적재할 수도 없었다. 그럼에도 불구하고, 기원전 480~479년 페르시아의 대군이 그리스를 침공했을 때처럼, 식량을 배로 수송하는 것은 해안에 위치한 대규모 군대를 지속 지원하는 데 효과적이었다. 그러나 해상을 통한 군수 자체가 취약점이 될 수도 있다. 이 전쟁에서 페르시아군을 퇴각하게 만든 이유는 지상전 때문이 아니라 그리스군이 몇몇 해전에서 거둔 승리 때문이었다. 그 후 크세르크세스Xerxes는 원정군에게 보급품을 공급할 수 없었다.[4]

알렉산드로스 대왕은 군장, 물동량과 종군 이주민camp followers†의 규모를 최소화하고, 공성전을 지속하기 위해 계획된 병참선을 활용하며, 현지 조달의 가능성을 기반으로 부대 이동을 계획한 최초의 지휘관들 중 한 명이었다.[5] 그가 가장 빠르고도 성공적으로 전역을 치른 곳은 함정으로 보급품을 공급할 수 있었던 해안 지역이었다.[6] 또한 그는 지상에서 페르시아 항구들을 탈취하여 페르시아 해군이 군수지원을 못 받게 했으므로 페르시아 해군과도 간접적으로 싸운 셈이다.

* 청야淸野전술이라고도 부른다.

† 이동하는 부대를 따라다니며 생활하는 사람들.

알렉산드로스 대왕 이후 고대 세계에서 군수의 달인은 바로 로마인이었다. 오늘날까지도 일부 지역에서 사용되는 유명한 로마의 도로망은 군수 문제를 해결하기 위해 설계되었다. 사방으로 뻗은 도로망을 통해 로마인은 광활한 제국 전역에서 교역하고 부대를 이동해 보급하는 능력을 갖게 되었다. 진보된 도로망과 농경 기술로 로마제국 군대의 규모와 행동 범위가 한층 커지고 넓어졌다.

군수는 로마제국이 붕괴한 후 사회 구조를 형성할 정도로 영향력이 매우 컸다. 전문직업적 성격의 군단이 사라진 후 지방 영주들은 안전 보장을 필요로 했지만 군대를 유지할 자금이 부족했다. 이에 그들은 주민들에게 군 복무를 조건으로 토지를 제공하여 주민과 토지를 통제하는 제도를 만들었다. 이것이 바로 서구의 봉건제도다.

이러한 군수 분야의 조치와 강제 조항들은 직업의 세분화와 생산성 향상을 포함해 수많은 사회적·기술적 진보로 인해 토지 통제권을 행사하지 않아도 대규모 군대를 보급할 수 있었던 중세 후반까지 유지되었다. 또한 재정이 증가하면서 용병을 운용하는 현상도 나타났다. 로마에서는 전문 직업군인이 담당했던 보급의 기술적 영역이 이제는 민간 도급업자에게 맡겨졌다.[7]

중세 말기에 상인들의 해상 무역이 나타나는 등 많은 분야에서 발전이 이루어졌지만 군대는 여전히 생계의 많은 부분을 현지 조달에 의존했다. 30년 전쟁 때 군대 규모가 증대하자 지휘관들은 현지에서 보급품 구매 계약을 시도하기 시작했다. 보헤미안의 백작 만스펠트 Peter Ernst Graf von Mansfeld* 같은 일부 지휘관들은 성과를 거두기도 했

* 1580~1626. 30년 전쟁 초기에 용병을 이끈 군 지휘관. 가톨릭 신자였지만 개신교 측 주요 지휘관으로 활약했다. 특히 기동성을 활용하여 여러 전투에서 성공했으나 자금 조달

다. 그러나 군대는 전장에서 적군과 싸워야 할 뿐만 아니라 군대의 약탈 행위를 거부하는 현지의 반란 세력과도 맞서야 했고, 매우 힘겨운 전투에 맞닥뜨리기도 했다.[8] 때로는 군수지원 문제로 인해 지휘관의 전술적 계획에 차질이 빚어지기도 했다.

정식 군수 시스템이 창고 형태로 나타나기 시작한 때가 바로 이 시대이다. 군대가 어느 지역에서 가용한 모든 것을 약탈하고 나면 이동해야 하는 상황이 반복되었고, 보급물자를 이동하기 위해 하천을 통제하고 활용해야 하는 난제를 포함하여 전역을 수행하는 데 많은 제한사항이 존재했다. 1640년 프랑스 정부는 이탈리아 주둔군의 인사행정 및 군수 분야를 개선하기 위해 미셸 르텔리에Michel Le Tellier를 공사公使, minister로 임명했다. 훗날 그는 국방부 장관에 올랐다. 르텔리에의 주도하에 프랑스군은 국가방위places fortes du roi와 원정 작전magasins généreaux 모두를 위한 창고 제도를 도입했다.[9] 이 제도로 군의 작전반경과 전역수행 체계가 확대되었다. 이는 안정적인 병참선에 의존하는 체계로, 지휘관은 아군의 병참선을 방호하는 동시에 적군의 병참선을 공격할 수 있게 되었다. 이러한 변화는 프랑스군의 수많은 혁신 중 하나였다. 이로써 수적 우세, 기동, 템포와 화력을 지속할 수 있는 군사적 능력을 증대해 좀 더 진보된 전역을 수행할 수 있었던 것이다.[10]

19세기에 들어서 철도가 작전적 군수 분야operational logistics에 영향을 미치기 시작했다. 남북전쟁 중에 부대의 기동성과 지속 능력

문제와 병력 유지의 어려움 등으로 인해 지속적으로 성공하지는 못했다. 만스펠트의 군대는 30년 전쟁 초기 개신교 측의 핵심 전력 중 하나였으며 그의 전술은 후대에도 연구대상이 되었다.

을 향상하기 위해 철도를 최초로 사용했다. 북군과 남군 모두 보급품 수송뿐만 아니라 부대를 이동시키는 데 열차를 적극적으로 활용해 1865년 캐롤라이나Carolina 일대의 전역에서 적군이 사용 중인 철도를 셔먼 장군이 파괴하는 사건이 벌어지기도 했다. 유럽에서도 철도는 군대의 규모와 기동성을 증대했다. 대몰트케가 지휘한 프로이센 왕국군은 철도를 운용하는 데 정통했던 최초의 군대였는데, 물론 이는 총참모부 시스템 덕분이었다. 총참모부가 철도를 활용하는 복잡한 계획을 수립하고 운용하는 시간까지 정확히 제어했던 것이다.

20세기에 접어들면서 군수 분야는 중대한 전환점을 맞이했다. 1870년대 어간까지 보급품 중 탄약의 수송 비율은 1퍼센트 미만이었고, 그 외에는 식료품 같은 생필품이었다. 제1차 세계대전이 발발한 해에 이 비율이 완전히 역전되는 현상이 나타났다. 제2차 세계대전이 종식될 즈음에는 8~12퍼센트만이 식량 등의 물품이었고, 나머지는 장비 부속, 연료와 각종 유류 또는 탄약이었다.[11]

제1차 세계대전 중에는 대량생산이 가능한 산업화 시대에 대규모 군대의 보급 소요가 증가한 만큼 차량을 이용한 수송이 마차 중심의 군수지원을 능가하기 시작했다. 서부전선에 있던 군대들은 엄청난 양의 탄약이 필요했으며, 군수 분야의 실패는 곧 작전의 실패로 이어졌다. 1914년 마른강 전투Battle of the Marne에서 독일군 군수 체계가 붕괴되는 사태가 발생했는데, 사실상 그 시점이 프랑스와 영국이 독일군의 진격을 저지할 수 있는 호기였다. 당시 전투에서 독일군의 수송 차량 60퍼센트가 파손되어 독일군 입장에서는 공세적 기동을 지속할 능력이 약화된 상태였다.[12] 1918년에도 독일군은 침투전술을 개발하여 참호로 구축된 연합군의 방어선을 돌파할 수 있었지만 군수지원이 제대로 이루어지지 못해 공세에 실패하고 말았다. 반대로 프랑스군과 영국군, 미군은 독일군의 돌파를 저지할 만큼 신속히 전투력을 전환할 수 있었다.[13]

제2차 세계대전에서는 차량과 항공기 수송이 발달했지만 긴요 물자의 소요—특히 연료와 윤활유를 생산하는 데 필요한 오일— 또한 증가했다. 기계화 및 차량화 전쟁 양상의 변화가 너무 빨라서 당시의 보급 능력을 초과하기도 했다.[14] 물자와 병력을 신속히 장거리로 수송할 수 있었던 항공기도 그 자체의 군수 소요와 제한사항이 있었다. 이를테면 활주로와 공역 제한, 연료 소요 등이었다. 이런 군수 문제로 가장 큰 시련을 겪었던 쪽은 역시나 독일이었다.

독일군의 전략은 군수 문제로 약화되었고 제한사항이 많았다. 기동과 템포 측면에서 트럭, 전차, 항공기와 같은 기계화, 차량화된 플랫폼을 활용하여 전술적 기량을 발휘할 수는 있었다. 그러나 이 모든 플랫폼을 사용하려면 연료와 정비를 위해 오일이 반드시 필요했는데, 독일에는 오일이 부족했다. 이런 문제점은 전략적 수준의 결심에도 영향을 미쳤다. 1942년 육군 총사령부는 소련의 유전지대 공격을 계획했다. 유전지대를 확보하여 향후 작전을 지원하고, 소련군에게서 자원을 탈취함으로써 소련군이 전쟁을 지속할 수 없게 하려는 의도였다. 그러나 그것은 잘못된 가정을 기반으로 한, 전혀 검증되지 않은 계획이었다. 소련의 끈질긴 저항으로 독일군은 목표를 달성하지 못했고, 급기야 전쟁을 지속할 수 없는 상황에 봉착하고 말았다.[15]

이렇게 개략적으로 고찰하면 군수의 역사를 시대별, 단계별로 용이하게 구분할 수 있다. 이 정도면 이론을 이해하는 데 필수적인 맥락을 어느 정도 파악할 수 있지만, 실제로는 매우 복잡한 문제이다. 30

년 전쟁부터 제2차 세계대전까지의 군수 문제를 다룬 마틴 반 크레벨드Martin van Creveld의 저작은 연속성과 변화가 공존하는 역사를 잘 보여 준다.[16]

해상에서의 군수

앞서 해상 수단을 이용한 육상의 군수지원을 언급했지만, 해군과 해상 전역의 군수도 별도로 논의해야 한다. 해상 전투의 특성으로 인해 함정의 기동성은 당연히 해전naval warfare 방식과 해군 전술에 중대한 영향을 미쳤다.

고대에는 추진력을 제공하는 노 젓기의 한계로 인해 해상에서의 군수, 이에 따른 기동과 전술이 매우 제한적이었고, 범선은 원양 항해보다 근해 작전에 더 적합했다. 함정들은 매일 저녁 물을 보충하기 위해 육지로 이동해야 했고, 야간 항해는 너무나 위험했다. 고대 함선에는 노를 젓는다는 제한사항이 있었고 화포가 전혀 없었으므로 당시의 해군 전술은 주로 충파와 적군의 배에 올라타서 싸우는 방식이었다.

16세기에 들어서야 항해의 동력원이 노를 젓는 방식에서 다른 방식으로 대체되었다.* 노 젓기가 주요 동력원이었던 마지막 전투는 1571년 레판토 해전Battle of Lepanto†이다. 함선 디자인이 발전하면서 물자 수송량도 늘었고, 해군의 군수 능력과 상인의 교육 능력도 증대했다. 이로써 오늘날까지 지속되어 온 경제적 세계화가 시작되었고, 세계 경제가 화물 운송에 의존하게 되자 이를 보호할 해군이 필요해졌다.

* 돛을 세워 바람을 받게 해 풍력으로 움직이는 대형 범선이 등장했다.

† 1571년 지중해에서 유럽과 오스만투르크 간에 벌어진 해전이다.

재보급 없이도 더 먼 거리를 항해할 수 있는 거대한 선박이 출현하자 항구의 중요성이 커짐은 물론, 시공간상에서 지상군과 함대의 상호작용이 변화했다.[17]

19세기 후반에 함선의 동력원이 증기기관으로 대체되었다. 군수 측면에서 이러한 변화에 따른 강점과 약점이 있었다. 훨씬 더 많은 보급품과 병력을 해상 교통수단으로 더 빠르게 이동할 수 있었으며, 원정 전쟁 능력도 향상되었다. 바람은 더 이상 고려대상이 아니었다. 그러나 증기기관을 사용하면서 연료 재보급을 위해 석탄을 공급받을 항구가 필요해졌다. 석유로 움직이는 증기기관, 그 후에 가솔린 엔진과 해군 항공기의 출현과 함께 해군 기지와 연료 공급항의 중요성이 커졌다. 함정 자체의 동력 효율성이 높아질수록, 더욱이 함정들이 과거보다 해상에 더 오래 머물 수 있는 시대가 되었으나 역설적으로 항구와 기지의 중요성이 더욱 커졌다.

군수 기능

작전적 수준으로서의 군수?

지휘관의 관점에서 군수 기능을 고찰한 헨리 E. 에클스Henry E. Eccles 해군 소장은 미군 시스템의 군수 분야에 대한 권위 있는 연구 논문을 발표했다. 그의 견해에 따르면 "지휘의 관점에서 군수 그 자체의 목적은 오로지 지휘부의 요구에 상응하는 전투부대를 창출하고 지원하는 것이어야 한다."[18] 따라서 군수의 목적은 전술부대 지휘관을 지원하는 것이며, 군수 없이는 어떤 일도 할 수 없을 정도로 군수가 매우 중요하다는 것이다.

에클스는 몇 가지 관점에서 군수가 전쟁의 작전적 수준과 유사한 기능을 수행한다고 보았다. "군수는 우리 국가의 경제와 전장에서 아군 전투부대가 수행하는 실제 작전 사이의 가교이다."라고 말했다.[19] 그러나 전략 지시를 전술로 전환하는 것은 군수이지 전쟁의 수준이 아니다.[20] 또한 그는 군수 분야의 계획과 협조를 담당할 참모부가 필요해진 나폴레옹과 산업화된 전쟁 사이의 변곡점을 식별해 냈다.[21]

한편 마이클 R. 매서니Michael R. Matheny는 군수에 초점을 맞추고 작전술을 연구했다. 그는 소련 사상가들이 아니라 미군 지휘관들이 전간기에 작전술을 창조했다고 주장한다.[22] 매서니는 "전간기에 미군 지휘관들이 대규모 작전을 계획, 지속 및 수행하기 위해 미국의 경제력을 활용할 수 있는 작전술의 프레임워크를 개발했다."라고 보았다.[23]

마찬가지로 군수를 전쟁의 작전적 수준으로 인식하는 것도 적절하지 않다. 국가의 경제력은 전략적·정치적 수준과 분명히 관계가 있다. 그런 개념을 지속지원으로 인식할 수도 있겠지만, 밀란 베고가 정의한 작전술, 즉 "계획, 준비, 동시통합, 지속"의 일부에 해당할 뿐이다. 따라서 전투수행기능의 핵심과 참모부, 군사력에 관한 소요를 무시하는 것이 된다. 군수는 전쟁 수행에 반드시 필요한 기능이지만 이것만으로는 충분하지 않다. 소프가 사용한 은유법으로 설명하자면, 무대 관리는 연극을 상연하는 데 꼭 필요하지만 그 자체가 연극은 아니다.

병참선

만약 작전술이 전술들을 서로 연결하는 것이라면 병참선은 그런 연결 내부에서 흐르는 동맥이다. 군수참모부가 병력, 물자 수송에 사용하는 연결 경로가 바로 병참선이다. 이는 도로, 철로, 이동통로, 하천, 공역, 공항, 해로 및 해협, 운하, 항구, 자연 또는 인공적인 모든 종류의 수송 기반 시설이 될 수 있다. 이것들은 전투부대들과, 모든 종류의 보급품 및 지속지원 자산뿐만 아니라 아직 배치되지 않았거나 전개 중인 증원 부대와 전투부대를 연결한다. 또한 이것들은 현장 지휘관이 군수 분야 전문가에게 보급품 공급망을 따라 그 끝단인 최전방의 소요를 전달하는 수단이 된다. 병참선은 매우 중요하기 때문에 방호가 필요하고 통제될 수 있어야 한다. 항상 적군의 표적이 되기 때문에 군대가 대규모 보급에 많이 의존할수록 적군이 아군의 병참선을 표적으로 삼을 가능성이 더 높아진다.

군수의 기능

기본적으로 군수참모부는 획득, 분배, 지속지원, 처분과 같은 업무를 수행해야 한다. 획득은 모든 종류의 필수 보급품과 기타 품목을 조달하는 것이다. 분배는 전구와 전구 간에 또는 전구 내부에서 물자를 이동시키는 것이다. 지속지원은 전투 중인 부대에 보급품을 공급하는 것이다. 처분은 군 자체적으로 그런 물자를 소모, 반납, 폐기하는 것이다.[24]

이런 일들은 부대를 수송하는 과업 외에 추가되는 업무이다. 이런 과정과 전쟁 전구 내외부에 병참선을 운용하는 수송이 결합되면서 분배 체계가 정립되는데, 이 체계를 운용하는 것뿐만 아니라 방호하는 것도 중요하다. 기본적으로 군수는 군대의 원자재를 공급하는 인원과 장비의 조합이 부대처럼 움직이는 능력도 유지해야 한다.

끝으로, 군수는 핵심적인 방법 측면에서 또 다른 분야인 로지스틱스, 즉 민간의 물류 관리와는 다르다. 예를 들어 상업적 영역인 물류 관리에서는 철저히 효율성만을 중시한다. 즉 상품을 가능한 한 빠르고 저렴하게 운송해야 한다. 물론 군수도 효율성을 중시해야 한다. 네트워크가 비효율적이면 지속 능력이나 효과가 저하되기 때문이다. 하지만 군에서 군수관계관들은 효율성과 효과의 균형을 잘 고려해야 한다.[25] 적시에 또는 적절한 양을 공급한다는 군수의 철학은 예측 가능하고 안정적인 환경에서는 정상적으로 작동한다. 그러나 전쟁은 그러한 환경이 아니다.

예를 들어 상륙정에 장비와 물자를 적재할 때 오로지 효율성만 고려한다면 공간을 절약하는 데 중점을 두고 각 품목의 종류와 상관없이 가능한 한 많은 양을 싣고자 할 것이다. 그러나 상륙부대 지휘관은 효율성만 고려해서는 안 된다. 해안에서 사용할 물자들의 우선순위도 고려해야 한다. 탄약, 중화기 등의 필수 품목은 적재 방식 면에서 다소 효율성이 떨어지더라도 하선할 때 가장 먼저 사용할 수 있게 해야 한다. 효율성과 효과성 간의 균형을 고려하는 것이 바로 군수의 기본이다.

소결론

군수는 단순히 전투부대의 물리적 능력만 지속시키는 것이 아니다. 전투부대의 도의적 단결력도 지속시킨다.[26] 기본적인 생존이 위험에 처하면 전체 부대와 개별 전투원이 단결된 부대로서 기능하지 못하게 된다. 군수는 정보나 지휘통제 같은 작전술의 또 다른 기능을 지속시킨다. 이를테면 네트워크 기반시설, 통신기기의 데이터 전송 용량, 데

이터 처리 능력과 전력電力을 포함한 디지털 분야의 군수는 현대의 참모부 활동에 필수 요소이다.[27] 군수의 중요성을 논한 에클스의 주장, 특히 군대의 팽창에 따른 더 나은 시스템의 필요성과 참모부 출현 사이의 연결을 논하며 군수가 참모부의 주요 책임 분야라고 한 주장은 옳았다. 인간이 전쟁을 수행하는 한, 군수의 과학과 술術을 통해 전쟁을 지속시키는 활동은 앞으로도 필요할 것이다.

12

지휘통제

부하들을 중앙통제하고 기계처럼 움직이게 하기보다는 개개인의 능력을 발휘할 수 있도록 분권화해야 한다. 이는 군 복무에 대한 기본적인 자부심과 성취감을 형성한다.

—앨프리드 세이어 머핸

지휘통제 기능은 리더십과 밀접한 관계가 있다. 여기서 리더십이란 누가 지휘하고 누가 따를 것인지와 같은 상호관계의 본질에 대한 것이다.

중요한 점은, 지휘통제가 의사소통을 의미하지 않는다는 것이며, 이 말은 이 두 가지가 서로 관련이 없다는 뜻도 아니다. 의사소통은 지휘통제의 수단이지 목적이 아니다. **지휘통제는 상하급 지휘관과 참모부 간에 피드백 루프를 구축하여, 즉 상급자는 하급자에게 지침을 하달하고 하급자는 상급자의 상황 인식에 기여함으로써 전술을 가능하게 한다.** 의사소통이 더 원활한 쪽이 정확성과 속도 측면에서 더 나은 지휘통제가 가능하다.

지휘통제의 역사

고대

고대의 군사조직은 지휘통제에 관해 제한사항이 훨씬 더 많았으나 고대인들은 기발한 방법으로 그 문제를 극복했다. 동양에서는 크고 작은 깃발과 기타 시각 자재를 만들어 냈고, 이를 서양에 급속히 전파했다. 장군이나 군주가 군대를 지휘하는 것은 오늘날과 마찬가지로 당시에도 매우 영예로운 의무였다. 육체적으로 직접 부대를 이끌어야 하는 불가피한 상황도 있었다.

고대에는 투구를 지휘통제에 사용하기도 했다. 그리스군 지휘관의 투구에는 이마 쪽에서 목덜미 쪽으로 이어진 수직 형태의 장식물이 부착되어 있었다. 지휘관들이 팔랑크스 내부에서 지휘했기 때문인데, 이 투구 장식물을 보고 좌우측의 호플라이트hoplite*가 지휘관들을 식별했고, 병사들은 지휘관에게 주목해 명령을 따랐다. 훗날 로마인들도 양쪽 귀를 가로지르는 수평 형태의 투구 장식물을 사용했다. 로마 군단은 센추리온centurion†이 대형 선두에서 지휘하면 뒤쪽에 있는 병력이 장식물을 바라보며 지시에 따르는 체계를 갖추었다.

군이 전문화되고 복잡한 분업을 수행하게 되면서 중간급 지휘관들이 필요해졌다. 로마 군단도 과업을 수행하면서 장군과 병사들 사이에서 중간급 리더십을 발휘할 인원이 필요했는데, 이들이 바로 센추리온이다. 본대인 보병부대와 거리를 두고 움직인 기병부대에도 종

* 고대 그리스의 중보병.

† 고대 로마 군대에서 병사 100명을 거느린 지휘관.

종 지휘관이 있었는데, 마기스테르 에퀴툼magister equitum*이다. 센추리온과 기타 중간급 지휘관들은 위로는 총사령관, 아래로는 마니플maniple†과 코호트cohort‡를 이어 주는 역할을 수행했다.

중세

고대 로마의 독수리 지주支柱같이 중세에는 군기軍旗가 지휘통제 수단(부대의 이동 방향을 지시)이자 부대의 도의적 단결력을 나타내는 상징물이었다.[1]

예하 부대에 지시를 하달하는 것—지휘통제에서 지휘 부분—은 과업이 무엇인지 전달하는 행동일 뿐만 아니라 기습, 혼란, 기만을 방지하기 위해 상황에 대한 정보를 제공하는 행동이다. 이러한 부분이 미흡하여 전투의 승패가 갈린 사례가 바로 383년 중국의 비수淝水 전투Battle of Fei River§다. 전투를 개시하기 전에 전진前秦의 왕은 동진東晉의 군대가 도하를 완료하기 전에 공격할 계획으로 사신을 보내 적군의 도하를 허용하겠노라고 전달했다. 그는 함정을 파기 위해 부하들에게 강변에서 물러나라고 지시했다. 그러나 전진의 부대는 이를 퇴각 명령으로 받아들여 전열을 무너뜨리고 도망치기 시작했고, 이를 본 다른 병사들도 그들을 따라 달아났다. 결국 동진의 공격을 받은 전진은 멸망했다.[2]

* 영어로는 master of the horse로, 기병대장 역할을 했다.

† 60~120명으로 이루어진 로마의 보병중대.

‡ 300~600명으로 이루어진 로마의 보병대대.

§ 중국 5호 16국 시대에 전진의 부견이 동진을 공격했다가 비수에서 동진의 사현에게 패배한 전투.

전투 중에 신호의 혼선이 발생하는 경우는 참모부가 등장하기 전까지 흔했다. 1071년 만지케르트 전투Battle of Manzikert에서 비잔틴 제국의 중기병대가 셀주크 제국의 기마궁수의 유인, 매복에 걸려들었다. 중기병대는 기병궁수를 상대로 대단히 용감하게 맞서 싸웠다. 이때 지휘관인 로마누스Romanus 황제가 좌우익과 중앙의 배치를 전환하라는 신호를 보냈다. 이 신호로 엄청난 혼란과 공황이 야기되어 비잔틴군은 이곳저곳으로 흩어졌고, 셀주크군은 이들을 각개격파했다. 마침내 셀주크군은 로마누스를 사로잡았고 사실상 그의 전군을 섬멸했다.[3]

근대 이전 시대에는 군대가 화기로 무장한 병력을 조직해 편성하는 방법을 숙달하기 시작했다. 나사우Nassau의 마우리츠Maurits*는 여러 계층으로 나뉜 편제를 재도입했으며, 이로써 지휘통제에 대한 요구가 커졌고 초급장교단의 필요성도 생겼다.[4] 원활한 지휘통제를 위해서는 다양한 수준에서 지휘관과 부하들 간의 의사소통이 필요하다.

근대와 현대

근대에는 정형화된 선형전술이 점점 쇠퇴하다가 마침내 사라졌다. 더 이상 효과적이지 않았기 때문이다. 지휘통제를 위해 전장을 직접 관측하고, 시각 신호를 활용하며, 전령으로 의사소통을 해야 했던 시대에 활용할 수 있는 것은 선형의 정형화된 전술뿐이었다. 통신 기술이 발전한 오늘날에는 가시거리를 넘어선 지휘통제, (디지털 디스플레이 같은) 프록시proxy를 통한 상황 인식, 기타 종래와는 다른 것들이

* 오라녀 공작 마우리츠Maurits van Oranje를 말한다. 네덜란드 공화국의 군주로 전략, 전술, 공병술을 발전시켜 네덜란드 육군을 당대 유럽에서 가장 근대적인 군대로 육성했다.

가능하게 되었다. 다시 말해 지휘통제를 촉진하는 더 나은 통신 수단을 활용함으로써 밀집되고 정형화된 전투를 능가하는 다양한 전술적 옵션의 조합이 가능해졌다.

복잡하고 탁월한 지휘통제를 가능케 한 오늘날의 통신기술은 전투력 승수 효과를 창출했지만 어떤 측면에서는 깃발과 시각적 신호보다 취약할 수 있다. 앞 장에서 논의한 전자전과 사이버전, 기타 수단이 그 예이다. 적군이 아군의 교신 자체를 방해할 수 없을지라도, 아군의 단순한 지휘통제 활동 자체가 적군에게는 정보가 될 수 있다. 또한 지휘통제가 직접적 표적이 될 수도 있다. 이를테면 레이더 파괴용 미사일(대레이더 미사일Antiradiation Missile, ARM*)로 지휘통제 노드를 포착하고 파괴할 수 있다.

1991년 사막의 폭풍 작전과 2003년 이라크 자유 작전Operation Iraqi Freedom 중에 미군은 쿠웨이트와 이라크에서 전자적·물리적 수단으로 이라크의 지휘통제 네트워크 시설을 완전히 파괴했다. 1991년에는 이라크의 방공망을 통제하는 국가방공센터National Air Defense Center가 파괴되었다.[5] 아프가니스탄에서 전개한 항구적 자유 작전Operation Enduring Freedom 중에는 방공레이더 전파방해용 전자전 항공기를 탈레반 부대 간의 지상교신을 재밍jamming하는 데 활용했다.[6]

지휘통제 기능

우선 지휘통제를 하려면 부대 간의 의사소통 수단이 필수적이지만

* Antiradiation Guided Missile(ARM)이라고도 한다.

지휘통제를 의사소통과 혼동해서는 안 된다.[7] 통신참모부의 구성원들은 지휘관과 예하 부대들이 서로 효과적인 접촉을 유지하도록 만전을 기해야 한다. 통신참모부의 임무는 지휘관들이 지휘하고 참모부가 통제할 수 있도록 필수적 수단과 경로를 항상 가용하게끔 유지하는 것이다.

지휘통제는 두 가지 상이한 개념을 조합하는 것으로, 두 가지가 잘 결합되어 있을 때 피드백 루프가 형성된다. 지휘관은 예하 부대에 지시를 하달하는 존재지만, 예하 부대가 지휘관에게 정보를 전달해야만 효과적으로 리더십을 발휘할 수 있다. 지휘 결심을 하려면 대개 다양한 작전술 분야별 요구사항이 필요하다. 이를테면 지휘관이 여명을 기해 공격하기로 결심했다고 가정해 보자. 이러한 전술적 결심을 하려면 탄약을 적재적소에 할당하는 군수 분야의 준비, 적의 정확한 위치 파악, 정확한 일출 시각에 관한 정보 분석, 표적 지역을 선정하는 화력지원, 상급 및 인접 부대와의 협조 등의 행정적 결심 등이 필요하다. 여명을 기해 공격이 시행되는 동안 통신 시스템에 문제가 생기지 않도록 상하좌우 지휘계통에 원활한 의사소통을 보장하는 것이 통신참모부의 임무다. 요컨대 지휘는 지휘관의 몫이고 통제는 참모부의 과업이다.

중앙집권적 대 분권적 지휘통제

최근 몇 년간 '지휘통제'를 '임무형 지휘'라는 용어로 대체하려는 움직임이 있었다. 이는 지휘통제를 잘못 이해한 데서 비롯되었다. 임무형 전술(또는 임무형 지휘)은 지휘통제의 한 가지 기법일 뿐이다. 많은 이들이 이를 탁월한 기법으로 인식하지만, 모든 상황에서 적용할 수 있는 최적의 방식은 아니다. 우선 임무형 전술은 고도의 전문성과 훈련을 요구한다. 둘째, 부대원들 간의 높은 수준의 단결력, 신뢰, 친밀도가 필요하다. 이러한 요구사항들이 충족될 때 이러한 방식을 효과적으로 적용할 수 있다.

최상의 지휘통제 기법은 임무, 상황, 가용 전투력에 가장 적합한 방식이다. 전술부대, 지원화기, 군수지원부대 간의 긴밀한 협조가 필요할수록, 부대원과 예하 부대 지휘관의 경험이 적을수록, 더 강력한 중앙집권적 계획을 수립해야 한다. 반대로 숙련된 지휘관과 부하들이 서로 친밀하고 신뢰하며, 고도로 훈련되어 단결력이 높은 부대는 좀 더 분권화된 방식으로 작전을 수행할 수 있다. 중앙집권적 지휘통제 하에서는 전적으로 지휘관의 지시에 순응해야 한다. 분권화된 지휘통제에서는 템포와 주도권 발휘를 촉진하여, 전술부대가 급변하는 작전 환경에서 호기를 포착할 수 있는 행동의 자유를 허용해야 한다. 이와 같은 특징을 이해한 후 참모부가 평가하고 균형을 맞추어야 하는 다양한 요인을 고려하여 타당한 방식을 올바르게 선택해야 한다.

전통적으로 해군은 분권화된 지휘통제를 선호해 왔다. 일면 불가피한 측면도 있었다. 수 세기 동안 바다에서 함정은 상급 지휘부와 멀리 이격된 곳에서 활동했기 때문이다. 그러나 공중 작전에서는 중앙집권적 지휘통제를 선호하는 성향이 있다. 이는 시공간에서 충돌을 방지하고, 고난이도의 정비가 소요되고, 작전능력 보존을 위해 출격의 우선순위를 판단해야 하는 등의 전반적 필요성에서 비롯되었다.

소결론

당연한 말이지만 지휘통제는 전술과 긴밀한 관계를 맺고 있다. 지휘관이 할 수 있는 일은 부하들에게 전달할 전술 계획을 수립하고 실행하는 것뿐이다. 그리고 지휘관에게 실시간으로 현재 상황이 전달되어야만 계획을 조정할 수 있다. 따라서 전투의 본질인 불확실성과 혼란은 지휘통제 때문에 일어난다.

13

전역, 전투 그리고 결전

모든 전투에서 양쪽 모두 자신이 패했다고 여기는 순간이 있다. 그때 계속 공격하는 자가 승리한다.

— 율리시스 S. 그랜트

앞에서 우리는 여섯 가지 기능으로 작전술을 검토했다. 전체 참모부가 전역 또는 전투 과정에서 전술을 계획, 준비, 실시하고 지속하는 이들의 기능을 설계하는 방법에 관해 살펴보자. 그렇다면 몇 가지 질문이 떠오른다. 전역campaign이란 무엇인가? 전투battle란 무엇인가? 뭐라고 정의하든 그것들은 모두 휴리스틱heuristics,* 즉 편향된 정의일 뿐이다. 전술과 전략의 정의도 마찬가지다. 용어와 그 정의는 사건을 이해하는 매우 간단한 방법이다. 이 책에서는 의도적으로 '전투'라는 용어를 사용하지 않았다. 이 용어는 일반적으로 특별한 현상을 의미하기 때문이다. 즉, 단일한 시공간에서 대규모 참가자들이 관련된, 전

* 문제 해결 시 명확한 실마리가 없을 때 사용하는 편의적, 발견적 방법. 시간이나 정보가 불충분해 합리적인 판단을 할 수 없거나 굳이 체계적이고 합리적인 판단을 할 필요가 없는 상황에서 신속하게 사용하는 어림짐작 기술.

술적 사태들이 복잡하게 얽혀 있는 상황이다. 이 책에서는 전투 대신에 '전역'이라는 용어를 사용했다. 전역이란 일차적으로 시간이나 공간 차원이 아니라 목적 차원에서 통합된 전술의 집합체다. 전투는 단지 전역의 특별한 형태로서, 대개 시간·공간·목적 차원에서 통합된 것을 의미한다.

작전술은 전략적 효과 달성을 위해 전술을 계획, 준비, 실시, 지속하게 하는 것이다. 작전술을 올바로 이해하려면 전투, 전역과 결정성decisiveness이 무엇인지 검토한 후 전략 이론의 프레임워크 안에서 전술과 전략의 관계 차원에서 작전술을 이해해야 한다.

캐설 놀런의 『전투의 매력』

『전투의 매력: 어떻게 전쟁에서 승리하고 패배했는가*The Allure of Battle: A History of How Wars Have Been Won and Lost*』(2017)에서 캐설 놀런Cathal Nolan은 역사적으로 결정적 전투는 거의 없으며, 특히 전쟁의 승부를 결정한 전투는 없었다고 주장한다. 오히려 전투는 인간의 생명과 재산 같은 막대한 자원을 소비할 뿐이고, 이로써 전쟁의 승부가 결정된다는 것이다. 놀런의 주장은 타당하다. 대부분 전쟁의 승패는 장기간의 소모전과 자원의 소비로 결정되었다. 주목해야 할 점은, 그가 전략적 결심과 전쟁의 결과를 언급했다는 점이다. 당연히 작전적 기능을 수행하는 참모부의 전략적 맥락을 이해한 가운데 장기간에 걸쳐 전술을 지원하고 조직해야 한다.

그러나 소모가 전략적 목표, 나아가 전술적 목표여야 한다는 의미는 아니다. 대규모 적군을 살상하는 것은 교전당사국에 부여된 전략적 맥락과 정치적 목적을 고려할 때 효과적일 수도 있고 아닐 수도 있다. 한니발은 로마군을 살육하는 데 매우 능숙했고 매번 사실상 최고임을 과시했다. 그러나 그는 전쟁에서 패배했고, 반역자로 추방되어 쫓기다가 홀로 죽음을 맞이했다. 집요한 로마인들은 대규모 살육으로 인해 엄청난 스트레스에 시달렸지만 전쟁을 계속하고자 했던 그들의 의지는 꺾이지 않았다. 기원전 146년, 다음 세대의 로마인들이 곧 허물어질 카르타고의 장벽 앞에 섰을 때 칸나이 전투(기원전 216)의 기억은 아직도 그들의 머릿속에 생생히 남아 있었다. 로마인들은 소모전을 감당할 수 있었으나 카르타고인들에게는 그런 능력이 없었다.

소모전만으로는 승리할 수 없거나 소모전이 비효과적이었던 분쟁의 사례는 포에니 전쟁 말고도 충분히 많다. 놀런이 기술했듯이 제1차 세계대전에서 독일이 군사작전을 지속할 능력을 상실하자 마침내 전쟁의 승부가 결정되었다.[1] 그 시점에 연합군 측의 전사자 수만 약 480만 명에 달했다.* 확실히 연합군은 소모전략을 추구하는 것 외에 다른 대안이 없었지만 이 방법을 모든 전쟁에 언제나 적용할 수는 없다. 제2차 세계대전 중 영국 전투Battle of Britain(1940)에서 독일군 수뇌부가 공습이 효과적이라고 판단하는 한, 영국 상공에서 80퍼센트의 전력을 소모했을지라도 독일 공군에게는 공습을 계속할 의지가 있었다.[2] 결국 독일인들이 효과가 없음을 깨닫게 되자 비로소 공습을 중단했던 것이다. 영국의 산업생산력이 독일의 그것을 능가했음에도 불구하고 영국 공군은 소모전을 추구하지 않았다. 그 대신에 독일 폭격

* 문헌마다 다른데, Wikipedia에는 552만 5,000명으로 기록되어 있다.

기에 맞서 대공방어에 주력했고, 독일군의 전투기 공습을 대체로 무시했다. 전쟁 말기에 독일 공군은 사실상 전멸 상태였고, 육군*은 파멸하기 직전의 상황에 있었다. 폭격당한 도시들은 폐허로 변했고, 연합군이 독일 영토까지 진격하여 압박했지만 히틀러는 계속 싸우려 했다. 친위대가 투항하기 시작했고, 더 이상 그들을 믿을 수 없다고 판단한 히틀러는 그제야 저항을 포기했다.[3] 요컨대 히틀러는 독일 국민이 어떻게든 인내해야 한다고 생각했고, 인적·물적 손실에는 전혀 관심이 없었다. 히틀러가 전쟁을 포기한 때는 오로지 지지 세력의 단결력이 와해된 순간이었다. 즉 소모 그 자체가 반드시 결정적 요인은 아니다.

따라서 군사력 소모는 지속적인 손실을 겪는 쪽의 의지에 영향을 주지만, 직접적 관련은 없다. 소모는 적군과 목표에 따라 절망감이나 결의감을 유발할 수 있다. 전투를 자동적으로 승리로 이끄는 완벽한 기하학적 기동이 존재하지 않는 것과 마찬가지로, 일정한 규모의 인명과 재산을 파괴한다고 해서 자동적으로 전쟁 승리가 결정되는 시점이란 없다.[4] 끝으로, 소모는 둘 중 한쪽이 단지 전투를 더 잘하고, 전투력을 더 효과적으로 사용함으로써 나타나는 부산물일 뿐이다.[5] 소모와 승리의 상관관계에 필연적 인과성은 없다.

결정성의 의미

전투는 흔히 결정적인 또는 결정적이지 않은 전투로 기술한다. 결정

* 원문은 Wehrmacht(국방군)으로 표기되어 있으나 여기서는 육군을 의미한다.

성decisiveness이라는 개념은 전쟁에 외부 질서를 부여하려는 시도이며, 이 과정에서 전쟁 자체의 내부 질서를 간과하게 된다. 근본적으로 어떤 사태나 전투를 결정적이라고 표현하는 것은 그 사건의 전략적 효과를 무시하는 태도다. 여기서 전략적 효과의 대상은 그 사건의 관련자들, 다시 말해 정치지도자, 대중, 군대 모두를 의미한다. 이는 교전의 목적 대신에 일반적으로 과도하리만큼 수단—극적인 역전승 또는 대규모 희생—을 중시한다. 극적인 사건은 종종 지나치게 역사적으로 주목받곤 한다. 따라서 전략 이론이 반드시 역사가들의 주장을 따라야 할 필요는 없다. 그러한 사례가 바로 테르모필레 전투Battle of Thermopylae(기원전 480)다. 수 세기 동안 많은 이들이 이 전투에 관해 기술했고, 이 전투는 서구 대중의 내면 깊숙이 스며들어 있다. 그러나 이 전투가 전쟁에 미친 전략적 영향력은 거의 없다. 반면 테르모필레 전투와 거의 동시에 벌어졌으며 전략적 영향력이 훨씬 더 컸던 아르테미시온 해전Battle of Artemisium은 대중에게 잊혔다.

그러나 이마저도 항상 사실은 아니다. 독립전쟁 중에 벌어진 새러토가 전투Battle of Saratoga(1777)는 통상 결정적 전투라고 기술된다. 미국의 전술적 승리가 전략적 효과를 일으켰기 때문에 결정적 전투라고 할 수 있다. 즉, 이를 계기로 프랑스는 미국의 독립을 인정하게 된다. 콜린 S. 그레이의 전략적 효과라는 개념은 사실상 이러한 결정성을 의미한다. 끝으로, 뒤에서 살펴보겠지만, 결정성은 대개 두 가지 유형의 전역이 부딪쳤을 때 변화가 발생한 전투에서 나타나게 된다.

전쟁의 목적

전쟁의 결과에서 소모가 결정적 역할을 하느냐 마느냐는 관련된 전략적 행위자의 특성과 전쟁의 본질에 달려 있다. 가장 중요한 것은 전쟁 당사국의 정치적 목적이다. 특히 정치적 목적이 무제한적인지 제한적인지, 어느 정도로 제한적인지, 각 전쟁 당사국이 그들의 목표에 얼마나 많은 가치를 두고 있는지를 평가해야 한다.

비록 클라우제비츠가 죽기 전에 명료하게 기술하지는 않았지만, 그는 전쟁 당사국의 정치적 목적을 분석하여 전쟁을 고찰하는 개념을 제시했다.[6] 그는 이런 결론을 『전쟁론』에 상세하게 기술하려 했지만 제1권에만 기술한 듯하다.[7] 저명한 클라우제비츠 연구가인 도널드 스토커Donald Stoker는 최근 발표한 저작에서 이 개념을 수용하고, 줄리언 코빗Julian Corbett의 제한전쟁과 무제한전쟁이라는 용어를 사용하여 현대 미국의 전쟁에 이 개념을 적용했다.

무제한전쟁이란 한쪽의 전쟁 당사국이 적대국의 **정권**political power을 제거하고자 하는 전쟁이다. 이는, 언제나 그렇지는 않지만, 적국의 군사력 파괴를 수반한다. 핵심은, 전쟁이 종결되었을 때 승전국만이 정치적 권력을 유지하고 영구적 또는 일시적으로 상대방에 대한 권력을 행사할 수 있게 되는 것이다. 반면 제한전쟁은 한쪽의 전쟁 당사국이 적대국의 정권 제거를 추구하지 않는 대신 상대의 정치적 권력을 다른 방향으로 사용하게끔 강요하고자 치르는 전쟁이다. 예를 들면 2003년 이라크 전쟁은 무제한전쟁이었다. 미국은 사담 후세인 정권을 무너뜨리고 그를 제거하고자 했다. 그러나 1991년 사막의 폭풍 작전은 제한전쟁이었다. 미국의 목적은 후세인 정권이 쿠웨이트에서 철수하도록 강요하는 것이었다. 이 두 사례는 미국의 입장에서 성공적이었다. 하지만 문제는 미국이 2003년에는 무제한전쟁에 관한 사안들과 그에 따른 권력 공백 사태에 대해 전혀 준비하지 않았다는 점이다.

하나 덧붙이자면, 전쟁의 성격은 전쟁 당사국들의 목적이 지향하는 가치에 따라 달라진다. 소모전을 통해 적국이 중요하지 않은 한두 곳의 영토를 포기하게 만들 수도 있다. 그러나 정치적 목적이 매우 중요하다면 소모전에서도 손실이 꽤 클 수도 있고, 심지어 완전한 자멸 행위도 벌어질 수 있다. 이를테면 자유를 최고의 가치로 여겼던 마사다Masada의 유대인들은 극단적인 소모전을 치르면서도 항전을 포기하지 않았다.*

작전술과 전략

전략에 관한 오늘날의 논쟁으로 주제를 전환하는 것은, 이 책에서 정의한 대로 작전술을 맥락화하는 데 유용한 출발점이다. '전투', '결전' 같은 용어는 너무 모호하고, 전략이론에 사용하기에는 지나치게 진부하다. 반면 전술, 작전술, 전략적 효과, 전략과 정치는 사상과 개념 면에서 기반이 더 확고하다. 그러나 이 책은 작전술에 관한 책이다.

대부분의 전쟁에서 자원의 소모에 의해 승패가 결정되었다는 사실은 그 전쟁들의 목적이 제한적이었음을 의미한다. 제한된 목표를 설

* 기원후 70년경 이스라엘 남부 암층 지대에 위치한 마사다 요새에서 유대인과 로마군의 전쟁이 벌어졌다. 끝까지 항전하다 73년 성벽이 무너지자 유대인 저항군은 가족을 죽이고 전원 자결했다.

정하기가 더 쉽고, 그 정의에 따라 손실을 더 쉽게 받아들일 수 있다. 무제한전쟁에서 패배한 전략적 행위자는 아예 살아남지 못할 수도 있다. 무제한적 목적을 추구하는 적군—이를테면 오늘날 테러리스트 조직과 그들의 동맹인 반란 세력—을 소모전으로 상대하는 것은 지극히 어려울 수도 있다.

작전술은 전략에 기여해야 한다. 그리고 전쟁의 목적 측면에서 제한적인지, 무제한적인지, 전략적 행위자가 소모전에 민감한지, 어느 정도로 민감한지, 또 정권을 잡은 이들이 추구하는 목적에 얼마나 많은 가치를 두는지 등과 같은 전쟁의 성격을 이해하지 못하면 전략은 불가능하다. 이런 것들은 바로 정치적 문제이다. 전략은 본질적으로 정치적이기 때문이다.

전략적 맥락을 제대로 이해하지 못하면 작전술을 효과적으로 이행할 수 없다. 그래서 유능한 참모장교들이 필요하다. 독일군 총참모부 시스템은 그 두 가지를 입증했다. 유능한 참모장교들을 양성해 냈지만 전략적 맥락을 이해한 가운데 작전해야 할 필요성을 간과했던 것이다. 결과적으로 독일군은 전술적 성공을 거두었지만 전략적으로 실패했다. 독일군의 패배는 우리에게 매우 다행스러운 일이었지만, 정치와 무관한 성격의 개념으로서 전술과 전략 사이에 끼어든 '전쟁의 작전적 수준'도 군사조직을 망칠 수 있는 개념이다.

소결론

패배란 일종의 결정이다. 목표를 달성하는 데 비용이 너무 클 때 내리게 되는 결정이다. 전역과 전투는 그 자체만으로는 결정적이지 않다. 두 용어는 전술의 조직화된 집합체를 설명하기 위한 단순한 경험적 정의일 뿐이다. 다시 말해서 전술은 교전에서 전투력을 활용하는 것이다. 작전술은 전략적 효과 달성을 목표로 전술을 계획,[1] 준비, 실시하고 지속하는 것이다. 전술은 긍정적 또는 부정적인 전략적 효과를 창출한다. 전략은 정치적 목적을 달성하기 위해 이런 효과들을 이용한다. 전투 또는 전역이든, 그것이 소모 또는 결전이든 전술적 사태의 의미는 그 자체에 존재하지 않고, 오로지 이들이 전략에 미치는 효과에서만 찾을 수 있다.

이런 용어들에 대한 혼란은 목적—또는 좀 더 정확하게는 논리—보다 수단에 지나치게 초점을 맞추었기 때문에 발생한다. 소모는 적에게 결전을 강요하는 데 도움이 될 수 있고, 실제로도 그런 경우가 있다. 항상 그렇지는 않지만, 드물게 소모만으로 그렇게 될 수도 있다. 이론을 통해 혼란을 피하고 방지해야 한다. 전쟁의 작전적 수준이라는 개념은 그 자체의 독립적 논리가 결여되어 있으며, 수단으로서 역할에 치중했고, 혼란만 초래했다. 전술의 집합을 전역으로 칭하는 것은 완전하지는 않으나, 작전이나 전투를 사용하는 것보다는 혼란을 덜 일으킨다. '전투'와 '결정성'이라는 용어도 너무 진부해서 이론적으로 유용하지 않으며, 어떤 경우든 이들은 이론적 개념이라기보다는 역사적 개념에 가깝다. 이론가와 실무자는 전쟁 이론에서 생겨나고 굳어진 용어와 개념을 매우 신중히 다루어야 하며, 불필요한 것들은 과감하게 제거해야 한다.

14

전역의 분류 I

군사 조직은 일반적으로 지리와 기후의 조합으로 전역을 분류한다. 이를테면 정글전jungle warfare, 극한전arctic warfare, 시가전urban warfare 등이 있다. 이 책의 연구 대상은 그러한 특정한 전투 환경에서 작전하는 데 필요한 특정한 전기戰技, techniques와 절차procedures가 아니며, 그런 것들은 군사교범에 세부적으로 잘 기술되어 있다.

이론을 정립하면 사고하기가 용이해지고, 범주를 설정하면 사고를 정리하기가 수월해지므로 사건이 벌어진 지리적 위치와 관계없이 전역을 분류할 필요도 있다. 이는 대체로 교리에서 간과된 부분이다. 전역을 구분하는 데 명확하고 일관된 방법이 없었기에, 얄팍한 영세업자들*이 작전수행 개념을 제시하는 상황이 초래되었다. 그들은 통

* 『전술의 정석』, 결론 부분, 원서 139쪽, 번역본 219쪽 참조.
얄팍한 군사 지식을 지닌 영세업자들이 국방부에 '새로운' 개념이랍시고 이상한 상품을

상 '작전operations'이나 '전戰, warfare'이라는 용어 앞뒤에 세련된 형용사를 붙여서 새로운 명칭을 만들어 냈다. 외형적·본질적으로 논리가 부족한 이러한 개념들은 실무자들이 전쟁을 이해하는 데 도움을 주기 위해서가 아니라 예산 편성에 영향력을 행사하기 위해 만들어졌다.[1]

전역은 내재적 속성을 기초로 분류되어야 하며, 지리적 위치, 무기체계, 전술적 편성 등 전쟁의 가변적이고 다양한 외형적 요소에 따라 분류되어서는 안 된다. 9장에서 언급한 대로, 역사를 통틀어 전역이란 상대와의 관계 속에서 시공간에 따라 전술적 부대를 조정하고 통합하는 활동이다. 작전참모부가 주로 담당하는 조정과 통합의 작전적 기능은 전역에서 시너지를 창출하는 중추 영역이다. 이것이 전역과 작전술의 본질이므로 전역을 분류하는 데 확고한 기반이 된다.

전역의 핵심은 시간, 공간, 전투력을 다루는 것이므로 이것들을 활용하면 전역을 명확히 구분할 수 있다. 클라우제비츠는 공간으로 공격과 방어의 개념을, 아처 존스는 시간으로 지속과 급속의 개념을, 한스 델브뤼크는 전투력으로 섬멸과 소모 전략 개념을 제시했다. 이러한 개념들을 조합하여 전역을 구분할 수 있다.

공간, 시간, 전투력

전역들을 공간으로 구분하면 공세적 전역과 수세적 전역으로 나눌 수 있다. 클라우제비츠의 개념상 공격은 공간을 탈취하는 것이고, 방

팔고 있음을 비유한 표현이다. 저자는 군사혁신RMA이나 효과중심작전EBO, 하이브리드전, 4세대전쟁이라는 용어를 만들어서 이론으로 제시하는 학자들을 이 같은 표현으로 비판했다.

어는 공간을 지키는 것이다. 좀 더 정확히 말하면 모든 전역은 공격과 방어의 혼합물이며, 하나가 없다면 다른 하나도 존재할 수 없다. 그럼에도 불구하고 둘 중 하나가 압도적일 수는 있다. 공세적·수세적 작전은 둘 다 공간을 활용하지만 방식이 매우 다르다. 대체로 공격은 기동을 통해, 방어는 집중을 통해 공간을 활용한다.

10장에서 언급했듯이 존스는 특정 목표를 달성한 후 철수 또는 다른 방식으로 종결하는 급속 전역이 얼마나 일시적인지를 잘 설명했다. 반면 지속 전역은 언제까지라는 기한이 없는 가운데 장기간 시행된다.

이러한 분류에는 전술적 함의도 있다. 급속 전역을 추구하는 행위자는 직접적 전투를 피하는 대신에 치고 빠지는hit and run 공격 또는 기습적 약탈에 초점을 두는 경향이 있다. 반면 지속 전역을 추구하는 행위자는 반드시 지역을 탈취, 확보하면서 필요시 그 지역을 지켜내려 할 것이다.

델브뤼크의 섬멸과 소모의 개념은 전술 부대가 무엇을 하는가로 구분한다. 즉 어떤 경우든 최소한 태세를 전환하는 데 충분할 정도로 전투력의 균형이 변하는 시점에 적군을 완전히 괴멸하든지 아니면 점진적으로 약화하는 것을 의미한다.

중요한 사실은, 이런 범주들이 뚜렷하지 않고 상호 혼합될 수 있다는 점이다. 실제로 이 모든 것이 중첩되는 부분도 있다. 공격과 방어도 시간과 관련이 있다. 공격은 항상 촌각을 다투는 쪽이고, 방어는 항상 기다리는 쪽이다. 급속 전역도 공간이 필요하다. 만일 기동이 불가능할 정도로 공간이 제한된다면 남은 선택지는 지속 전역뿐이다. 누적 전역도 시간이 필요하다는 것은 두말할 나위도 없다.

아래의 표는 시간과 전투력으로 이 개념들을 구분한 것이다.

구분	섬멸A	누적C
지속P	지속섬멸PA	지속누적PC
급속R	급속섬멸RA	급속누적RC

- 지속섬멸의 사례: '총력전Total war', 제1·2차 세계대전, 나폴레옹 전쟁
- 지속누적의 사례: 게릴라전과 대반란전, 한니발의 이탈리아 침공, 셔먼의 애틀랜타 전역
- 급속섬멸의 사례: 응징보복/선제공격 전쟁, 프로이센-오스트리아 전쟁, 프로이센-프랑스 전쟁
- 급속누적의 사례: 슈보셰Chevauchée,* 통상通商파괴guerre de course,† 무제한 잠수함전, 전략폭격 (그리고 방어)

공간, 시간, 전투력은 일종의 고려사항이고, 공격과 방어는 또 다른 고려사항이다. 공격과 방어의 역학은 강력한 힘을 지닌 방어와 궁극적으로 필요한 공격 간의 역설이 존재하는 가운데 주도권을 획득하고 유지하는 데 초점을 둔다. 주도권을 확보한 지휘관은 전술 상황을 장악하여 적군을 상대로 우세를 달성할 수 있다. 전술가가 공격과 방어를 반복적으로 수행하는 동안 작전술가operational artist는 공격과 방어를 모두 지원할 수 있어야 한다. 전역을 진행하는 과정에서 공격과

* 중세의 정복전쟁, 약탈, 징벌적 습격.

† 공해상에서 적국의 상선을 공격하거나 진로를 방해하는 행위.

방어가 모두 시행된다. 어떤 부대는 공세적 또는 수세적 작전을 시행할 수도 있고, 다른 공간에서 그 둘을 동시에 시행할 수도 있으며, 다른 시점에 공격과 방어를 번갈아 시행할 수도 있다.

공격과 방어를 추가하면 전역을 다음과 같이 분류할 수 있다.

구분	공격O	방어D
지속섬멸PA	공세적 지속섬멸OPA	수세적 지속섬멸DPA
지속누적PC	공세적 지속누적OPC	수세적 지속누적DPC
급속섬멸RA	공세적 급속섬멸ORA	수세적 급속섬멸DRA
급속누적RC	공세적 급속누적ORC	수세적 급속누적DRC

이러한 분류를 통해 적군과 교전하는 군사조직의 작전태세와 적군과의 관계를 간단명료하게 파악할 수 있다. 또한 이는 군대의 편성과 구조에 관한 부분도 내포한다. 예를 들면 오늘날 미군은 공세적 지속섬멸OPA 전역을 수행하는 데 적합하게 설계되어 있다. 급속 전역을 수행하기에는 완전히 부적절하고 (특수작전부대가 그런 경우에 해당한다고 주장할 수도 있지만), 미국 본토와 그 주변에서 수세적 전역을 수행할 태세도 갖추지 못했다. 여기에서 미국의 강점과 약점이 동시에 드러난다. 즉 미군은 타국의 정규군 또는 자신들과 필적할 만한 경쟁자들을 상대로 고강도 분쟁을 수행할 때는 강하지만, 비국가 행위자들을 상대로 공세적 급속누적ORC 전역을 수행하는 데는 취약하다.

역사 속의 전역들도 이러한 분류법을 활용하여 분석할 수 있다. 여기서는 나폴레옹의 두 전역을 사례로 살펴보겠다. 많은 이들이 역사상 최고의 전역으로 손꼽는 아우스터리츠Austerlitz 전역과, 역사적으로나 나폴레옹의 생애로 보나 최악의 전역인 1812년 러시아 침공이다. 나폴레옹이 대육군Grande Armeé*을 동부로 이동시킨 시점부터 카를 마크 원수를 격퇴하고 오스트리아를 침공하여 아우스터리츠에서 러시아군과 오스트리아군을 격멸하기까지 그가 수행한 모든 전역과 마찬가지로 아우스터리츠에서는 공세적 지속섬멸OPA 방식을 적용했다. 러시아군과 오스트리아군은 당연히 직접 방어, 즉 수세적 지속섬멸DPA 전역으로 프랑스군을 격퇴하려 했다. 이것은 정확히 나폴레옹이 노렸던 바였고, 이로써 동맹군보다 나폴레옹군의 강점이 더 큰 효력을 발휘했다.

1812년 나폴레옹은 러시아를 침공할 때 재차 공세적 지속섬멸 전역을 채택했다. 그러나 이번에는 러시아군이 수세적 급속누적DRC 전역을 시행했다. 정확하게 말하면, 순수하게 수세적 급속누적 방식도 아니었고, 러시아군이 즉각 그 방식을 적용하지도 않았다. 그러나 러시아인은 신속한 수단으로 조국을 방어하기로 결정했고, 영토를 보호하기 위하여 드물게 (보로디노에서 했듯이) 지속적인 수단을 활용했다. 무엇보다 나폴레옹의 병참선을 신장시켰던 자신들의 전술적 행동과 환경 요인의 누적된 효과를 신뢰했다. 그리고 러시아의 겨울이 그날의 승리를 결정짓게 되리라 확신했다. 러시아는 1805년 나폴레옹을 상대로 수세적 지속섬멸 방식을 썼다가 패배한 반면, 1812년에는 수세적 급속누적이 들어맞았다. 그것도 매우 잘 작동했다. 프랑스 대육군은 완전히 붕괴했고, 나폴레옹과 극소수의 장병만이 살아 돌아왔다.

* 제1장 옮긴이 주(39쪽) 참조.

지금까지 몇 가지 사례를 통해 전역 분류법의 유용성을 살펴보았다. 특정한 전역 형태가 다른 형태의 전역에 비해 강하고, 또 다른 형태에 비해 취약할 수도 있다. 지휘관과 참모부는 수행해야 할 전역의 범주와 가능성이 높은 적군의 전역 형태를 식별함으로써 계획수립의 견실한 기반을 확보할 수 있다. 다음 장에서는 전역의 분류법에 대해 좀 더 자세히 살펴본다.

15

전역의 분류 II

제2차 포에니 전쟁 당시 로마 장군인 퀸투스 파비우스 막시무스 베루코수스Quintus Fabius Maximus Verrucosus는 이탈리아를 휩쓸던 한니발과의 정면 대결을 피하라고 충고했다는 일화로 유명하다. 미국 독립전쟁 중에 명시적으로 파비우스를 언급한 조지 워싱턴 장군도 영국군과의 전면전을 피하면서 1781년 요크타운에서 적기가 도래할 때까지 시간을 보냈다. 두 인물은 이러한 결정으로 크게 비난받았다. 파비우스는 '쿤크타토르Cunctator'*라는 별명을 얻었고, 로마인들이 그를 무시하는 지경에 이르렀다. 그 대신 성미가 급한 장군이 사령관에 임명되었고, 결국 기원전 216년 로마군은 칸나이에서 참담한 패배를 당하고 말았다. 파비우스와 워싱턴의 판단이 옳았다.

* 굼뜨고 꾸물거리는 사람을 뜻하는 라틴어.

이 두 인물의 천부적 능력은 피아 전투력 간의 작전적 형세를 진단하고, 그 분석 결과를 토대로 전술을 선택했다는 것이다. 두 사람 모두 자신들이 보유한 자원으로는 상대의 공세적 지속섬멸OPA 전역에 효과적으로 맞설 수 없다고 인식했다. 다시 말해 공세적 지속섬멸 전역을 수세적 지속섬멸DPA 전역으로 대응할 수 없다고 보았다. 그 대신 그들은 시간—적이 불리해지는 시점, 향후 수세적 지속섬멸 전역을 재개하거나 개시할 호기가 발생하는 시점까지—을 벌기 위해 수세적 급속누적DRC을 선택했다. 그들의 전술적 결심은 이러한 전역의 구조에서 도출된 것이다. 물론 워싱턴은 파비우스의 일화를 잘 알았고, 그의 사례를 거울로 삼았다. 이것으로 그의 명석함을 폄하해서는 안 된다. 오늘날에도 일각에서는 워싱턴이 위대한 지휘관이었음을 부정한다는 사실에 주목할 필요가 있다. 2세기가 지난 지금 우리는 결과를 알고 있지만, 오늘날의 평론가들이 그때 워싱턴의 입장에 있었다면 그처럼 북미 대륙의 작전적 상황을 정확히 평가하기 어려웠을 것이다.

앞 장에서 제시한 전역의 분류법은 워싱턴의 재능을 갖지 못한 우리가 현재 그러한 문제들을 이해하는 데 도움을 줄 것이다. 단순한 호기심 때문에 이러한 방법론을 역사적 사례에 적용하는 것은 아니다. 과거의 군사 전역을 평가하는 일은 미래를 대비하는 연습이고 정신적 훈련이다. 이 장에서는 몇몇 주요 역사적 전역들을 일련의 사례로서 분류법에 따라 간단히 평가한다. 전역의 분류법 개념에 따라 설명할 수 있고 일반 독자층에게도 익숙한 사례를 선정했다. 포에니 전쟁과 제2차 세계대전같이 다양한 독자층에게 잘 알려진 전역을 활용했으므로 이해하는 데 도움이 될 것이다.

공세적 지속섬멸 전역

완벽한 공세적 지속섬멸(이하 OPA) 전역을 수행하려면 막대한 전투력이 필요하고 복잡할 수도 있지만 어떤 측면에서 OPA는 가장 단순한 방법이다. 항상 그렇지는 않지만 OPA 전역은 목적이 무제한일 때 사용되는 경향이 있다. OPA 전역은 영토를 탈취하거나 초토화하려는 극단주의 전략을 추구할 때 활용되곤 한다. 전투의 초점은 영토 획득 또는 군사력 파괴다. 대개 적군은 수세적이고 그들의 영토에서 작전을 수행하기 때문에 작전한계점에 도달하기 쉽다.

역사상 가장 유명한 전역들 중 고대의 OPA 전역은 페르시아의 두 차례 그리스 침공, 알렉산드로스 대왕의 모든 전역, 로마 전쟁의 대부분이다. 아마도 가장 유명하고 이상적인 OPA 전역에 가까운 사례는 제3차 포에니 전쟁Third Punic War(기원전 149~146) 기간 중 로마 측의 전역일 것이다. 이 전역은 사실상 정복지에 소금을 뿌리는 행위*로 끝나지는 않았지만, 기원전 146년에 카르타고가 완전히 몰락하면서 종결되었다.

중세 서구에는 OPA 전역에 필요한 전력을 동원하고 지속할 수 있는 통치자가 거의 없었다. 대표적인 사례로 다수의 십자군 전역이 있는데, 잠깐 성공한 적도 있지만 대부분 실패했다. 하지만 몽골만큼은 예외였다. 몽골인들은 문화적으로 급습을 선호했지만 1206년부터 1405년까지 일련의 OPA 전역을 통해 역사상 가장 큰 제국으로 거듭났다.

* 고대 정복자가 상대의 영토를 완전 정복 후 행하던 의식으로 영속적 지배를 상징한다.

근대 이전에는 국가가 소유한 전문적 해군이 발달하면서 더 쉽게 전력을 투사할 수 있게 되었고, 전략적 행위자들은 더욱 우수한 전력 투사, 지속지원 능력을 갖게 되었다. 이로써 해군력과 전문화된 군사력을 갖지 못한 국가들을 상대로 한 OPA 전역이 증가했다. 강대국들은 전 세계 여러 민족을 정복하고 식민화했고, 이는 근대까지 계속되었다. 특히 추축국들, 나치 독일과 일본 제국은 전세를 역전하기 위해 OPA 전역이 필요했다.

수세적 지속섬멸 전역

수세적 지속섬멸(이하 DPA) 전역은 OPA 전역과 유사하되 방어의 강점이 추가된 것이다. DPA 전역은 제한적 성향을 띠는데, 방자가 침략군 격퇴만을 원하기 때문이다. OPA 전역을 수행하는 군대는 주공을 어디로 투입할지 결정하므로 주도권을 가진 경우가 많은 데 반해, DPA 전역을 수행하는 군대는 어디서, 언제 맞서 싸워야 할지를 결정함으로써 주도권을 탈취할 수 있다. OPA 군대는 통상 소모에 초점을 두는데, 이것 자체가 DPA를 수행하는 군대에 유리하게 작용할 수도 있다. 자국 영토 내에서 작전을 수행하기 때문에 상대보다 전력을 증원받기가 훨씬 더 쉽기 때문이다. 방자에게는 도의적 단결력도 증대할 가능성이 있다. 제2차 세계대전 중 동부전선에서 소련의 상황이 대표적인 사례다.

OPA와 DPA 전역은 상호 전환될 수도 있다. 바르바로사 작전Operation Barbarossa(1941) 중 소련군은 영토 방어를 위해 DPA 전역을 수행했고, 종결한 후 OPA 전역에 착수했다. 일반적으로 스탈린그라드Stalingrad에서 독일 제6군이 항복한 때(1943)가 태세가 전환된 시점이다.

공세적 지속누적 전역

공세적 지속누적(이하 OPC) 전역은 언뜻 부적절해 보인다. 공세적·지속적 전역을 수행하는 데 동원, 전개, 지속할 수 있는 전투력이 충분하다면 왜 누적 형태의 전역을 시행해야 할까? 한쪽이 다른 한쪽을 격멸하기에 충분한 군사력을 동원할 수 없어서 섬멸이 불가능할 때 이러한 전역이 발생한다. 대표적인 OPC 전역은 제3세력의 대반란 활동이다. 대체로 정책이 제한적이고 전구 내에서 현상 유지에만 관심을 집중하게 된다. 하지만 정복 전역이 이런 범주에 포함될 수도 있다. 마찬가지로 전술도 누적적 소모에 초점을 두게 된다. 그러나 좀 더 전략에 가까운 정치적 노력이 없다면 비효과적일 수도 있다.

로마는 OPC 전역으로 수많은 성공을 거두었는데, 적국의 영토로 진군하고 정복했을 뿐만 아니라 사회적 차원에서 그 지역을 변화시켜 평화를 보장했다. 일례로 카이사르의 골Gaul 정복을 들 수 있다. 비록 성공하지는 못했지만 십자군 원정도 그중 한 사례다. 통상 대반란전을 OPC 전역이라고 볼 수 있다. 그러나 그 자체가 반란전 전역이 될 수도 있다. 뒤에서 논의하겠지만, 아프가니스탄에서의 대반란 작전이 전자의 사례다. 2014년 이래 계속된 IS(Islamic State of Iraq and the Levant)의 전역은 후자에 해당한다.

수세적 지속누적 전역

대체로 반란전은 수세적 지속누적(이하 DPC) 전역으로 분류된다. 전술은 치고 빠지는 방식이지만 전역 그 자체는 속전속결이 아닌 지속적으로 시행된다. 대부분의 수세적 전역처럼 공세적 행위자의 정책에 저항하는 것이 그 목적이며, 전략도 이에 따라 제한적 성향을 띤다. 스페인 주민들이 나폴레옹에게 저항했던 경우(이때 '게릴라'라는 용어가 생겼다)처럼 다수의 게릴라전 사례가 여기에 해당한다.

아마도 베트남인이 역사상 DPC 전역에서 가장 큰 성공을 거둔 사람들일 것이다. 북베트남인은 1946~1973년에 프랑스, 미국, 남베트남을 상대로 DPC 전역에서 승리했고, 1973~1975년에 OPA 전역으로 남베트남을 무너뜨렸다.

공세적 급속섬멸 전역

공세적 급속섬멸(이하 ORA) 전역은 특성상 OPA 전역에 비해 좀 더 짧은 시간 내에 진행된다. 그 차이점은 정치적 목적의 성질에 기인하는데, 목적이 지극히 제한적이다. 국지적 영토 강탈, 최후통첩 이행, 또는 응징의 목적은 보복이나 강압을 의미한다. ORA 전역의 목적은 적국을 파멸시키거나 제거하는 것이 아니라 상대가 새로운 정책을 선택하게 하거나 기존의 정책을 포기하게끔 강요하는 것이다. 급속 전역이지만 전술은 한층 더 직접적이고 소모에 치중할 수도 있다. 어쨌든 목적은 소모가 아닌 섬멸이다.

ORA 전역으로 적절한 사례는 기원전 218년 한니발의 이탈리아 침공이다. 카르타고인들은 이탈리아의 영토를 탐내지 않았고, 설령 그들이 영토를 획득했어도 군대가 그 지역을 장악할 수도 없었다. 한니발은 그 지역을 정복하기보다는 전투에서 로마군을 계속해서 패퇴시킴으로써 로마에 대한 이탈리아 동맹국들의 신망과 권위를 무너뜨리기 위해 침공했다. 만일 그 목적을 달성했다면 카르타고인들은 자신들에게 유리한 강화조약을 체결한 후 그곳을 떠났을 것이다. 하지만 그 전쟁에서 한니발은 두 가지를 크게 오판했다. 로마가 기꺼이 감수할 수 있었던 소모의 규모와 로마의 동맹국들에게서 받을 수 있는 지원의 수준(그는 전혀 없을 것이라 판단했다.)을 잘못 평가했던 것이다.

많은 이들이 로마를 직접 공략하지 않은 한니발의 결심에 대해 언급했고, 이를 수 세기 동안 실수로 평가했다. 그러나 ORA 전략의 관점에서 보면 납득할 만한 결정이었다. 어차피 로마를 점령하는 것은 불가능했고, 주된 목적은 도시를 파괴하는 게 아니라 로마의 동맹을 약화하는 것이었다. 한니발로서는 위험천만한 공성 전투에 전체 전역을 걸고 도박할 이유가 없었다. 사실상 로마에서 멀리 떨어진 이탈리아 남부 전역에서 일시적이었지만 전략적 목표를 달성했다. 그러나 한니발은 수많은 로마군을 섬멸했지만 로마군을 완전히 무장해제시킬 정도로 그들의 의지를 꺾을 수 없었고, 동맹을 깨뜨리지도 못했다.

또 하나의 전형적인 ORA 전역의 사례로 100년 전쟁 중 프랑스를 상대로 한 영국의 전역들을 들 수 있다. 양측이 비교적 영구히 영토를 지배하고 요새화했지만, 영국이 프랑스 영토로 군대를 파견한 전역에서 몇몇 유명한 전투들이 벌어졌다. 영국군은 가능한 한 많은 지역을 파괴한 후 프랑스군이 공격해 오기를 기다렸다. 크레시(1346), 푸아티에Poitiers(1356), 아쟁쿠르Agincourt(1415) 전투 모두 이 패턴을 따

랐다.[1]

나폴레옹이 선호한 것은 OPA 전역이었고, 그때마다 최고의 결과를 도출했다. 그 결과 나폴레옹은 유럽의 국경을 재설정했고, 그 일부가 오늘날까지 남아 있다. 그러나 1812년 러시아 침공은 ORA 전역으로 유일하게 예외적인 전역이었다. 그는 광활한 제국을 정복할 수 있다는 환상을 갖지는 않았다. 나폴레옹의 목적은 초지일관 알렉산드르 황제에게서 강화講和를 받아 내는 것이었다. 그러나 이러한 목적을 끝까지 추구하지 않고, 그에 따라 전역과 전술을 수정하지 않았던 것이 그의 실수였다. 모스크바 점령은 전략적 맥락상 불필요했으나 그의 버릇 탓에 최악의 패배를 자초하고 말았다.[2]

목적이 제한적일 때, OPA 전역을 수행하는 데 필요한 군사적 수단이 부족할 때, 또는 그 둘 모두인 경우에 ORA 전역이 벌어진다. 오스트리아와 프랑스에서 몰트케의 전역과 제1차 세계대전의 슐리펜 계획, 제2차 세계대전 시 독일의 영국 공습German blitz 전역이 그 사례에 해당한다. 독일의 영국 공습과 같은 순수한 공중 전역은 항공기를 활용한 일종의 '습격'이고 근본적으로 비지속적이다.[3]

무제한적 정책에 따라 시행된 ORA 전역의 사례는 1864년 남북전쟁에서 북군 셔먼 장군의 해안으로의 진격Sherman's March to the Sea이다. 물론 북군이 남부를 점령하려고 했어도 셔먼의 테네시군Army of the Tennessee은 그곳에 투입할 부대가 아니었다. 그의 전역은 응징적이었고 소모(자원과 기반시설 파괴)에 초점을 두었다. 그러나 전술적 측면에서는 남군을 상대로 소모보다는 기동 위주의 전술을 구사했다. 셔먼의 전역은 역사상 탁월한 전역 중 하나였고, 이 전역의 독특한 특성은 전쟁을 종결하고자 했던 그랜트의 전략에서 나왔다.[4]

수세적 급속섬멸 전역

수세적 급속섬멸(이하 DRA) 전역이 발생할 가능성은 희박하다. 제한된 정치적 목적을 추구하면 이러한 전역이 발생할 수 있다. 이 전역 자체는 수세적 속성을 갖고 있지만 전술은 섬멸이라는 목표 달성을 위해 공세적 경향을 띤다. 이 전역은 인적·물적 자원이 우세한 상대의 침략에 대응하면서 발생하기도 한다. 1812년 프랑스 대육군과 싸운 러시아군의 전역은 DRA 전역—러시아군은 많은 영토를 내어 주고, 원할 때에만 전투를 감행했다.—의 사례일 뿐만 아니라 매우 성공적인 전역이었다. 나폴레옹과 극소수의 부하들만 섬멸전에서 탈출했고, 대부분은 전사했다.

또 다른 사례는 제2차 세계대전 시 영국 전투 중 영국군이 수행한 전역이다. 영국 공군Royal Air Force, RAF이 독일 영토에 공세적 폭격을 동시에 수행하고 있었지만, 이것이 영국 공군의 주노력은 아니었다. 영국 공군의 관심사는 독일 공군의 폭격으로부터 영국 본토를 방어하는 것이었다. 그러한 방어에는 큰 이점이 많았다. 영국군 항공기들은 필요한 시기까지 지상에서 대기할 수 있었고, 피격되면 조종사들은 낙하산으로 안전하게 탈출해 복귀하여 다시 임무를 수행할 수 있었다. 반면 독일 공군의 전투기들은 전투 지역에 도달할 때까지 엄청난 양의 연료를 소모했고, 20분 이내에 임무를 완수해야 하는 경우도 있었다.[5]

공세적 급속누적 전역

공세적 급속누적(이하 ORC) 전역은 대개 제한적인 정치적 목적하에 벌어진다. 그렇지 않을 경우 지속성을 띨 수도 있다. 이런 전역을 통상 '응징보복 전역' 또는 간단히 '기습 공격'이라 명명하기도 한다. 전략은 직접적인 강압 형태를 띠지만 ORC 전역은 자원 획득에 활용되기도 한다. 전술은 적국의 군사력, 자원 또는 민간인과 민간 기반시설의 소모에 초점을 두는 경향이 있다.

고대 세계에서는 대부분이 ORC 전역이었다. 기원전 425년 스팍테리아Sphacteria에서 아테네는 스파르타와의 전투에서 ORC 전역을 한 번 감행하여 승리했다. 로마인들은 로마 영토에 출몰해 약탈을 일삼는 게르만족을 응징하고자 지속적으로 ORC 전역을 시행했다. 그러나 게르만족의 영토를 빼앗기 위한 행동은 아니었다. 훗날 여러 유목민족이 로마인들에게 ORC를 강요했는데, 그중 가장 유명한 것은 훈Hun족의 아틸라Attila 왕이 주도한 전역이다.

비잔틴 제국Byzantine Empire은 동쪽에서는 중동의 유목민족들, 서쪽에서는 유럽의 민족들, 특히 불가르족Bulgars으로부터 침략을 받아 수많은 ORC 전역의 대상이 되었다. ORC 전역은 매우 흔한 형태였다. 당시 기병 중심의 군대로 변화하면서 군수 측면의 부담이 가중되었고, 지속지원 측면에서는 교통망이 열악했기 때문이다. 또한 성城과 요새를 활용한 공성전을 지속할 수 없거나 공성무기를 보유하지 않은 이들에게는 ORC 전역이 필요했다. 결과적으로 중기병을 활용한 원거리 습격인 슈보셰가 발달하게 되었다. 물론 몽골은 예외적이었다. 몽골은 경기병을 효과적으로 통합 운용해 OPA 전역을 지속할 수 있었다.

현대에는 제1차 세계대전 시 독일의 무제한 잠수함 전역과 제2차 세계대전 시 독일 공군의 '독수리의 날Adlertag'* 작전이 ORC 전역의 대표적인 사례다. 이 전역들에 관해서는 사례 연구에서 살펴본다.

수세적 급속누적 전역

수세적 급속누적(이하 DRC) 전역에 관해서는 이 장의 도입부에서 언급했다. 여기에 해당하는 사례로는 비잔틴 제국이 사산 제국Sassanid Empire과 아랍의 칼리파국Caliphates에 맞서 국경 방어를 위해 치른 작전들과 영국군이 제2차 세계대전 시 독일 공군을 상대로 영국 본토를 방어했던 작전 등을 들 수 있다.

하이브리드와 상호작용

하이브리드hybrids 전역은 각각의 단일한 전역 형태보다 더 흔하게 나타난다. 이를테면 제2차 포에니 전쟁 중 로마는 한니발을 상대로 이탈리아에서는 DPC 전역을, 스페인에서는 OPA 전역을, 이후에 카르타고 본토에서는 OPA 전역을 구사했다. 하이브리드 전역의 출중한 실행가이자 이론가인 마오쩌둥毛澤東의 '인민전쟁'people's war 개념은 DPC, OPC와 OPA 전역의 특성을 결합한 하이브리드 전역이다.[6]

미국과 프랑스의 유사전쟁Quasi-War(1798~1800)은 대등한 상대 간의

* 1940년 8월 13일 독일 공군의 대영국 공습작전. '독수리의 날'은 독일 공군의 작전명이다.

분쟁으로서 매우 독특한 사례이다. 양쪽 모두 상대의 상선에 대한 **통상파괴**guerre de course를 추구했는데, 달리 표현하면 ORC 대 ORC 전역이었다.[7] 명확한 결론이 나지 않은 채로 종결되었다.

역사상 몇몇 위대한 전투를 '전환점'이라 부르는 이유는 전역들 간의 형태가 바뀌는 순간이었기 때문이다. 1863년 게티즈버그Gettysburg 전투는 북버지니아군 측에서는 ORA 전역이 DPC 전역으로, 포토맥군Army of Potomac으로서는 DPA 전역이 OPA 전역으로 전환한 시점이었다. 앞에서 언급했듯이 스탈린그라드 전투도 또 다른 측면에서 일종의 전환점이었다.

14장에서 살펴보았지만, 아우스터리츠에서 제3차 대불동맹군은 DPA 전역으로 나폴레옹을 제압할 수 없었다. 이런 단정이 지나치게 확증 편향적이라고 할 수도 있다. 왜냐하면 이 전투가 다른 방향으로 진행될 수도 있었기 때문이다. 운명의 여신이 누구 편을 들지는 그 누구도 장담할 수 없다. 그러나 훗날 미하일 쿠투조프Mikhail Kutuzov가 1812년 나폴레옹의 러시아 침공 시 시행한 DPC는 확실히 효과적이었다. 폐허가 된 모스크바에서 며칠을 보낸 나폴레옹은 당황해서 어쩔 줄 모르는 지경에 이르렀다.

이는 DPC 전역이 OPA 전역을 상대로 반드시 효과적이라는 것을 의미하지는 않는다. 오히려 쿠투조프의 계획이 러시아의 강점에 기반했기 때문에 성공적이었다고 볼 수 있다. 즉 시간을 벌 수 있는 광활한 공간, 불굴의 투지를 지닌 군대, 군대가 후퇴함으로써 병참선이 단축된 것 등이 러시아군의 강점이었다. 나폴레옹의 전역 계획도 자신의 강점에 기초를 두었다. 즉 프랑스군과 기꺼이 정면 대결하고자 하는 적군을 상대로 모든 전력을 쏟아부어 결정적 전투를 할 수 있는 능력이었다. 쿠투조프의 DPC 전역은 시간, 공간, 적군을 고려했을 때 적절한 전역 계획이었다.

지휘관과 참모들이 적과 맞서 아군의 전역 계획을 평가하는데 지금까지 소개한 분류법이 충분히 도움이 되리라고 본다. 그러나 이것이 어떤 방식을 선택해야 하는지에 대한 직접적 지침이 될 수는 없다.

소결론

어떤 전역이든, 어떤 군대든, 전역의 기간이 어떻든, 전역의 본질은 전략의 성격과 정치적 목적에 따라 결정된다. 참모부가 전역을 어떻게 계획, 준비, 동시통합, 지속시킬 것인가를 판단하기 위해 우선적으로 해야 할 일은 그런 요인들을 이해하는 것이다.

또한 작전적 기능을 수행하는 참모부는 전역의 본질을 이해해야 한다. 전역을 수행할 전술부대를 계획, 준비, 동시통합, 지속시켜야 하기 때문이다. 다른 형태의 전역은 다른 방식의 전술을 요구한다. 또한 참모부가 그런 전술을 다른 방식으로, 아마도 창의적으로 지원하는 방법도 필요하다. 특정 맥락에서 특정 전역을 위해 세운 계획을 모방하는 것 그리고 그 계획을 다른 계획으로 전환하는 방법은 결코 효과적이지 않다. 각각의 전역은 그 자체의 본질을 바탕으로 평가되어야 한다.[8]

끝으로 독자들에게 당부하고자 하는 바는, 지금까지 설명한 전역 계획 및 분석 방법을 전쟁의 작전적 수준과 혼동하면 안 된다는 것이다. 적국의 영토를 침공하거나, 우리의 영토(영해 또는 영공)를 방어하는 것과 관련된 결심, 이를 수행하는 데 부여된 시간, 성공을 목표로 시도할 방법들, 나아가 특정한 형태의 전역에 필요한 예산 확보 및 전투부대 편성까지, 그런 결정이 민주적이든 전제적이든 상관없이 모두 기본적으로 정치적 결정이라는 점을 인식해야 한다. 이 모두가 전략 영역에 존재하기 때문이다.

16

현대적 참모제도로 구현하는 작전술

지금까지 나폴레옹 혁명과 산업혁명으로 복잡해진 전쟁과 군사조직의 변화를 극복하고자 주요 군대들이 어떻게 대처했고 또 어떻게 그 변화를 개념화했는지를 살펴보았다. 또한 교리적 해법으로 탄생한 전쟁의 작전적 수준이 전장에서 효율성을 거의 제고하지 못했으며, 총참모부를 도입하는 것 같은 제한된 제도적 변화와 결합되어 전략을 달성하기 위해 전술을 조정하는 역량 면에서 얼마나 유해했는지를 고찰해 보았다. 샤른호르스트 모델을 도입하고 제도적 변화들이 결합되면서 독일군이 전장에서 일시적으로 상당한 강점을 갖게 되었고, 급기야 프로이센, 독일의 정치적 분위기로 인해 샤른호르스트 모델이 정치와 이격되면서 비극적 결말을 맞게 된 과정도 들여다보았다. 수십 년 동안 참모조직의 기틀이 되었던 전투수행기능의 렌즈를 통해 작전술의 본질을 살펴보기도 했다.

그러나 나폴레옹과 프로이센 방식의 참모제도는 그 시대의 산물이다. 두 제도는 한 사람이 지휘한다는 가정하에 설계되었다. 훗날 황제가 된 나폴레옹은 참모부의 보좌를 받아 지휘권을 행사했고, 프로이센의 제도는 한 명의 귀족이 지배하는 군사조직을 상정했다. 지휘관이 된 귀족은 고도의 교육훈련을 받거나 능력이 있어서가 아니라 오로지 사회적 지위를 근거로 그 직위를 차지했다. 샤른호르스트의 개혁은 그런 사람들을 보좌할 몇몇 역량 있는 군사전문가들을 얻고자 하는 욕구 때문에 작동했을 수도 있다.

오늘날에 오로지 이러한 이유로 이 제도를 도입한다면 어리석은 일이다. 19세기 이후 많은 것이 변했다. 그러나 샤른호르스트 모델에서 도출된 교훈을 군 지휘에 대해 새롭게 부상한 발상들, 특히 스탠리 매크리스털Stanley McChrystal의 '팀 오브 팀스Team of Teams' 개념과 앤서니 킹Anthony King의 협력적 지휘collaborative-command 개념과 결합할 필요가 있다. 작전적 기능을 수행하는 참모조직에 대한 새로운 개념들을 알아보기에 앞서서 결점이 많은 오늘날 미군의 참모제도를 먼저 살펴보자.

설계상의 결함

미군은 진정한 총참모부 시스템이 아닌 소위 합동참모제를 채택하고 있다. 합동참모본부는 제2차 세계대전 중 전시 조치에서 발전했으나 작전술을 실행하고 감독하기 위해 체계적으로 개발된 것은 아니었다.[1] 또한 샤른호르스트 모델을 뒷받침한 인재 관리 체계에 상응하는 제도도 존재하지 않았다. 미군의 합동참모회의Joint Chiefs of Staff의 주요 구성원*을 제외하고, 합동참모본부에 장교들을 보직하는 조건은 해당 직책의 적합성이 아니라 필수보직의 이수 여부이다. 각 군†에도 유능한 참모장교들을 선발하기 위한 메커니즘은 존재하지 않는다. 장래가 촉망되는 인재가 식별되더라도 이들을 위한 특화된 보직 관리나 특별한 참모대학 교육과정도 없다. 일상적인 보직 종료 시 수여되는 표창end-of-tour awards과 개인근무 평정을 제외하고, 임무를 탁월하게 수행한 이들에게 부여하는 포상은 없다. 진급의 주요 고려 요소는 지휘관 직위의 성공적인 이수 여부인데, 이는 유능한 지휘관이 곧 유능한 참모장교이며 그 반대도 마찬가지라는 전제가 깔려 있다. 따라서 각 군의 참모 보직은 그 자체로 필요하고 가치 있는 일이 아니라 지휘관 보직을 준비하는 일종의 과정으로 간주된다.

합동참모본부는 전투작전 시에 각군이 상호 소통할 수 없었다는 사실이 밝혀진 후 이 문제를 해결하기 위해 설치된 조직이었으나 각 군의 노력을 협조시킬 권한이 없었다. 이를 개선하고자 1986년 골드워터-니콜스 국방부 재조직법Goldwater-Nichols Department of Defense Reorganization Act of 1986이 등장했다. 수십 년이 지나자 결과는 미흡했지만 합동 차원에서 협조 문제는 개선되었다. 하지만 각 군, 전투사령부와 합동참모본부 간에 거의 또는 전혀 협조가 이루어지지 않은 상태로 일련의 비효율적이고도 맹목적인 전쟁을 해왔다. 타군과 함께 작전을 수행해야 하는 미군 부대들은 여전히 소통하는 데 어려움을 겪고 있다.

* 합동참모의장, 합동참모차장, 육군참모총장, 해병대 사령관, 해군참모총장, 공군참모총장, 우주작전 사령관, 국토방위부장의 8명으로 구성된 회의체.

† 육군, 해군, 공군, 해병대.

이는 필연적인 결과였다. 미군은 합동참모본부에 총참모부로서 기능을 수행할 권한과 절차를 의도적으로 부여하지 않았다. 좋건 싫건 간에 독일군 총참모부가 범한 실수를 되풀이할 수 있다는 이유에서였다.[2] 직접적 협조를 수행하기에는 국가안전보장회의National Security Council 같은 협의체들은 그 수준이 너무 높아 이런 틈새를 메우지 못했다.

미국이 —또는 다른 국가도— 샤른호르스트 모델을 그대로 수용해야 한다고 주장하려는 게 아니다. 그 모델 역시 결함이 있기 때문에 그대로 도입해서는 안 된다. 이를테면 프로이센과 독일은 군수 기능을 전혀 고려하지 않았고, 오히려 군수에 반하는 독일의 문화적 편견을 강조했다. 그리고 총참모부가 나치즘에서 권력의 중추기관이 아니었기 때문에 효과적으로 제동을 걸지도 못했다. 총참모부는 히틀러에게 맞설 힘을 잃었고, 도의적, 윤리적 또는 전문적 분야에 대한 관심보다 현실적 문제에 따라 움직였다. 그들의 실수는 엄청난 것이었다.

팀 오브 팀스TEAM OF TEAMS

합동특수작전 사령관 재직 시절, 매크리스털 장군은 이라크에 위치한 참모부와 조직에 대하여 "극도로 투명한 정보공유(이른바 공유된 인식)와 분권화된 결심권한(권한 위임하 실행)의 원칙에 따라 전면적인" 재조직을 단행했다.[3] 이는 특히 '산업화 시대'의 조직 형태를 타파하고 새로운 조직 형태를 도입하는 움직임과 연계해 추진되었다.[4]

이러한 재조직을 통해 정보와 작전이라는 작전적 기능에 비중을 둔 다양한 참모팀이 생겨났다. 정보 수집, 정보 생산을 위한 분석, 작전계획 수립부터 실시까지 걸리는 시간을 단축하는 데 성공했다. 정보와 작전이 긴밀히 공조하는 참모 조직은 매크리스털과 예하부대의 요구에 정확히 부합했다.

그러나 이런 조직이 모든 부대와 모든 임무수행에 이상적이라고는 할 수 없다. 예를 들어 어떤 전역을 시행할 때는 작전과 군수의 긴밀한 공조를 위해 재조직이 필요할 수 있다. 효과적인 타격이 목표일 때는 작전과 화력지원을 긴밀히 협조시키고 작전참모팀에 화력지원 장교들을 편성해야 한다. 매크리스털의 경험에서 얻을 수 있는 교훈은 임무와 상황에 부합하는 참모조직을 도입하여 성과를 거두었다는 점이다. 현대전을 수행하는 데 전통적인 참모부 구조는 부적절했기 때문이다.

협력적 지휘

영국 학자 앤서니 킹은 2019년 저서 『지휘: 21세기의 장군*Command: The Twenty-First-Century General*』에서 20세기 초부터 최근 이라크와 아프가니스탄에서 수행된 작전에 이르기까지 여러 국가의 사단장과 참모 그리고 전역을 검토하여 사단급 부대지휘의 변화와 관련한 일련의 사례를 다큐멘터리 형식으로 기술했다.

킹은 첫째, 지휘 방식이 지극히 개인적인 지휘부터 한층 더 많은 종류의 협력적 지휘까지 스펙트럼이 넓다는 사실을 알아냈다. 둘째, 개인적 지휘가 지배적이었던 20세기 초부터 계획, 결심, 실시 과정에서 한층 더 협력적으로 지휘했던 21세기 초까지 명확한 경향이 존재한다는 점에 주목했다.[5]

이는 공동 위원회*가 결심을 한다는 의미는 아니다(하지만 때로는 결심한다). 여전히 궁극적 결정권은 지휘관에게 있지만 오히려 참모장교의 기능은 확대되었다. 지휘권의 기능만큼은 지휘관에게 남아 있지만 리더십과 관리—작전의 계획, 준비, 동시통합과 지속— 측면에서 참모장교의 역할과 책임 영역은 그 중요성 측면에서 적어도 지휘관의 그것과 동등하다. 킹이 밝혀냈듯이 "지휘관은 더 이상 혼자서 지휘할 수 없다."[6] 그러나 오늘날의 인사 시스템과 제도화된 장교 경력 모델은 아직도 지휘관이 혼자서 지휘할 수 있다는 점을 전제한다.

함의

샤른호르스트 모델 같은 전통적인 참모제도의 강점은 기능별로 고도의 지식을 가진 인재를 양성할 수 있다는 점이다. 반면 각 참모부가 각자의 '사일로silo'에 갇혀서 참모 기능 간의 협조와 동시통합이 취약해진다는 단점도 있다. 협조와 동시통합을 해야 하는 사람은 바로 지휘관이었다. 샤른호르스트 모델이 현대에는 시대착오적이고, 전문가들이 정치적으로 임명된 지휘관의 주위를 둘러싼 제도 같은 것은 오늘날 대부분의 군대에서는 불필요하다. 그럼에도 불구하고 이 제도의 최고의 장점이자 현대의 군에 여전히 부족한 한 가지는 유능한 장교를 선발, 교육 및 개발하기 위해 특화된 인재 관리 체계다.

모든 참모부는 근본적으로 정보처리 조직이다. 주도 사령부와 주무 조직은 중대한 물리적 과업을 수행하는 반면, 참모장교는 계획수립을

* 연합/합동 참모단.

위해 정보를 입수, 평가, 분석, 전파한다. 그러나 대부분의 참모부는 기본적으로 선형적인 정보처리 조직이다. 본질적으로 전쟁의 비선형성과 네트워크화된 정보처리 능력에 대한 인식이 넓어지면서 참모부를 재조직해야 할 필요성도 커졌다. 근본적으로 매크리스털이 재조직을 통해 달성한 것이 바로 이것이었다. 즉 선형의 개별 참모부를 비선형적 네트워크로 연결된 참모조직으로 바꾼 것이다. 그러나 계속해서 증가한 다수의 디지털 네트워크를 네트워크화되지 않은 구조에 단순히 접합한 부분이 많았다. 비선형적 정보처리를 위해 참모부를 구성하고, 그 구조를 지원하기 위해 디지털 네트워크를 구축하는 수준까지는 아니었지만, 그 정도만으로도 약간 효과를 볼 수 있었다. 두 가지 모두를 달성하면 참모부의 능력을 비약적으로 증진할 수 있을 것이다.

전통적 조직에서는 참모부서 간의 동시통합과 협조가 충분히 빠르지 않음을 발견한 매크리스털은 계획수립과 실행의 템포를 고도로 끌어올리고자 참모부를 재조직했다. 오늘날 사단급에 요구되는 계획, 준비, 동시통합, 지속시켜야 하는 것들이 너무 방대하다는 사실을 발견한 킹은 참모부 리더십 측면에서 좀 더 협력적인 형태가 필요하다고 주장했다.

우리에게 필요한 것은, 샤른호르스트 모델의 최고의 장점인 인재관리 체계를 협력적으로 구축한 참모부의 '기본 모델'을, 임무와 상황을 기초로 참모조직을 조정할 수 있는 지휘관에게 권한을 위임하는 조치와 결합하는 것이다. 이를 실현하기 위해서 모든 군사조직은 교리, 조직, 교육훈련, 물자, 리더십, 인적자원과 시설의 스펙트럼*을 심

* 합동전투발전분야DOTMLPF라고 한다. 미래 합동작전 수행에 요구되는 능력을 갖추기 위해 발전시켜야 하는 분야를 의미한다. 미 국방부에서 쓰이는 용어로 doctrine,

도 있게 변화시켜야 할 것이다.

교리

통상 참모부의 구조는 조직 편제표에 따라 결정되므로 이를 개정하는 일은 매우 더디고 힘든 작업이다. 참모부의 기본 형태는 조직 편제표 등의 수단을 통해 정해지되, 실제로는 지휘관이 임무에 따라 조정할 수 있다는 전제가 존재한다. 각 군은 다양한 상황에서 임무에 따른 참모부 편성의 예시와 함께 조직 이론과 행정 절차의 규칙을 담은 교리문헌을 보유해야 한다. 도시 지역이나 정글 같은 특수지역 작전을 다룬 교리문헌에는 대개 1개 장 정도에 계획수립 시 고려사항이 기술되어 있다. 이런 교범들에 해당 주제에 부합하는 참모조직에 관한 장도 추가로 기술되어야 한다.

교리는 다양한 주제에 관해 범용적인 내용보다는 독자를 고려한 내용으로 재구성되어야 한다. 이에 교리문헌은 ① 지휘관을 위한 전술 교범, ② 참모부를 위한 작전 교범, ③ 대부대급 지휘관과 참모를 위한 합동/연합 교범, ④ 표적처리와 같이 특정 독자를 대상으로 하지만 지휘관과 참모 모두에게 유용하고 더 많이 활용되는 교범, ⑤ FMFM 1 『Warfighting』처럼 조직문화 형성을 위한 기준교범 등 5개 수준으로 재편되어야 한다. 모든 군사행동을 전술가의 재량에 맡길 수는 없다. 이를테면 포병운용 절차는 탄도학과 밀접하게 관련되어 있고, 그 작전만의 특성이 필요하다. 절차에 관한 교범에는 복잡한 기계적 디지털 시스템을 안전하게 효과적으로 사용하는 방법과

organization, training, material, leadership and education, personnel, facilities의 앞글자를 따 만들어졌다.

규정이 있어야 한다. 이러한 구분은 전술의 술術적 특성을 유지하는 데 필요하다.

그러나 교리는 항상 무용지물이 될 위험성을 수반한다. 일단 공식적으로 채택되면 그런 전술 또는 방식practice은 상황과 지역에 상관없이 적용되곤 한다. 전문성을 지닌 참모장교라면 이런 분위기에 저항해야 한다. 클라우제비츠도 교리를 맹목적으로 따르고 강요하는 태도를 강하게 비판했다.[7]

끝으로 교리에는 가구 조립 설명서처럼, 다시 말해서 현재의 교범처럼 과도하게 체계적 적용을 강조하는 내용을 기술해서는 안 된다. 오히려 과거에 성공적으로 작동했던 사례를 제시하면서 지역이나 상황에 따라 교리를 조정할 필요가 있다고 설명해야 한다.

조직

앞서 언급한 사례처럼 매크리스털 장군이 참모부를 재편성한 조치는 유익했으나 상황에 따라 참모조직을 계속 변경하는 것은 불가능하다. 지휘관들에게 특정한 편성을 강요하는 제한사항이 발생하지 않도록 기본적인 참모부 편제표에 예비 인원을 충분히 배정해야 한다. 팀빌딩teambuilding 측면도 고려해야 한다. 즉 지휘관들은 임무, 문제 또는 이슈에 따라 상설되거나 반영구적인 참모장교 팀을 구성하려고 할 것이다. 지휘관이 이러한 팀을 순조롭게 구성하기 위해서는 예비로 활용할 수 있도록 각 기능마다 다수의 유능한 참모장교가 필요하다.

교육훈련

참모제도의 개혁을 완수하는 데 필요한 인재 관리 체계를 지원하려면 교육체계 면에서 두 가지 분야를 반드시 검토해야 한다. 커리큘럼과 교육대상, 즉 무엇을 가르칠 것인가와 누구를 교육할 것인가다.

전문 군사교육의 커리큘럼은 대개 참모 직위보다는 지휘관 직위에 초점이 맞추어져 있고, 당연히 그래야 한다. 하지만 참모 직위에 초점을 맞춘다면 특정한 결심수립 과정을 교육하기보다는(귀중한 시간을 별도로 들이지 않고도 훈련을 통해 자연스럽게 숙달할 수 있다.) 참모 업무와 조직 이론을 연구하는 데 더 치중해야 한다. 커리큘럼 중 사례 연구도 지휘관의 업적에 초점을 두는 경향이 있는데, 참모부의 역할에도 비중을 두어야 한다.

교육대상을 선정할 때 작전술에 관한 역량을 지녔다고 식별된 장교 또는 장교후보생enlisted service members*만을 선발하여 전문 군사교육을 받게 하는 방법은 부적절하다. 현행 교육 체계를 유지하되 교육 기회를 늘리기 위해 참모 직위의 인재 관리 체계에 따라 선발된 인원에게는 **계급 고하를 막론하고** 소집교육 프로그램에 참가할 기회를 우선적으로 부여해야 한다. 이런 방식을 도입하면 두 가지 이점을 얻게 된다. 하나는 재능 있는 작전술가들이 군 생활 초기부터 매우 중요한 교육 기회를 갖게 된다는 점이다. 또 하나는 이들과 부대를 지휘할 선배 장교들이 초급장교과 후보생의 사고방식을 이해하는 기회를 얻게 된다는 점이다.

물자

일반적으로 물자는 군의 참모부와 관련이 없지만 그럼에도 불구하

* 준사관, 부사관, 병사라는 의미도 있지만 여기서는 향후 지휘관이 될 장교 후보생을 의미한다.

고 참모부는 과업을 수행하기 위해 상당한 양의 장비가 필요한데, 특히 오늘날의 전장에서는 더욱 그러하다. 계획, 준비, 동시통합, 기타 업무를 수행하는 데 필요한 개인 단말기와 네트워크화된 컴퓨터의 중요성이 커지고 있으며, 안정된 통신을 보장하는 것도 필수 요소다.

리더십

군대의 참모부가 성공하는 데 가장 중요한 요인은 지휘관이다. 두 번째로 중요한 인물은 참모장이다. 어떤 군대의 참모조직에는 지휘관을 대신하여 참모부 운영에 관한 전권을 행사하는 참모장도 있다. 또 다른 군대에서는 부지휘관executive officer이 참모장 역할을 수행하기도 한다. 어떤 경우든 일반적으로 참모부 운용 방법을 교육하거나 훈련하는 제도는 거의 없다. (고등군사교육은 참모부를 운용하는 방법보다는 참모부의 구성원으로서 임무를 수행하는 방법에 초점을 둔다.) 이는 앞서 언급한 교육훈련의 변화와 기존의 인재 관리 체계로 부분적으로 해결할 수 있다. 독일군 총참모부의 1a와 유사하게, 양질의 교육을 이수하고 충분히 훈련된 참모장교를 참모장과 부지휘관에 임명해야 하며, 이로써 참모부와 지휘관은 많은 이점을 얻게 될 것이다.

인적자원

지휘라는 과업이 좀 더 체계적이고 협력적으로 이루어져야 한다는 이유로 현재 미군에서는 지휘관 보직이 생길 때까지 참모부를 장교 대기실로 활용하는 관행이 있는데, 이는 대단히 부적절하다. 지휘관은 의욕적이고 준비된 성실한 장교들이 가득한 협력적인 참모부를 필요로 하고 또한 기대할 것이다. 적어도 이런 이들이어야만 지휘관만큼 중요한 역할을 수행할 수 있으며, 이들이 없으면 지휘관도 자신의 역할을 할 수 없을 것이다. 이들도 똑같이 준비되고 의욕적이어야 한다. 미 육군은 쌍방향 임명할당 모듈 2.0 Assignment Interactive Module 2.0이라는 제도를 통해 경쟁 체계를 도입하여 시험하는 중이다. 지휘관이 필요한 보직을 '공고'하면 장병이 '지원'하는 제도다.[8] 이러한 노력이 성공한다면 참모부 보직에도 유사한 제도를 활용해야 한다. (물론 지휘관 보직에까지 그럴 필요는 없다.)

유능한 참모장교를 양성하는 경력 모델을 개발하는 것도 한 가지 방법이고, 그들이 그 길을 걷도록 독려하는 것도 중요하다. 상대적으로 큰 보상을 받는 특수작전요원들과 유사하게 그들에게 부여할 수 있는 인센티브는 전문 군사교육 기관에 대한 소집교육 우선권, 대부대급 참모부에 근무할 기회, 특별한 군복 표식(프로이센 장군참모장교들은 동료들보다 더 수준 높은 교육을 수료했음을 강조하는 특별한 군복을 착용했다.) 등이 있다.

시설

대서양 전투Battle of the Atlantic(이 책 '사례 연구 3'), 영국 전투Battle of Britain(이 책 '사례 연구 4'), 워치타워 작전Operation Watchtower(이 책 '사례 연구 5')* 등의 현대 사례 연구들에서 기술한 바와 같이, 지상(또는 해상)에서 얻은 중요한 정보를 수집하고 분석하는 이들은 통상 국가적 수준의 참모부와 조직에 속하거나 실제 작전이 수행되는 지역에서 멀리 떨어져 있는 경우가 많다. 그러나 중요한 정보가 참모부 또는 참

* 과달카날 전역.

모장교에게 전달되지 못해서 활용되지 못하는 경우가 많다. 최전선에 추진·배치된 참모부 또는 참모장교는 어디서든 관련 정보 또는 분석 결과를 보유한 자들과 소통할 수 있어야 한다. 이는 오늘날 이른바 '리치 백reach back'*을 의미한다.

이것은 물론 교리, 물자, 인원 분야와도 관련 있지만, 시설 문제에 대한 중대한 함의도 담고 있다. 안전하고 안정적인 '리치 백' 기능의 순환 체계loop를 완비하려면 상당한 기반 시설이 필요하다. 안전한 건물 및 공간뿐만 아니라 안전이 보장된 통신 시설이 전후방 각 지역에 모두 설치되어 있어야 한다. 작전 중인 현장 지휘관과 참모들은 상황을 더 정확히 파악할 수 있고, 현장에서 멀리 떨어진 곳에 있는 지휘관과 참모들은 작전적 기능을 통해 전술가들을 지원할 수 있는 데이터, 분석 도구, 각종 문제에 대한 전문가나 기타 자원에 훨씬 접근하기가 수월할 것이다. 최전선과 후방을 성공적으로 연결해 전방 부대의 효과성을 증대하고, 군사작전을 지속하기 위해 전방으로 투입할 인원을 줄일 수 있다.

소결론

이 장에서 우리는 다음과 같은 결론을 얻을 수 있다. 오늘날 현대전의 복잡성을 가장 잘 해결하려면 전문성을 갖춘 숙련된 참모부가 수행하는 작전술을 효과적으로 제도화하고, 교리와 군 조직의 다른 측면들을 현대화된 구조에 맞게 새롭게 조정해야 한다. 이러한 변화들

* 군사용어로 다른 곳에 있는 자원과 능력을 활용할 수 있는 능력.

—참모조직 및 인사제도의 현대화, 교리 수정—은 동시에 추진하면 안 되고 순차적으로 완성해야 한다. 참모조직의 현대화는 인사제도를 변화시킬 필요성을 불러일으킬 것이고, 인사제도의 현대화는 교리를 수정하는 데 필요한 제도적 역량을 창출할 것이다.

계몽주의와 산업혁명의 결과로 과학기술적·사회학적·관료주의적·정치적 변화가 초래되었고, 이로 인해 전술을 계획, 준비, 동시통합, 지속시키는 데에 따라 증대된 복잡성을 관리하기 위해 군대의 참모부가 등장했다. 현재 진행 중인 정보혁명과 더불어 앞서 언급한 영역에서의 변화들이 가속화함에 따라 이러한 과정으로 작전술을 구현하는 방법은 군대의 필수적 과업이 되었다.

17

방호에 관하여*

방호는 경계라고도 일컫는 일반적인 전투수행기능이다. 미 합동교리에서는 이를 "국방부 소속의 인원(가족을 포함), 자원, 시설과 중요 정보에 대한 적대 행위를 약화하기 위해 활용하는 예방 조치"라고 정의한다.[1] 어느 군대를 막론하고 교리상의 전투수행기능 목록에는 대부분 방호가 포함된다. 그러나 널리 사용된다는 사실이 이론적 타당성을 입증하지는 않는다.

방호는 일반적으로 군대가 그 조직 자체와 관련된 작전 비밀, 조직원을 보호하기 위한 제반활동으로 기술되어 있다. 어떻게 기술되든 이 책에서 소개할 만큼 흥미로운 내용은 전혀 없다. 참호, 방벽, 장애물, 위병소 등과 같은 군사기지와 건물을 경계하는 조치들은 방호

* 원문은 부대방호force protection이나 한국군의 6대 전투수행기능에서 '방호'라고 표기하므로 여기서도 '방호'라고 옮겼다.

가 아니라 그것 자체가 방어작전의 일환이다. 군사기만 계획과 치밀한 작전보안도 방호가 아니라 수세적 정보작전이다. 최후방어사격도 방호가 아닌 수세적 화력지원이다. 전 제대의 지휘관들이 방어와 공격을 모두 고려해야 하듯이 참모장교들도 자신의 영역에서 수세적 조치를 고려하고 그에 대한 계획을 수립해야 한다. 이론적으로 방호를 방어와 분리하는 것처럼 실제 상황에서도 유사하게 분리되는 상황이 발생할 수 있다. 이는 수세적 조치들을 스토브파이핑stovepiping, 즉 적절한 맥락 없이 나열하는 상황을 초래할 수 있으며, 공세적·수세적 조치들의 필수적인 통합도 방해할 수 있다. 방호 기능 자체는 효과적이지 못할 수 있으며, 방어에도 공격 요소가 포함되어야 한다.

아마도 방호는 주둔지에서 부분적으로 적용될 수 있을 것이다. 체력단련 중에도 부대가 안전조치를 취하고, 기지 내 군사경찰이 보호하고 질서를 유지하고, 주둔지 내 군사 활동을 염탐하는 적군을 거부하는 활동 등은 명백히 필요한 조치다. 그러나 군사 조직 내부에 초점을 두고 규정에 따라 운영되는, 앞서 언급한 이러한 측면들은 그대로 유지하는 것이 더 바람직하다.

결론

모든 이론의 첫 번째 과업은 서로 뒤섞여 얽히고설킨 개념과 생각을 명확히 정리하는 것이다.

—카를 폰 클라우제비츠

위의 글귀는 이론을 검증하기 위한 클라우제비츠의 시험문제이다.[1] 필자는 전쟁의 작전적 수준을 작전술에서 분리했고, 작전술을 참모부의 활동으로 정립했으며, 작전술의 여섯 가지 기능을 통해 그 개념을 검증했다는 측면에서 이 책이 클라우제비츠의 시험을 통과했다고 본다. 이 시험의 실제 적용 문제는 뒤쪽의 사례 연구에서 살펴볼 것이다. 작전술과 작전적 기능의 이런 비전을 통해 역사적 전역들을 한층 더 쉽게 평가할 수 있게 되면, 시험문제의 답을 명확하게 정리하는 일이 완성될 것이다.

프로이센과 독일이 전쟁에서 승리한 요인 중 상당 부분이 근대적 참모제도의 발전과 관련이 있다. 그러나 독일이 결국 전쟁에서 패망한 것도 그 발전과 관련이 있을 수 있다. 독일의 총참모부는 과도한 권력을 가졌고, 전략적·정치적 영역에서도 아무런 제약을 받지 않았다. 그 때문에 오토 폰 비스마르크 같은 국가를 이끄는 전략적 지성至聖이 부재한 상태에서 총참모부는 한 번도 아니고 두 번씩이나 조국을 파멸시켰다. 우리는 여기서 전술과 전략 사이에 전쟁의 작전적 수준을 끼워 넣으면 위험이 초래된다는 사실을 확인했다. 즉 전술과 전략의 연결을 단절한다. 이렇게 하는 것은 뇌와 몸통, 사지를 연결하는 척추신경을 끊은 채 신체의 총체적 신경계를 구축하는 것과 같다. 독일에서는 정치적·사회적 힘이 전략보다 우위에 있어야 한다는 클라우제비츠의 사상 대신에 전략을 순수하게 군사적으로 인식하는 성향이 대세로 자리 잡았다.[2] 전쟁의 작전적 수준도 그러한 과오를 재현한 것이다.

이 책은 앞서 출간한 『전술의 정석』과 전략을 연결하는 데 필요한 몇 가지 주제를 논의하기 위해 기획되었다. 첫째, 소련군 장교들이 전략에 마르크스-레닌 사상이 주입되지 않도록 하기 위해 전쟁의 작전적 수준이라는 개념을 고안했다는 것, 그리고 전쟁, 전략, 전술에 내재된 정치적 본질을 이해해야 함에도 전쟁의 작전적 수준이 현대의 장교들에게 그런 논리를 회피하도록 고무한 개념이 되어 버린 배경에 관해 이야기하고자 했다. 둘째, 조직적 변화, 특히 나폴레옹 혁명에서 나타난 사례와 샤른호르스트 모델에 따라 참모부가 발전하여 생겨난 상당한 강점들이 있었지만, 그 대신에 전쟁의 작전적 수준의 개념과 동시에 발생한, 전쟁 양상에서 매우 실질적인 변화의 근원을 밝혀 내고자 노력했다. 셋째, 전투수행기능이라는 렌즈를 통해 작전술을 검토함으로써 전쟁의 작전적 수준이라는 목욕물은 버리되 작전술이라는 아기까지 함께 버리는 우를 범하지 않으려고 노력했다.

전쟁의 작전적 수준이 허구라는 사실을 다시 한 번 강조하고자 한다. 소련군 장교들은 마르크스-레닌주의에 반한다는 위축감 없이도 전략을 논의할 수 있는 장을 만들고자 전쟁의 작전적 수준을 생각해 냈고, 그 과정에서 전략에 내재된 정치적 본질을 제거했다. 그리고 제한된 자료를 기반으로 전쟁의 작전적 수준이라는 개념을 만들어 냈다. 방대한 양의 군사사, 그 개념에 부합하지 않는 수많은 동시대의 분쟁들, 해전과 공중전 등은 철저히 무시되었다. 서구의 군대, 특히 미 육군은 소련의 발상을 잘못 해석했고, 교리에 이식하기에 이르렀다. 전쟁의 작전적 수준을 현대전쟁의 엄청난 규모와 복잡성, 베트남 전쟁의 처참한 파국에 대한 해결책으로 인식했던 것이다. 1976년 마이클 하워드와 피터 파렛도 그 개념에 신뢰성을 부여하는 데 한몫했다. 그들이 『전쟁론』을 번역하면서 '작전operations'과 '작전적operational'이라는 용어를 곳곳에 삽입했기 때문이다. 그러나 클라우제비츠는 그런 용어들을 사용한 적이 전혀 없다.[3] 그 후부터 전쟁의 작전적 수준이라는 개념은 전략적 정의와 전술적 정의 사이를 오가는 등 혼선을 빚다가 결국 고유한 지위를 찾지 못했다.[4] 이러한 과정은 전략과 전술을 단절하고, 미국에서 전군에 걸쳐 개념적 문제를 초래했다.[5] 미군은 이런 문제를 안고 21세기에 수많은 전쟁에 참가했다. 그제야 미군은 전술적 성공을 전략적 효과로 전환할 수 없다는 사실과, 그 둘 간의 필수 연결고리로 여긴 전쟁의 작전적 수준이 전쟁의 현실을 맞닥뜨렸을 때 산산조각 나는 상황에 직면했다.

전쟁의 작전적 수준에 관한 이야기는 일종의 비극이자 오류였다. 스탈린의 숙청 과정에서 끊임없는 오해를 불러일으켰고, 맹목적이고 비효과적인 전쟁에서 미국인들의 생명과 재산을 지속적으로 낭비하는 결과를 초래했다. 이것은 간단하게 마무리될 수 없는 이야기다.

작전술과 작전술가

지휘관은 스스로를 전술가라고 여긴다. 그렇다. 그들이 바로 전술가다. 그러나 혼자 모든 일을 처리할 수 있는 전술가는 거의 없다. 특히 오늘날의 세상에서는 불가능하다. 지휘관은 특정 기능에 숙달되어 있거나 숙달하는 과정에 있는 전문가로 구성된 참모부를 필요로 한다. 특정 기능이란 조언을 제공하고, 한 사람이 홀로 할 수 없는 계획, 협조, 지속지원을 수행하는 기능을 의미한다. 이러한 작전술가들은 역사, 소설, 조직 내에서 거의 주목받지 못했다. 그들은 꼭 필요한 존재지만 그만큼의 대우를 받지 못했다.

이 책에서는 전투수행기능, 좀 더 정확하게 표현하자면 '전문분야disciplines'라는 렌즈를 통해 참모부가 실제로 어떤 일을 하는지를 검토했다. 'function'이라는 단어는 기계적 자동화라는 의미를 내포하고 있어 썩 적절하지는 않다. 또한 다음과 같은 사항들을 재정리했다. 처리된 정보information의 산물로서 인텔리전스intelligence의 특성을 반영하여 인텔리전스를 정보의 하위에 두었고, 방호를 제외하고 인사행정을 추가했다. 인사행정이 가용한 병력의 수를 계산하는 단순한 일이라고 할지라도 어떤 형태든 인사행정 조직이 없는 군대는 작전을 수행할 수 없다. 이제는 인사행정 전문가도 합당하게 인정받아야 한다.

전쟁의 작전적 수준을 폐기하면 전쟁의 수준이란 없다는 또 다른 결론에 이르게 된다. 사실상 전쟁을 수준별로 개념화하는 것은 타당하지 않다. 전술이나 전략은 어느 특정한 수준이 아니라 지속적이며 병렬적으로 작동하는 활동 또는 기능이다. 전략을 일종의 수준으로 보는 시각은 특히 해롭다. 이러한 관점으로 인해 실무자들이 전략을 무시하거나 적어도 전략의 중요성을 평가절하하게 될 수도 있기 때문이다. 전략의 중요성을 복원하려면 아마도 책 한 권이 더 필요할 것이다.

지금으로서는 제거할 수 있고, 제거해야 할 군사이론의 경화硬化된 부분을 도려내는 것만으로도 충분하다. 아마 이 작업은 끊임없이 계속될 것이다. 이론가, 학계, 실행가들 사이에서 사상들이 생겨나고 정립되고 전파되기 때문이며, 그중 대부분은 빠르게 잊히지만 때로는 공동체를 계도하는 데 성공하기도 하고, 때로는 애초부터 수용되지 말았어야 할 사상이 기꺼이 수용되다가 서서히 사라지기도 하기 때문이다. 그중 하나가 바로 전쟁의 작전적 수준이고, 이제는 그것이 사라져야 할 시간이 다가왔다.

사례 연구

일러두기

1. 인명과 지명은 국립국어원 외래어표기법에 따라 표기했다.
2. 현재 체코 영토에 포함된 지역의 지명 또는 독일어 지명이 더 익숙한 경우에는 본문에 독일어 지명으로 표기하고 미주에 체코어 지명을 추가했다.
3. 전투명이 고유명사화된 경우에는 그 용어를 따랐다.

사례 연구 1

1805년 아우스터리츠 전역

아우스터리츠Austerlitz 전역은 나폴레옹 보나파르트의 최고 걸작이자 역사상 가장 위대한 지상 전역이라고 해도 과언이 아니다. 나폴레옹은 영국 침공을 준비하다가 시선을 돌려 오스트리아 방면으로 유럽 대륙을 가로질러 전력을 전개했다. 오스트리아를 겨냥한 것이다. 프랑스군은 적군과 그들의 군수물자를 쓸어버렸고, 1805년 12월 2일 오늘날 체코 영토인 아우스터리츠 서쪽에서 전투는 절정에 이르게 된다. 제3차 대불동맹 전쟁에서 아우스터리츠 전역은 단순히 전초전이자 대불 동맹국들에게 부차적인 전투에 불과했지만 프랑스 입장에서는 전쟁의 승부를 가른 결정적 전투였다.

이 사례 연구에서는 지상에서 벌어진 전역들 중 작전술의 기능을 검토하기 위해 프랑스의 관점에서 아우스터리츠 전역만을 살펴본다. 이 전역의 규모를 고려했을 때, 단 1개 장에 전체 전역의 내용을 담는 것은 불가능하기 때문이다. 이 전역에서는 당시 최고 정점에 오른 나폴레옹의 시스템을 엿볼 수 있다. 그가 창설한 참모부는 최초의 근대적 참모조직이었으며, 참모장 루이-알렉상드르 베르티에Louis-Alexandre Berthier는 최초의 근대적 참모장이라 할 만하다. 이 전역에서는 그러한 제도들, 특히 정보 기능의 우수성을 확인할 수 있다. 나폴레옹은 적보다 우월한 방책으로 전역을 수행했을 뿐만 아니라 특히 기만에 있어서도 여러 차례 적군을 속이는 데 성공했다. 그가 보유한 정보의 우위는 결정적이었다. 이로써 군수 시스템의 실책까지도 만회할 수 있었다. 항상 그래왔듯이 나폴레옹은 공세적 지속섬멸OPA* 전역을 추구한 반면, 그의 적들은 수세적 지속섬멸DPA 전역으로 나폴레옹의 계략에 직접 대응하고자 했다. 이것이야말로 나폴레옹이 원했던 바였다. 이 사례 연구에서는 작전적 기능을 도구로 활용하여 아우스터리츠 전역을 체계적으로 분석해 본다.

역사적 전개

배경

오스트리아보다 영국과의 전쟁을 원한 나폴레옹은 1803년 6월에 영국 침공군Army of England† 창설을 지시했다.[1] 영국 침공군은 노르망디Normandy 지역에 주둔지와 훈련장을 설치하고 영국 본토 침공

* 14, 15장 참조.

† 영국군British Army과 구별하기 위해 영국 침공군이라고 옮겼다. 이 부대는 1797년 10월 26일에 창설되었다가 1800년 1월 16일에 서부 야전군으로 개칭되었고 나폴레옹의 영국 침공 계획에 따라 1803년에 재창설되었다.

을 준비하는 데 2년을 보냈다. 이들은 신병만으로 구성된 부대도 아니었다. 전투 경험이 있는 4분의 1 정도의 병력은 다른 동료들을 지도하고 훈련할 수 있는 베테랑이었다.[2] 당시 이 부대는 대육군Grande Armée*으로 개칭되었는데, 프랑스 각지의 다른 부대들을 통폐합한 부대로 1805년에 오스트리아 침공을 위해 재배치되었고, 전 세계에서 최고 수준의 훈련과 편성, 단결력을 갖춘 군대였다.

하지만 영국도 해협 건너편에 앉아서 관망할 생각이 없었다. 영국 해군이 사태를 지켜보는 가운데 영국 정부는 막대한 부와 외교적 영향력을 동원하여 오스트리아, 러시아, 스웨덴과 함께 주축을 이룬 대불동맹 결성을 주도했다. 윌리엄 피트William Pitt 총리가 이끄는 의회는 러시아 황제에게 대프랑스 전투에 투입되는 병력 10만 명당 125만 파운드의 황금 기니guinea†를 지불하고, 다른 동맹국들에도 비슷한 수준의 보조금을 지급하기로 약속했다.[3]

이러한 협약의 전문이 유럽 대중에게 공개되지는 않았지만 유럽의 긴장은 고조되었다. 1805년 8월 초, 나폴레옹은 오스트리아 지역의 지도 작성을 지시했고, 그 지역에 정보원을 투입하여 유럽 대륙에서 전쟁 정보 활동에 착수했다.[4] 8월 25일에는 자신의 계획상 도하 지역으로 선정한 라인강 유역에 기병부대를 투입해 정찰을 시행했다.[5] 사실상 전쟁을 본격적으로 개시하기 전부터 나폴레옹에게는 이미 날짜, 도로, 사단별로 도버 해협의 해안부터 비엔나까지 전체적인 이동

* 이하 프랑스군으로 표기한다.

† 21실링에 해당하는 영국의 옛 금화. 1663~1814년에 영국에서 주조된 동전으로 약 4분의 1온스의 금을 넣어 만들었다. 명칭은 동전을 만드는 데 쓰인 금이 산출된 서아프리카의 기니 지역에서 유래했다.

계획이 있었으며, 심지어 문서 없이도 지시할 수 있을 정도로 구상을 마친 상태였다.[6] 그는 이미 그 시점에 영국 침공을 포기하고 유럽대륙에서 전쟁을 하기로 결정했던 것이다.

8월 26일, 나폴레옹은 슈바르츠발트Schwarzwald*를 통과해 오스트리아의 다뉴브 협곡Danube Valley을 목표로 동쪽으로 진군하라고 전군에 명령했다.[7] 보급소와 숙영지를 선정하기 위해 참모장교들이 사전에 전개했고, 28일 또는 29일에는 각 선두 사단이 참모장교들의 뒤를 따라 이동했다.[8] 이런 준비에도 불구하고 초기부터 보급품 부족에 시달렸다. 한 달 안에 라인강까지 행군하는 것은 보급 체계와 병사들 모두에게 큰 부담이었다. 9월 27일까지 라인강 일대에 여러 부대가 도착했고 나폴레옹은 18만 4,000명의 병력을 집결시켰다. 프랑스 황제도 26일에 도착했고, 7만 2,000명의 병력을 보유한 오스트리아군의 마크Mack 장군†과 대결하기 위해 프랑스군 병력을 라인강 건너편으로 이동시키기 시작했다. 한편 마크는 나폴레옹의 병력을 7만 명 정도로 추측했다.[9]

울름Ulm

마크의 임무는 다뉴브 협곡으로 이어지는 슈바르츠발트 접근로를 방호하는 것이었다. 나폴레옹은 이미 그곳에서 오스트리아 군대가 울름으로 이동하는 움직임을 포착했다. 울름은 마크가 주둔할 지역이었다. 나폴레옹은 라인강변에 도착하자 즉시 조아생 뮈라Joachim

* 독일 남서부 바덴뷔르템베르크Baden-Württemberg주에 위치한 산악 지역으로 60퍼센트 이상이 빽빽한 숲으로 이루어져 있다.

† 카를 마크 폰 라이베리히Karl Mack von Leiberich.

Murat 장군이 이끄는 기병대에 슈바르츠발트를 통과해 양공佯攻을 시행하라고 지시했고, 그동안 프랑스군 주력부대를 라인강 건너편으로 넘겼다.[10] 나폴레옹의 주력부대가 이동하면서 오스트리아군과 소규모 접전을 벌이는 동안 그의 관심은 정보를 수집하고 거짓 정보를 흘리는 데 있었다. 프랑스 황제는 아우스터리츠 전역 중에 여러 차례 발표한 대중 공표문 중 첫 번째 문건을 이때 작성했는데, 군대와 인쇄기를 활용하여 지역 주민과 소통했으며, 오스트리아인들도 필연적으로 이 문건들을 보게 될 것임을 잘 알고 있었다.[11] 나폴레옹은 일부 병력을 '탈영병'으로 위장하여 오스트리아군 측으로 보내 다수의 프랑스군 부대가 곧 반란을 일으킬 것이라고 전했다. 파리에서도 나폴레옹의 정부에 쿠데타가 있었다는 거짓 소문을 퍼뜨렸다.[12] 이러한 정보 활동 덕분에 나폴레옹의 군대가 통상적 이동로인 슈바르츠발트로 이동할 것이며 프랑스군의 전력이 취약하리라는 마크의 확신은 더욱 강해졌고, 그는 철수하지 않고 울름에 머무르는 쪽을 선택했다.

그러나 울름에서 동북쪽으로 멀리 떨어진 지역에서 프랑스군 7개 군단 중 5개 군단이 라인강을 건너 마크 군의 후방, 즉 동쪽의 뮌헨 Munich에 주둔했던, 가장 근거리에 위치한 증원군과 마크 군 사이를 파고들어 완벽한 포위 기동을 감행하고 있었다.[13] 그들은 별다른 저항 없이 10월 13일 마크 군을 완전히 포위했다. 마크는 그때까지도 자신이 위험한 상황에 처했다는 사실조차 인식하지 못한 상태였다.

프랑스군은 보급 문제에 시달렸지만 10월 17일에 트로호텔핑겐 Trochtelfingen에서 포위된 군대를 구하러 달려온 오스트리아 구원군을 물리쳤다.[14] 자신의 군대가 처한 절박한 상황을 여전히 인식하지 못한 채 마크는 17일에 자신의 지휘소에서 나폴레옹과 회담했다. 프랑스 황제가 프랑스군의 위치를 표시한 지도를 보여 주자 오스트리아 지휘관은 그제야 항복을 결심했고, 20일에 항복을 선언했다.[15]

비엔나Vienna

이튿날 프랑스군은 동쪽으로 진군했다.[16] 동맹군은 쿠투조프 장군의 지휘 아래 잔여 병력을 재편성하는 중이었다. 러시아군 사령관은 마크보다 더 명석했다. 그는 자신이 원하는 시간과 장소에서 나폴레옹의 진격에 맞서 싸우는 한편, 프랑스군을 상대하기 위해 가능한 한 많은 병력을 집결시키고자 후퇴하면서 증원군과 합류할 계획이었다. 10월 23일 마크가 항복했다는 소식을 들은 이후에는 다음 작전이 더욱 중요해졌다. 10월 26일 프랑스군이 이자르Iser강을 건너기 시작하자 쿠투조프는 철수를 명령했다. 프랑스군에서는 보급품 부족 사태가 계속되었지만 동맹군은 철수를 택하면서 호기를 놓쳐 버렸다. 이로써 방치된 오스트리아의 비축물자는 고스란히 프랑스군에게 넘어갔다.[17]

이런 사태가 벌어지는 동안 이탈리아 전선에서도 군사적 충돌이 있었다. 10월 30일, 칼디에로Caldiero에서 앙드레 마세나André Masséna 장군이 이끈 프랑스군은 비엔나를 방어하기 위해 북쪽으로 이동하려는 오스트리아 군을 격멸했다.[18] 동맹군 입장에서 한 가지 낙관적인 사실도 있었다. 표트르 바그라티온Pyotr Bagration 장군의 부대가 효과적인 후위 방어 작전으로 프랑스군의 진격을 늦추고 쿠투조프의 후방을 방호할 수 있었던 것이다.[19]

11월 6일 프랑스군의 선두부대가 다뉴브강을 도하하면서 비엔나는 점점 공황 상태에 빠지고 말았다. 11월 8일 또는 9일, 쿠투조프는 오스트리아의 수도를 포기하고 또다시 철수를 명령했다. 13일에는 프랑스군이 오스트리아측 근위병들 사이에 전쟁이 끝났다는 소문을 퍼뜨려 다뉴브강의 중요 지역인 타보르 교량Tabor Bridge을 확보했다.[20] 다음 날 그들은 군사력으로 비엔나를 점령했다.

나폴레옹은 비엔나 점령으로 전쟁을 끝내려 하지 않았다. 그는 계속 진격했고, 11월 17일 쿠투조프는 또다시 철수 명령을 내렸다.[21] 같은 날 프랑스 황제는 10월 21일에 트라팔가르Trafalgar 해전에서 프랑스 해군이 참패했다는 소식을 들었다.[22] 그는 이 소식을 휘하의 장병들에게 비밀에 부치라고 지시했고, 물론 당연히 그래야 했겠지만, 이로써 그가 연기시켰던 영국 침공은 이제 거의 불가능해졌다.

11월 19일, 프랑스군은 브륀Brünn*에 도달했다. 바로 이틀 전에 동맹군이 이곳을 떠난 상태였고, 이튿날 이 도시가 공식적으로 항복하자 프랑스군은 보급품을 추가로 획득했다. 그동안 동맹군은 올뮈츠Olmütz†에서 부대를 재편성하여 22일에 완료했다.[23] 프랑스군이 휴식을 취하는 동안 나폴레옹이 직접 정찰에 나서 아우스터리츠 일대에 도착했다. 그는 이곳에서 전투를 벌이기로 결심했다. 나폴레옹은 지원 진지를 즉각 요새화하라고 지시했다.[24]

11월 24일 러시아의 알렉산드르Alexander 황제는 동맹군 전쟁 평의회Allied council of war를 소집했다. 쿠투조프가 능숙하게 주력부대를 잘 보존하면서 나폴레옹이 병참선을 계속해서 신장하도록 잘 유인하고 있었음에도 평의회 참석자들은 차르를 설득하기 시작했다. 쿠투조프

* 체코의 브르노Brno.

† 체코의 올로모우츠Olomouc.

는 그때까지 남은 증원군을 기다리고 있었다. 그들은 차르에게 쿠투조프의 계획을 무시하고 프랑스군을 향해 진격을 개시해야 한다고 설득했다.[25] 이튿날 한 프랑스인 정보원이 동맹군 진영에서 돌아와 나폴레옹에게 이런 새로운 공세적 분위기를 전했다. 한 러시아 사신이 27일에 나폴레옹을 만났을 때 그는 매우 두려워하는 듯한 낯빛으로 즉각 휴전이 필요한 것처럼 행동했다. 물론 이것도 계략이었다. 사신은 알렉산드르 황제에게 돌아가서 지금이 바로 공격해야 할 적기라고 보고했다.[26]

27일 동맹군은 공세로 전환하여 서쪽으로 진군했다. 나폴레옹은 다른 지역에 주둔한 부대들에 그 지역으로 복귀하라고 명령했다.[27] 알렉산드르의 군대가 진격해 오자 브륀의 전방에 있던 프랑스군 부대들은 나폴레옹이 사전에 지정해 둔 진지로 퇴각하기 시작했다. 동맹군의 진출 속도가 느려서 12월 1일까지는 나폴레옹이 사전에 지정해 둔 지역에 도달하지 못했다. 아우스터리츠의 서쪽인 프라첸Pratzen 고지에 배치된 프랑스군은 이들의 이동을 지켜보고 있었다. 어느 순간에 나폴레옹도 그곳에 나타났고, 그는 텔니츠Telnitz에서 자신의 우측방을 공격하려는 동맹군의 의도를 파악했다. 프랑스 황제는 최종적인 기동계획과 부대 배치를 결정했다. 부대를 좌측과 중앙에 집중시키고, 동맹군이 자신의 우측방을 공격하면 그들의 우측방으로 기동하여 적군의 공격을 지연시키고 필요하다면 아군을 후퇴시키는 방법도 고려했다. 증원군은 단 하루만 행군하면 충분히 도달할 거리에 있었으므로 적시에 다가올 결전에 참가할 수 있다고 확신했다. 이날 오후 동맹군은 최종 배치를 완료했고, 프랑스군은 처음부터 끝까지 이를 지켜보았다. 나폴레옹도 이날 저녁에 이동 준비 중인 부대들을 순

시했고 병사들에게 모닥불을 피우라고 지시했으며, 동맹군은 이를 철수 신호로 판단했다.[28]

아우스터리츠

프랑스군 진지 일대에 안개가 자욱하게 깔린 12월 2일 새벽, 나폴레옹은 친히 정찰에 나섰다. 06:00시에 그는 지휘관들에게 최종 명령을 하달했다. 황제는 기본 계획을 요약한 문건을 직접 써서 전 부대에 보내거나 낭독하게 했다. 06:30분경 동맹군이 이동을 개시했고, 07:00시경 프랑스군의 우익과 최초 교전이 시작되었다. 나폴레옹의 계획대로 프랑스군 선두부대는 오스트리아군을 프라첸 고지에서 북쪽으로 유인하기 위해 철수하고 있었음에도 동맹군은 프랑스군과 교전하기 시작할 때부터 강력한 저항에 부딪혔다.[29] 프랑스군은 중앙과 좌측에 전력을 집중해 둔 상태였지만, 나폴레옹은 비교적 숙련된 우익 부대들이 동맹군을 충분히 저지할 수 있으리라 확신했다. 소콜니츠Sokolnitz* 인근에서 루이 다부Louis Davout 장군 휘하의 프랑스군 약 1만 명이 이날 오전 내내 동맹군 3만 6,000명의 진격을 지연 및 저지했다.[30]

나폴레옹 계획의 핵심은 다음과 같았다. 쌍방의 총 병력 수는 대략 비슷했지만 정보 활동을 통해 사전에 동맹국의 계획을 간파했고, 이를 토대로 적절하게 부대를 배치했다. 그 결과, 프랑스군은 결정적인 시간과 장소에서 수적 우세를 창출한 반면, 결정적이지 않은 시공간에 동맹군이 전력을 집중하게끔 강요할 수 있었다. 러시아군과 오

* 체코의 소콜니체Sokolnice.

스트리아군은 10:00시까지 오전 내내 좌측방(프랑스의 우익)에 병력을 투입했고, 그때 나폴레옹은 중앙에 위치한 프라첸 고지 일대에 동맹군이 없음을 식별했다. (이 기록은 정확하지 않다. 중앙에 배치된 적군이 전혀 없었다기보다는 극소수였다는 표현이 타당하다.) 그 시점에 나폴레옹은 고지를 가로질러 동맹군의 중앙을 향해 공격명령을 하달했다. 약 2만 4,000명의 프랑스군과 약 1만 2,000명의 동맹군이 격돌했다.[31]

결과는 불 보듯 뻔했고, 명령이 하달된 지 약 45분 만에 동맹군의 전선은 붕괴되고 말았다. 격렬한 압박에 시달리던 동맹군은 두 번째 전열을 형성했지만 이 역시 15분 만에 무너졌다.[32] 쿠투조프와 알렉산드르 황제 모두가 이 고지에 있었고, 쿠투조프는 주변에서 퇴각하던 병사의 총탄에 맞고 경상을 입었다. 러시아 황실 근위대의 일부가 진격 중이던 프랑스군에 반격을 실시하여 마침내 중심부의 붕괴는 극적으로 막아 냈지만, 이들의 성공마저도 프랑스 황실 근위대의 재반격으로 금세 물거품이 되고 말았다.

동맹군이 완전히 포위될 위기에서 가까스로 벗어날 수 있었던 것은 북부의 방어태세가 견실했던 덕분이었다. 프랑스군의 좌익도 이날 아침에 공격을 개시했다. 나폴레옹은 이들에게 북쪽에서 적군을 쓸어버리게 한 후 남부에 위치한 동맹군의 주력을 공격할 계획이었다. 그러나 바그라티온이 지휘하는 동맹군의 우익이 프랑스군을 고착하는 데 성공했다. 물론 이는 동맹군이 퇴각하던 후방에 러시아 포병대가 있었기에 가능했다.[33]

하지만 프랑스군 측에서는 중앙의 성공만으로도 이 전투에서 승리하기에 충분했다. 14:00시경 나폴레옹은 중앙에 위치한 부대들에 남쪽으로 방향을 전환하여 계속 공격하라고 지시했다. 그곳에서는 경보병부대가 치열한 시가전으로 러시아군을 저지하고 있었다. 그들은 쿠투조프의 최초 계획을 무시한 차르의 군대 대부분을 포위하는 데 성공했다. 이곳에서 전의를 상실한 다른 동맹군 부대들도 혼란에 휩싸인 채 꼬리에 꼬리를 물고 얼어붙은 자찬Satschan 호수로 허둥지둥 퇴각했다. 프랑스군의 포병사격, 후퇴하던 병력과 말의 무게 때문에 호수의 얼음이 깨지면서 다수의 러시아군 장병들이 익사했다.[34] 오스트리아군 기병은 프랑스군의 추격을 저지할 수 있었으나 16:00시경에 동맹군은 패배를 인정했다. 다음 날 오스트리아가 강화를 제의했고, 마침내 전역과 전쟁이 종결되었다.

작전적 기능

인사행정

나폴레옹이 태어나기 전부터 인사행정 분야는 근대화되기 시작했다. 16세기 초부터 유럽 국가들은 점점 더 커지는 군대와 예산을 관리하기 위해 근대적인 관료제도를 만들어 냈다. 그러나 나폴레옹은 최하급 병사들에게까지도 지대한 관심을 기울였고, 이들의 욕구를 충족시키기 위해 하급제대의 행정 소요가 늘어났다. 이것이야말로 전장에서 실질적 효력을 발휘했다.

행정은 관료적 이슈일 뿐만 아니라 도의적 문제이기도 했다. 세세하고 효과적으로 관리하여 개개인의 문제를 확인하고 소통하며 바람직한 방법으로 해결해 줌으로써 각개 병사들을 소속 부대와 하나로 만들었다. 즉 도의적 단결력과 충성심이 발현되었던 것이다. 나폴레옹은 부하장교에게 세심하고 배려하는 리더십을 발휘할 것을 요구했으며,

일반 병사들에 대한 그의 관심은 오늘날까지 전설적으로 남아 있다. 인사행정 분야를 담당한 장군에게 보낸 문서가 그 사실을 입증한다.

> 병사들에게 큰 관심을 기울이고 세세한 부분까지도 살펴야 한다. 귀관이 부대에 도착하면 가장 먼저 대대원들을 집합시키고 8시간 동안 병사들을 한 명씩 불러 면담해야 한다. 그들의 불만을 듣고, 무장 상태를 점검하며, 부족한 것이 없는지 확인하라. 7~8시간 동안 이런 것들을 확인하면 많은 이점을 얻게 될 것이다. 병사들이 무장하고 임무를 수행하는 것을 습성화하게 되고, 지휘관이 그들에게 관심을 기울이고 최선을 다해 자신을 돌보고 있음을 인지하게 될 것이며, 결국 이렇게 동기를 유발하면 병사들은 큰 자신감을 갖게 된다.[35]

나폴레옹의 리더십 덕분에 프랑스군에 충만했던 충성심과 단결력이라는 감성적 측면은 아우스터리츠에서 강력한 효과를 발휘했다. 이에 반해 러시아군 병사들은 대부분 강제 징집된, 노예나 다름없는 농노였고 그들 스스로도 자신을 노예로 인식했다. 이런 차이에 근거하여 나폴레옹은 전투에서 부하들이 적군의 강력한 공세를 견뎌낼 것이며, 철수할 때에도 질서 정연하게 후퇴하여 전열이 붕괴되지 않을 것이라고 믿을 수 있었다. 아우스터리츠에서 그의 성공 여부는 우익부대가 상당한 수적 열세에서 얼마만큼 잘 싸우고 성공적으로 철수하느냐에 달려 있었다. 따라서 그가 오랜 시간 동안 부하들의 욕구에 관심을 가짐으로써 형성된 사기가 결정적 영향을 미쳤다.

나폴레옹은 인사행정 분야에서 너무나 많은 것을 요구했다. 참모장 베르티에가 행정 정보를 체계적으로 정리하고자 특별 제작한 마차를 활용해 이동식 정보저장 체계를 개발할 정도였다(나폴레옹이 처음에는 초대 통령으로서, 훗날에는 황제로서 군사 측면과 민간 정부 기능을 수행하기 위한 것이었음).[36]

정보

정보는 분명히 이 전역에서 결정적 요인이었다. 동맹군은 계속해서 적군과 전역의 상황, 우군의 능력에 대한 부정확한 자료를 바탕으로 결정을 내렸다. 이 모든 것은 나폴레옹의 효과적인 기만 때문만은 아니었다. 마크는 프랑스군이 슈바르츠발트 방면으로 침공할 것이라고 판단했고, 나폴레옹은 그로 하여금 자신의 추측이 옳다고 확신하게끔 만들었다. 그런데도 울름에 있던 오스트리아군 사령관은 자신의 오판에 대비한 안전장치를 마련하지 않았다. 물론 아우스터리츠에서도 동맹군은 나폴레옹이 바랐던 방책을 선택했다. 더 많은 증원군이 도착할 때까지 기다리지 않고 프랑스군의 우익을 공격했던 것이다.

고대부터 스파이와 정보 활동은 끊임없이 경쟁하던 유럽 국가들 사이에서 공공연한 관행이었다. 모든 국가가 이 점을 인식하고 활용해 왔다. 그러나 1805년에 나폴레옹의 스파이 운용은 최고 수준이었다. 10월 초 황제가 전선에 도착하기도 전에 최고위급 스파이spy chief 카를 슐마이스터Karl Schulmeister가 오스트리아군 전선 후방에서 정보를 수집하여 나폴레옹에게 전달했다.[37] 슐마이스터는 마크의 정보부장 벤트Wendt 대위와 오랜 친구 사이였으며, 그가 직접 슐마이스터를 오스트리아군 사령관에게 소개하기도 했다. 그는 마크에게 거짓 정보뿐만 아니라 심지어 허위 문건까지 작성하여 제공했다.[38] 울름 전투 후에 슐마이스터는 정보를 제공한 대가로 철수하던 오스트리아군으로부터 돈을 받았지만, 실제로는 부대의 이동 상황을 나폴레옹에게 전달했다.[39] 비엔나 경찰청장에 임명된 슐마이스터는 그곳에서 스파이 조직 네트워크를 구축했다. 오스트리아군과 러시아군의 최고사령부 양쪽 모두 접촉이 가능했던 것이다.[40]

나폴레옹은 이렇게 광범위한 노력을 통해 얻은 정보 덕분에 적 기밀을 탐지하고 적군을 기만할 수 있었다. 동맹군의 이동에 관한 정보를 통해 적군이 아우스터리츠 전투 당일 아침까지 어떻게 움직일지 쉽게 예측할 수 있었다. 또한 동맹군의 분위기와 계획을 알고 있었기 때문에 계속해서 동맹군의 지휘관들로 하여금 자신들의 생각이 옳다고 확신하게끔 했고, 그 뒤에 그들의 결정까지도 역이용했던 것이다.

작전

앞에서 간단히 살펴본 전역을 통해 나폴레옹이 시간과 공간을 얼마나 능수능란하게 활용했는지를 잘 알 수 있다. 마크는 증원군이 적시에 도착할 수 없을 만큼 공간적으로 너무나 먼 최전방에 위치했기 때문에 프랑스군이 그들 사이를 파고들 수 있었다. 프랑스군은 상대에 비해 빠르게 행군할 수 있었기에 기동에 관한 한 선택지가 더 많았다. 울름에서 마크의 오스트리아군을 완전히 포위한 것은 그야말로 이상적인 사례였다. 아우스터리츠에서 나폴레옹의 우익 부대처럼 상급부대가 하급부대를 믿고 임무를 맡길 수 있었기에 다른 옵션들을 선택할 수 있었다. 프랑스군은 수적으로 크게 열세한 상황에서 동맹군의 강력한 압박을 받았지만 최선을 다해 오랫동안 버텼고, 적시에 질서 정연하게 철수했다. 반대로 동맹군의 전선은 번번이 무너졌다. (북부 지역은 예외였는데, 노련한 장병들로 구성된 바그라티온의 부대는 매우 질서 정연하게 퇴각하면서 동맹군 전체를 포위하려는 나폴레옹의 계획을 좌절시켰다.)

한편 쿠투조프 역시 시간과 공간을 잘 활용했다. 그는 가능한 한 지속적으로 나폴레옹의 진격을 방해하고, 프랑스군의 기동 거리 밖에서 주력부대의 전투력을 유지했으며, 증원군이 배치되고 대형을 갖춘 곳까지 후퇴했다. 마크도 그렇게 행동했다면 그리고 동맹군의 주력이 있던 곳으로 퇴각했더라면 나폴레옹은 아우스터리츠에서 또는 동맹군이 전개한 곳 어디서든 상당한 수적 열세를 면치 못했을 것이다. 게다가 쿠투조프는 아우스터리츠보다 훨씬 더 멀리 동쪽으로 나폴레옹을 유인하고자 했으며, 가능한 한 프랑스의 병참선에 과도한 부담을 안겨주고, 나아가 프랑스군의 전력을 소모시키고자 했고, 증원군을 보충해 전력을 강화하고자 했다. 쿠투조프 장군의 의견이 묵살되지 않았더라면 전역의 결과가 달라졌을 수도 있다. 1812년 쿠투조프가 러시아에서 자신의 방식을 적용했을 때 그 결과는 예상한 대로였다.

나폴레옹이 울름에서 마크를 포위할 때 구사한 전술은 그의 장기인 **배후 기동**이었다. 적군의 전방과 후방 부대의 틈새로 프랑스군을 투입함으로써 적 주력의 증원, 철수, 보급을 차단한 것이다. 이 전술은 굉장히 효과적이지만, 나폴레옹의 군대가 구원군이 도착하기 전에 포위된 적군을 신속히 격멸할 수 있느냐(또는 포위된 적군이 대응하기 전에 구원군을 먼저 격멸할 수 있느냐)가 성공의 관건이었다. 이런 전술의 제물이 되지 않기 위해 행동한 쿠투조프의 판단은 옳았으며, 1812년 러시아에서 그는 재차 성공적으로 대응했다.

시간과 공간뿐만 아니라 나폴레옹 휘하의 전투력, 즉 병력은 더 조직적으로 편성되었고 나폴레옹과 지휘관들의 지시에 더 잘 반응했다. 그 핵심은 바로 군단 체제였다. 이전에 시험적으로 사용된 이 체제를 나폴레옹이 제도화했다.[41] 프랑스의 군단은 단순히 규모(3~4개 사단으로 편성된 부대) 면에서뿐만 아니라 완벽한 제병협동이 가능한 부대였다. 1개 군단은 예하에 자체 기병과 포병 외에 첩보부대, 보급품 수송부대, 공병부대, 의무 및 재정, 병참부서 들을 갖추었다.[42] 이를 통해 각 군단은 독자적으로 이동하고, 필요시에는 자체 능력으로 지속지원하면서 독립적으로 전투를 수행할 수 있었다. 동맹군 측에는 주력부대와 떨어져서 독자적으로 작전을 수행할 수 있는 부대와 지휘관—단 하나의 예외라면 바그라티온의 후위대 정도였다.—은 거의 없었다.

화력지원

나폴레옹이 포병장교 출신이기에 그가 화력지원에 관해서만큼은 혁신의 선구자였다는 사실은 그리 놀랄 만한 일이 아니다. 그러나 울름이나 아우스터리츠에서 그의 계획상 포병이 거의 중요한 역할을 하지 못했기 때문에 아우스터리츠 전역에서 그의 강점은 크게 부각되지 않았다. 물론 프랑스군 포병도 아우스터리츠의 전선을 따라 투입되었고 그날 오후 동맹군 좌측방을 무너뜨리는 데 일부 기여했지만, 보병과 기병이 거의 전장을 지배했다.

하지만 아우스터리츠에서 동맹군에게 포병은 확실히 중요했다. 북측의 고지대를 활용하여 완벽한 진지를 구축했던 러시아군 포병대는 바그라티온의 부대가 그들의 사거리 내로 안전하게 철수하는 데 도움을 주었고, 프랑스군의 돌격 기세를 차단할 수 있었다. 이로써 프랑스군의 좌익에 의해 동맹군의 전체 전열이 무너지는 상황을 방지했다.

군수

앞서 기술했듯이 나폴레옹은 군수 분야에 관해 치밀한 계획을 요구했으며, 다양한 수준에서 보급 장교를 포함하여 매우 진보적인 군수 체계를 갖추었다. 그러나 이러한 준비에도 불구하고 프랑스군은 지속적으로 보급 문제에 시달렸다. 나폴레옹의 군수 체계는 군대의 전통적인 현지 조달을 대체할 수 없었지만, 1805년까지만 해도 현지 조달을 벗어나기가 사실상 불가능했던 듯하다. 철수한 동맹군이 폐기하지 못한 비축물자를 획득함으로써 나폴레옹은 지속적으로 보급 문제를 해결할 수 있었다.

하지만 보급 문제는 군수의 한 구성요소일 뿐이다. 병력 이동도 군수의 요소다. 부분적으로 약탈과 현지 계약에 보급을 의존해야 한다는 점을 잘 아는 나폴레옹은 다양한 통로를 활용해 군단들을 동쪽으로 이동시켰고, 이로써 적군을 공격할 때 전력을 집중할 수 있었다. 단일 통로로 과도하게 많은 물자가 움직이는 위험 부담을 줄였을 뿐만 아니라 너무 많은 부대가 극소수의 통로를 이용하면서 발생하는 정체와 병목 현상을 방지할 수 있었다. 이러한 기동은 앞서 언급한 군단 체계 덕분에 가능했다. 각 군단이 고립되어 전멸할 위험도 있었지만 제병협동이 가능하도록 편성되어 이런 위험을 완화할 수 있었고, 이를 통해 수적으로 우세한 적군과 조우했을 때에도 인접 부대가 지원하러 올 때까지 충분히 오랫동안 버틸 수 있었다.

프랑스군이 도보로 유럽 대륙 대부분을 횡단한 속도는 놀랄 만한 수준이었다. 노르망디의 루앙Rouen과 프랑스군이 아우스터리츠 직전에 잠시 멈춘 브륀 사이의 거리는 약 1,287킬로미터다.

지휘통제

동맹군 지휘부는 매우 큰 혼란에 빠져 분열되어 있었다. 동맹 전쟁 coalition warfare에서 흔히 볼 수 있는 폐단이 적나라하게 노출되었다. 그러나 상대편에는 권한을 위임받은 탁월한 능력을 지닌 참모부가 존재했고, 적군은 그러한 참모부를 통해 전파된 하나의 비전으로 똘똘 뭉쳐 있었다. 따라서 동맹군의 예하부대들은 고립된 채 적을 상대로 각기 전투를 치러야 했다.[43] 쿠투조프는 주요 의사결정에서 배제되었고, 차르가 어떤 방책을 채택하거나 거부하게끔 설득하려면 다른 자문위원들과 경쟁해야 했다. 그는 오스트리아와 다른 동맹국들의 조언과 이해관계도 조율해야 했다. 물론 나폴레옹은 그 누구와도 경쟁할 필요가 없었다.

기본적으로 나폴레옹은 직접 전투를 계획했고 이를 주요 직위자뿐만 아니라 예하부대에도 하달했다. 황제는 병사들이 스스로 계획을 이행하리라 기대하지 않았다. 하지만 그의 행동은 지휘통제의 도의적 측면을 대변했다. 장병들은 나폴레옹만큼은 믿을 수 있다고 생각했고, 그에게 승리할 수 있는 계획이 있다고 믿었다. 그것이 비록 기본 요소들만 담은 명령이라 해도 자신들이 그런 계획을 알고 있다는 사실에 힘을 얻었다. 동맹국 측 병사들은 지휘관의 전투 계획은커녕 자신들의 역할조차 전혀 알지 못했다. 더욱이 고위급 장교들에게도 세부 계획을 알려 주지 않았다. 싸우는 목적을 알 도리가 없으니, 장교들은 전투 중에 혼란스럽고 복잡한 감정에 휩싸였을 것이다.

프랑스군의 계획은 중앙집권적이었지만 실행은 매우 분권화되어 있었다. 예하 지휘관들은 전투 진행 상황에 부합하게 행동하고 대응할 수 있었지만, 동맹군 측의 지휘관들은 최고사령부에서 하달하는 정보와 지침에 지나치게 의존했다. 하나의 총체적 비전을 달성하고자 군대를 단결시키면서도 예하 지휘관들에게 호기를 활용할 수 있는 행동의 자유를 부여하는 지휘통제 체계, 즉 훗날 임무형 지휘라고 일컫는 이러한 체계를 실행하기란 현시대의 많은 군대들에도 버거운 일이다. 그러나 나폴레옹은 아우스터리츠 전역에서 이를 실현해 냈다.

소결론

나폴레옹이 성공하기는 했지만, 나폴레옹을 오늘날 군대의 모델로 삼는 데에는 신중하게 접근해야 한다. 고도로 중앙집권화된 지휘 방식을 현대전에 적용하는 것은 불가능하다. 사실상 19세기에 이 방식이 작동했다는 것 자체가 믿기 어려운 일이다. 그 일이 가능했던 것은 부분적으로 나폴레옹을 위해, 나폴레옹이 조직한, 나폴레옹을 위해 (베르티에가) 운용한 최초의 참모조직이 있었기 때문이라고 해도 과언이 아니다. 냉정하게 말하자면, 오히려 나폴레옹은 적군의 도움을 많이 받았다. 오스트리아군의 보급 체계는 러시아군의 그것과 마찬가지로 전반적으로 불충분했고, 오스트리아군과 러시아군 모두 프랑스군의 이동 속도를 따라잡기에는 훈련 수준이 너무나 낮았다.

나폴레옹이 유럽 전역을 휩쓰는 동안에도 세상의 이목은 그에게 쏠렸다. 이듬해 그는 다른 군대를 격파했다. 예나와 아우어슈테트 전투에서는 프로이센군을 제물로 삼았다. 이 처절한 패배를 계기로 프로이센에서 개혁 운동이 일어났다. 프로이센군은 나폴레옹이 보유했던 개인적인 참모부를 본떠 조직화하는 등 체계를 크게 개선했으며, 나폴레옹과 같은 인물이 없어도 그와 같은 성공을 달성할 수 있는 조직을 만들어 냈다.

사례 연구 2

1866년 쾨니히그레츠 전역

1866년 프로이센-오스트리아 전쟁은 사실상 단 한 번의 쾨니히그레츠Königgrätz 전역이 전부였다. 또 다른 오스트리아의 불운한 패배로 각인되어 있지만, 아우스터리츠와 같은 지역에서 벌어진 쾨니히그레츠 전역은 샤른호르스트 모델의 일부인 총참모부의 능력이 발휘된 매우 좋은 사례다.

샤른호르스트 모델은 특정한 문제를 해결하고자 개발되었다. 즉 나폴레옹의 능력을 지닌 천재의 출현에만 매달리지 않고 나폴레옹과 같은 성공을 어떻게 재현할 것인가라는 문제였다. 이런 발상은 다소 능력이 부족한 지휘관을 위해 나폴레옹이 직접 행했던 계획, 조정, 정보 및 통합 업무를 보좌할 수 있는 참모부를 조직하는 것이었다. 쾨니히그레츠 전역은 프로이센 왕국군 시기에 샤른호르스트 모델이 완전히 정착해 영향력이 절정에 달했을 때의 사례다. 샤른호르스트 모델이 군대를 완전히 장악한 이후 독일제국군은 전략적 요구와 벽을 쌓게 된다.

프로이센이 승리하는 데에는 상대편의 도움이 지대했다. 오스트리아군의 참모제도는 프로이센을 본떠 만들었지만 수준이 형편없었다. 참모 업무가 매우 비효율적으로 이뤄졌고, 능력보다는 귀족 출신을 선발해 진급시켜 참모직위에 보직했다.[1] 외형은 같았지만 그 정신은 프로이센의 제도와 정반대였다. 하지만 여전히 오스트리아는 강력했고, 많은 공국들을 통치하는 대제국이었으며 독일 지역의 여러 소국들에 패권적 영향력을 행사했다. 프로이센도 그중 하나였다. 이것이 1866년 7월 3일 아침까지 두 진영의 세력 구도였다. 그러나 이날 저녁에 게르만 민족의 판도는 완전히 뒤집혔다.

역사적 전개

배경

프로이센-오스트리아 전쟁의 발단이 된 사건은 1864년 제2차 슐레스비히Schleswig 전쟁이다. 이 분쟁에서 프로이센과 오스트리아는 덴마크가 지배했던 독일의 작은 공국 슐레스비히-홀슈타인Schleswig-Holstein을 정복하기 위해 동맹을 맺었다. 두 동맹국은 덴마크군을 성공적으로 격퇴한 후 점령지를 어떻게 다스릴지를 놓고 갈등을 거듭했고, 급기야 양측의 긴장이 고조되어 1866년 초에 군대를 동원하기에 이르렀다.

먼저 행동을 개시한 오스트리아는 4월 21일에 군사 동원을 개시했다.[2] 이에 따라 프로이센은 5월 3일에 부분동원령을, 12일에야 총동원령을 선포했다.[3] 한 달 후인 6월 12일에 프로이센 군대가 진군하여 홀슈타인을 점령했다. 6월 16일, 프랑크푸르트 국민의회Frankfurter Nationalversammlung*가 프로이센에 대항해 모든 국가의 군대를 동원하는 결의를 한 후, 프로이센은 더 강력한 군사력으로 작센Sachsen, 쿠르헤센Kurhessen, 헤센Hessen 지역을 점령했다.[4] 이 군대는 같은 날 하노버를 침공해 극심한 저항에 부딪혔으나 6월 29일에 항복을 받아냈다.

프로이센이 독일 지역의 약소 공국들을 점령하고 있을 때 오스트리아는 여전히 군대를 동원하는 중이었고 아직도 군사행동에 나서지 못하고 있었다. 프로이센 총참모부가 수행한 군수 분야의 계획수립과 참모 업무가 바로 두 국가의 차이점이었다. 프로이센은 군대를 동원하는 데 있어 철도의 가치를 예견하고 이미 오래전부터 철도에 공을 들였다. 프로이센 군대는 오스트리아의 보헤미아Bohemia를 침공하기 위해 5개 철도망을 통해 지정된 위치로 이동했다. 반면 오스트리아 군대는 단 하나의 철도로 이동했다.[5] 이렇듯 단일 철도로 부대와 보급품을 수송해야 했기에 사실상 오스트리아의 군사력은 한 지역에 집중될 수밖에 없었다. 전술 이론상 집중의 원칙을 우선시하는 오스트리아군의 입장에서 볼 때는 그리 나쁘지 않은 상황이었다. 그러나 이는 프로이센에도 더할 나위 없이 좋은 상황이었다.

* 독일 국민의회라고도 한다. 독일 지역에 분포한 게르만 민족의 연방 의회다. 1815년 비엔나 의회가 열린 후 결성되었고 1866년 프라하 조약에 따라 독일 연방이 해체될 때까지 유지되었다.

계획

다시금 프로이센군을 지휘하는 데 거의 전권을 부여받은 총참모장 헬무트 폰 몰트케는 보헤미아에 군대를 집중하고자 철도를 이용했다. 오스트리아군도 여러 지역에서 그곳으로 집결하는 중이었다. 몰트케는 4개 야전군으로 군사행동을 계획했지만 빌헬름 1세 국왕*은 3개 야전군을 사용하도록 승인했다. 그의 계획을 수행할 3개 야전군은 제1군First Army, 제2군Second Army, 상대적으로 적은 전투력을 보유한 엘베군Army of the Elbe이었다. 제1군은 서쪽에서, 제2군은 북쪽에서, 제1군의 남측방에 위치한 엘베군도 서쪽에서 오스트리아군을 향해 진격한다는 계획이었다.[6] 몰트케는 오스트리아군이 기친Gitschin† 일대에 집결할 것으로 예상하고, 그곳에 3개 야전군을 집중하고자 했다. 오스트리아가 어떤 배치를 선택하더라도 프로이센 야전군 중 하나에 반드시 한쪽 측방이 노출되리라는 점을 예측했던 것이다.[7]

오늘날에는 몰트케의 명성이 널리 알려져 있지만 당시에는 그렇지 않았다. 몰트케에게 군 지휘권을 맡긴 것은 의외의 선택이었다. 그는 특별히 카리스마가 있는 인물이거나 고위급 귀족이 아니었으며, 중대장 보직 이후 연대급 이상의 대부대를 지휘해 본 적도 없었다.[8]

몰트케의 상대는 루트비히 폰 베네덱Ludwig von Benedek 원수였다. 그는 장병들의 존경을 한 몸에 받았으며 이탈리아 전역에서 거듭된 승리로 고위급 지휘관까지 오른 인물이었다. 베네덱은 보헤미아 지역의 사령관으로 지명되자 즉각 이를 사양했다. 왜냐하면 그 지역에 대해

* 제2독일제국의 황제.

† 체코의 이친Jičín.

전혀 모르는 데다 그곳에서 군사작전을 해본 적도 없었기 때문이다.[9] 그러나 프란츠 요제프 1세Franz Joseph I 황제가 사령관 직책을 강하게 권해 결국 베네덱은 수락했다. 베네덱의 기본 계획은 가능한 한 많은 오스트리아군 전력을 하나로 통합하여 프로이센 제1군을 향해 서쪽으로 진격해 적을 격멸하는 것이었다.[10]

전초전

오스트리아군은 올뮈츠에 집결하기 시작했다. 그 형세는 마치 61년 전 불운했던 제3차 대불동맹군의 모습과 같았다. 6월 18일 이들은 요제프슈타트Josefstadt를 향해 천천히 이동하기 시작했다. 4일 후 몰트케는 3개 야전군에 보헤미아로 진격하라고 명령했다. 야전군은 공격 개시 지점까지는 철도로 이동했지만 오스트리아 영토 내에서는 도보로 진군해야 했다.

보급 측면에서 문제점이 속출하기 시작했다. 프로이센 총참모부는 언제나 보급 관련 군수보다 부대이동 관련 군수 문제를 훨씬 더 중시했다. 독일의 철도 시스템은 잘 발달되어 있었고 병력과 보급품을 특정 지점까지 수송하는 기능이 탁월했다. 하지만 종착역에서 부대가 행군하기 시작한 후 보급품을 수송하는 장비 면에서는 매우 불비했다.[11]

게다가 몰트케는 매우 빠른 속도로 행군하라고 지시했는데, 야전군 지휘관들이 부대의 휴식을 위해 속도를 늦춰 달라고 건의할 정도였다.[12] 전진하고 있던 오스트리아군과 소규모 접전을 몇 번 치렀지만 프로이센군의 진격 속도는 전혀 줄어들지 않았다. 현대식 무기체계를 앞세운 프로이센군은 직접적인 대규모 돌격만을 고집했던 시대착오적인 오스트리아군의 전술에 완벽하게 대응했다. 프로이센은 후장식 소총breech-loading needle gun*을 도입하여 모든 보병부대를 무장시켰지만 오스트리아군은 여전히 총구장전식 소총을 사용했다. 이 최초의 격돌은 최후 대결의 예고편이었다. 오스트리아군은 용감하게 프로이센군을 향해 돌격했지만 프로이센군은 침착하게 오스트리아군을 제압했다.

최초의 대규모 충돌은 6월 27일 나호트Náchod와 트라우테나우Trautenau† 마을에서 벌어졌다. 이 두 지역 부근에서 프로이센의 제2군 예하 부대들이 산악지역을 통과하기 위해 분산해서 국경을 넘고 있었다. 나호트에서 오스트리아군은 프로이센군의 전위부대를 여러 차례 공격했지만 큰 피해를 입고 퇴각했다. 트라우테나우에서 오스트리아군은 프로이센군을 상대로 잘 싸워 선두부대를 격퇴했다. 그러나 여기서도 오스트리아군의 피해가 컸다.[13] 이튿날에도 조르Soor와 슈칼리츠Skalitz에서 개별적으로 교전이 벌어졌다. 두 곳 모두에서 오스트리아군이 패배했으며, 프로이센군보다 오스트리아군의 사상자가 훨씬 많았다.[14]

프로이센 제1군은 뮌헨그레츠Münchengrätz를 지키던 오스트리아군과 붙은 소규모 전투에서 적을 격퇴한 후 6월 28일에 뮌헨그레츠에 집결했다. 물론 제1군은 오스트리아의 주력부대와 싸워 본 적이 없는 상황이었다. 병력이 집중되자 보급품이 부족해졌다. 프로이센군으로서도 작은 공간에서 대규모 병력에 식량을 공급하기가 매우 힘겨웠

* 프로이센이 제식소총으로 채용하여 보불전쟁 때 적극적으로 활용한 것으로 유명하다.

† 체코의 트루트노프Trutnov.

다.[15] 다음 날 기친에서 제1군과 오스트리아군은 최초의 대규모 전투를 벌였다. 오스트리아군은 여러 방면에서 도시를 공격하는 프로이센군을 잘 막아 냈지만, 베네덱으로부터 철수 명령을 받았다. 그는 그곳의 전황을 전혀 몰랐던 것이다. 적군의 총탄과 포탄이 빗발치는 가운데 이뤄진 야간 철수는 그야말로 대혼란이었고 병사들이 공황에 빠져 도주하는 사태로 이어졌다.[16]

몰트케는 오스트리아군이 기친 일대에 집결할 것으로 예상했지만 행군 속도가 더뎌 오스트리아군은 집결하지 못했다. 7월 1일 그는 3개 야전군에 쾨니히그레츠 방향으로 진군하라고 명령했다. 물론 그는 이 시점에 베네덱이 쾨니히그레츠와 사도바Sadowa 사이에 진지를 편성한 사실을 몰랐다.[17] 이튿날 전시 회의에서 몰트케는 프로이센군 계획의 최종 윤곽을 내놓았다. 야전군을 하나로 통합해야 한다는 주장도 있었지만, 국왕은 몰트케의 손을 들어 주었다. 그는 적어도 오스트리아군이 집결한 지역을 확인하기 전까지는 분산해서 기동해야 한다고 주장했다.[18] 오스트리아군에 관한 정보를 획득하는 데 그리 오랜 시간이 걸리지 않았다.

프로이센 최고지휘부가 고심하는 동안 제1군 정찰부대들은 관측부대와 포로 심문을 통해 쾨니히그레츠와 사도바 사이에 오스트리아군 4개 군단이 집결해 있다는 사실을 확인했다.[19] 그때까지 신중하게 제1군을 지휘한 프리드리히 카를Friedrich Karl은 다음 날인 7월 3일에 휘하의 일부 병력으로 공격하기로 결심했다. 이날 밤 21시경 프로이센군 총참모부는 작전계획을 완성하여 예하 부대에 하달했으며 최고지휘부에도 보고했다. 상황을 정확히 파악한 몰트케는 입수된 정보와 그 계획을 검토한 후 승인했을 뿐만 아니라 제1군 전체와 엘베군, 제2

군에도 공격을 명령했다. 그는 3개 야전군으로 동시에 오스트리아군을 공격할 수 있는 절호의 기회임을 확신했고, 제2군도 북부에서 오스트리아군의 우측방을 타격할 수 있는 좋은 위치에 있다고 확신했다.[20]

전역

오스트리아군은 강력한 방어진지에 능숙하게 전열을 갖추었다. 서쪽을 향한 주방어선은 적군의 공격을 유인해 분쇄할 수 있는 숲과 능선 등의 지형적 특성과 잘 결합된 상태였다. 이러한 지형지물들은 비스트리츠강Bistritz*에 연해 형성되어 있었고, 프로이센군이 공격하려면 이 강을 반드시 극복해야 했다. 주방어선 후방의 고지대에는 화력이 탁월한 화포가 잔뜩 배치되어 예상 접근로를 미리 겨냥해 조준하고 있었다.[21] 주방어선은 북쪽으로 휘어져 엘베강Elbe까지 뻗어 있었다. 베네덱은 강을 등지고 부대를 배치해 진지 형태가 위태로웠지만 철수할 때 필요한 추가 교량들과 통로를 마련해 둔 상태였다. 서측방과 북측방의 부대들은 프로이센군이 공격할 것으로 예상되는 지점에 적절히 배치되어 있었다. 베네덱의 계획은 주방어선에서 프로이센군의 공세를 저지하고 예비대로 반격하는 것이었다. 또한 오스트리아군은 내선의 이점을 갖고 있었고, 유사시에는 전선의 한 지점에서 다른 쪽으로 신속히 전력을 전환할 수도 있었다. 하지만 전력을 전환하는 것 자체가 강점으로 작용하기는커녕 패배의 원인이 되고 말았다. 7월 3일 아침 북측방에 배치된 2개 부대가 방어에 유리한 지역으로 이동

* 체코 비스트리체강Bistřice.

하면서 방어선에 간격이 발생했고 전선을 약화했다.[22]

한편 프로이센의 제1군과 엘베군은 서쪽에서 비스트리츠강을 건너 오스트리아군 방어선 중 가장 강력한 거점을 향해 대담하게 공격했다. 제1군은 오스트리아군의 중심부를, 엘베군은 오스트리아군의 남측방을 향해, 또는 이를 우회하여 공격하고자 했다. 그러나 몰트케의 승리를 결정지을 주공은 북측방에서 공격한 제2군이었다. 물론 적시에 도착하는 것이 관건이었다.

제1군은 04:00시에 이동을 개시하여 공격대기진지를 점령했다. 마침내 07:00시에 기병과 기마포병대가 오스트리아군의 진지를 탐색하기 위해 출동하면서 공격이 개시되었다. 07:30분에 양측의 포문이 열렸다.[23] 몰트케는 제1군에 전 전선에 걸쳐 일제히 공격하라고 명령했다. 08:30분에는 프로이센 보병이 투입되었다. 양쪽의 포격은 맹렬했다. 수 세기 동안 그곳에 있었던 마을들이 순식간에 불바다로 변해 버렸다.[24] 11:00시경 오스트리아군의 거센 포격에 프로이센의 공격 기세가 둔화되었고, 공격은 곧 교착 상태에 빠졌다.[25] 고지대에 층층이 잘 배치된 오스트리아군 포병대의 위력 앞에 프로이센군이 진격하는 것은 자살행위나 다름없었다.

08:00시경 엘베군도 공격대기진지에 있었다. 오스트리아군은 소규모 교전 후 전선에서 곧장 철수해 버렸다.[26] 오전 늦게까지 한쪽이 진격하고 다른 쪽이 밀어내는 일진일퇴를 거듭하는 상황이 벌어졌다. 엘베군은 오스트리아군의 측방을 우회하기는커녕 진퇴양난에 빠져 버렸다.

오스트리아군 전선의 경첩과 같은 지역, 즉 남북 방향의 주방어선이 동서 방향의 북측방 전선으로 휘어지는 곳에 슈비프발트Swiepwald

라는 삼림지대가 있었다. 이곳에 배치된 오스트리아군은 포병 화력의 엄호 속에서 강력한 방어진지를 편성했다. 숲에서 쏟아져 나오는 포탄 때문에 프로이센군 병사들은 멈칫거렸다. 08:30분에 프로이센군 6개 사단 규모의 병력이 오스트리아군 진지를 급습했다. 09:30분에 오스트리아군 10개 사단이 큰 피해를 입고 숲에서 철수했지만 아직 상황이 끝나지 않았다. 철수 후 곧장 다른 2개 여단에 슈비프발트를 탈환하라는 명령이 떨어졌다. 이때부터 양측 간의 전술 차이가 드러나기 시작했다. 오스트리아군은 개활지에서 대형을 이루어 이동과 사격을 반복했고, 반면 프로이센군은 진지를 사수하기 위해 수목을 엄폐물로 삼아 정밀조준하여 신속히 사격했다. 오스트리아군의 수가 압도적으로 우세했음에도 불구하고 결과는 불 보듯 뻔했다. 오스트리아군의 2개 여단은 공격을 중단하고 퇴각했다. 11:00시경 새로운 2개 여단이 공격을 감행했다. 그러나 이번에도 실패했다. 프로이센군의 19개 대대가 오스트리아군 50여 개 대대를 물리쳤다. 물론 양측 모두 피해가 매우 컸다.[27]

슈비프발트에서 수많은 오스트리아군 대대가 피해를 입은 것은 단순한 사상자 이상의 효과를 초래했다. 슈비프발트 숲속으로 투입된 부대는 오스트리아군 북측방에서 전환된 부대였다. 즉 프로이센 제2군이 빠른 속도로 진격 중이던 바로 그곳이었다. 베네덱은 이 시점에 프로이센 제1군에 대한 반격을 계획하던 중이었고, 11:30분경에는 제2군이 곧 전장에 당도할 거라는 전보를 받았다.[28] 그는 즉각 북측방으로 전력을 이동시키려 했다. 부대를 적시에 투입하려면 병력이 충분히 근거리에 있어야 했지만, 가까운 곳에는 슈비프발트의 전투에서 피투성이가 된 부대들뿐이었다.[29] 거의 동일한 시각에 엘베군에 대한

오스트리아군의 공격도 실패로 끝나고 말았다.[30]

한편 프로이센 제2군은 08:00시에 숙영지를 떠나 오스트리아군을 향해 진격했다.[31] 10:00시경 최전방에서는 2개 군단이 이동했는데, 그 예하의 각 사단들은 각자의 행군로를 따라 이동 중이었다. 몰트케는 더 신속히 이동하기를 바랐지만 습한 날씨와 험한 지형 탓에 진출 속도가 더딜 수밖에 없었다. 13:00시경에는 이들 앞에 소위 클룸 Chlum*이라고 불리는 가늘고 길게 뻗은 능선이 나타났다. 저지대는 여전히 자욱한 안개로 덮여 있었다. 고지대의 진지에 배치된 오스트리아군은 적군이 올라오는 모습을 전혀 관측할 수 없었다. 따라서 교전은 전혀 없었다. 미처 전투준비를 못 한 오스트리아군은 갑자기 눈앞에 나타난 프로이센 보병에게 기습당하고 말았다. 베네덱과 오스트리아군 총참모부는 1시간 30분 전에 프로이센의 제2군이 진격 중임을 알았지만, 정작 전투해야 할 오스트리아군 부대들은 그 사실을 몰랐다. 오스트리아군에서 유일하게 전투준비가 완료된 부대는 포병부대뿐이었다. 이들은 돌격 중인 프로이센군을 향해 포격을 개시했다. 최초 계획상 프로이센 포병부대는 최전선으로 이동할 계획이 없었다. 이날 아침 포병 지휘관이 변경된 명령을 수령한 후에야 이동을 개시했고, 노출된 진지에서 오스트리아군 포병을 향해 포탄을 발사했다. 그러자 마침내 오스트리아군 포병대는 포격을 중단했다.

능선의 명칭과 동일한 클룸이라는 마을에 주둔했던 오스트리아군의 전투의지가 급격히 무너지면서 퇴각하는 병사들이 속출했다. 물론 양측은 시가전으로도 큰 피해를 입었다. 능선으로 몰려든 프로이

* 체코어로 숲이 우거진 언덕을 의미하며, 체코의 자치구 명칭이기도 하다.

센군은 전투대형을 갖춘 오스트리아군 예비대의 일부인 2개 군단을 발견했다. 그러나 두 군단의 총구는 다른 방향을 지향하고 있었다. 프로이센군은 이들을 무시하고 무작정 계속 진격했다. 이를 목격한 2만 5,000명의 오스트리아군 장병들은 얼빠진 모습으로 전장을 이탈하고 말았다.[32]

제1군의 입장에서 보면 제2군은 적시에 나타났다. 정오 무렵, 오스트리아군의 주방어부대를 고착하는 데 역부족이라고 판단한 제1군 사령관은 예비대를 투입하려고 했다. 그러나 몰트케가 불허했다.[33] 13:00시경 제1군 예하 지휘관들은 몰트케의 지시를 무시하고 철수를 고려했다.[34] 15:00시에 베네덱은 북측방 전선이 무너졌음을 깨달았고, 퇴로를 확보하기 위해 예비대를 투입하여 반격을 시행했다.[35] 이제 클룸 일대의 주인은 프로이센군이었고, 오스트리아군은 수차례 프로이센군을 향해 반격을 감행했지만 결국 실패했다. 하지만 프로이센군의 진격을 저지하는 데는 성공했다. 16:00시경 몰트케는 제1군에 오스트리아군 전선상 간격으로 총공격하라고 지시했다.[36] 이제 오로지 자신의 군대를 구하는 것에만 전념해야 했던 베네덱은 18만 명의 오스트리아군 전 병력과 함께 전장을 힘겹게 탈출하는 데 성공했다.[37] 그럼에도 불구하고 대대급 이상의 부대 중에 멀리 이격해서 전투 또는 상호 협조할 수 있는 부대는 전혀 없었다. 다수의 부대가 정신없이 쾨니히그레츠를 향해 도주했고, 단결력은 완전히 무너진 상태였다. 많은 부대가 몰트케의 포위망에서 탈출했지만 오스트리아군 자체는 파국을 맞았다. 이날 밤 독일군의 새로운 명령이 하달되자 21:00시경 어디선가 이 전역의 마지막 포성이 울렸다.[38]

작전적 기능

인사행정

앞서 언급한 오스트리아군 총참모부 시스템의 약점을 차치하더라도 오스트리아군의 인사행정 시스템은 매우 미흡했다. 병력 측면에서도 오스트리아군 최고사령부는 실제로 가용한 병력 수가 아닌 서류상의 숫자만을 파악했다. 결국 예상보다 20~25퍼센트 정도 적은 병력이 전장에 투입되었다.[39]

두 군대 모두 징집병을 운용했지만 오스트리아에 부유층이 군복무를 회피할 수 있는 방법이 훨씬 많았기 때문에 프로이센군에 비해 오스트리아군은 교육훈련 수준도 복무 의욕도 매우 낮았다.[40] 프로이센의 징병제도 완벽하지는 않았다. 명망 있는 귀족은 자신이 원하면 군복무를 피할 수 있었다. 그러나 전반적으로 프로이센의 인사행정 제도가 더 우수했고, 전장에서 그 차이점이 확연히 드러났다.

오스트리아군은 표준화 측면에서도 부실했다. 이탈리아 여단과 오스트리아 여단, 작센 여단의 인원 편성은 물론이고 심지어 그 예하 부대의 편성도 동일하지 않았다. 장비도 달랐다. 게다가 오스트리아 제국 내의 국적이 다양한 각양각색의 부대들 간에 언어 장벽마저 존재했다. 인사행정과 지휘통제 부문에서 여러 가지 언어가 충돌해 내부 마찰이 초래되었다.[41]

프로이센의 인사행정 체계는 탁월하기로 매우 유명하다. 프로이센 왕국군은 적법하고 체계적인 징병제도를 운용했다. 그리고 전시와 평시의 부대 편제가 동일했다.[42] 오스트리아군은 쾨니히그레츠 전역 중에 단위부대와 예하 부대들을 편성하는 데 시간을 허비했다. 하지만 프로이센군은 전장에 나타났을 때 이미 모든 준비를 마친 상태였다.

정보

정보 측면에서는 프로이센의 시스템이 더 취약했다. 몰트케의 기병부대는 대개 보병부대에 분산 배치되어 정찰용으로 비효율적이었다.[43] 몰트케가 직접 운용할 정찰 부대가 없었기 때문에 그는 예하 지휘관들의 정보에 의존할 수밖에 없었다. 특히 제1군은 기병을 정찰에 활용하지 못하여 행군로에 오스트리아군이 거의 없었음에도 매우 더디게 이동했다.[44] 이미 오스트리아군이 철수했지만 정황을 파악하지 못해 진공상태였던 목표에 대한 공격을 계획하고 시행하느라 기동이 지연되는 일도 있었다.[45] 하지만 전역이 계속될수록 제1군의 정찰 능력이 점차 향상되어, 기병정찰대가 쾨니히그레츠 인근에 집결한 오스트리아군을 찾아내기도 했다.

오스트리아군의 정보 수집 능력은 상대적으로 양호한 편이었으나 정보 처리 능력은 부족했다. 언제나 모든 정보가 베네덱에게 직접 전달된 후 군사적 결심이 이루어졌으므로 적절한 시기를 상실해 정보 자체가 무용지물이 되는 경우가 많았다. 베네덱은 종종 입수된 정보에 반하여 행동하기도 했다. 그는 프로이센 제2군의 기동 속도를 몰랐을 수도 있지만, 위치와 진격 방향은 잘 알았다. 그러나 오스트리아군 총사령관이 그 정보에 대한 조치를 취하려 했을 때는 이미 너무 늦은 시점이었다.

작전

쾨니히그레츠 전역은 내선 대 외선의 대결 구도로 설명될 수 있다.

당시 유럽 군대의 통념은 내선의 진지를 확보한 쪽이 더 유리하다는 것이었다. 이는 중앙을 선호했던 나폴레옹에 의해 '입증'된 논리였다. 베네덱은 몰트케가 2개의 대규모 야전군을 한쪽 측면에 집중하여 공격할 것으로 예상하고 내선을 형성하고자 노력했다. 제2군의 측방 위협에 대한 베네덱의 무관심은 이러한 믿음에서 기인했다고 볼 수 있다.

그러나 몰트케는 그런 게임 방식은 구시대적이라고 생각했다. 야전군을 이동시키고 보급하는 데 철도를 활용하고, 화력을 강화한 후장식 소총으로 병사들을 무장시킴으로써 외선작전을 가능하게 했을 뿐만 아니라 그 작전이 더 유리하다고 판단했던 것이다.[46] 울름에서 나폴레옹은 전투 전에 전력을 집결해야 했으나, 쾨니히그레츠에서 몰트케는 전력을 먼저 집결할 필요가 없었다. 그의 야전군들은 오스트리아군을 목표로 집결했다.

시간과 공간을 다루는 몰트케의 능력이 탁월했기에 그러한 집결이 가능했다. 야전군들은 각기 독립적으로 기동하고 싸워야 했지만 어느 한쪽이 위기에 봉착하면 상호 지원도 가능했다. 이럴 경우에는 한 부대가 수적으로 우세한 오스트리아군을 고착하고 다른 부대는 오스트리아군의 측방을 타격할 수도 있었다.

무기와 기술의 변화에도 불구하고 오스트리아군의 계획은 대부분 당시의 통념, 즉 나폴레옹식 전술에 기반한 것이었다. 프로이센군의 계획은 추정과 가정에 따랐지만 총참모부가 수행한 세부 분석과 계획 수립에서 도출된 것이었다. 그리고 후자가 적중했다.

화력지원

화력지원 부문에서는 오스트리아군이 명백히 우세했고, 전역에서 현실로 나타났다. 우선 그들은 기술적 측면에서 우세했다. 프로이센군은 모든 화포를 강선포로 전환하는 데 실패했고, 보유한 대다수의 화포는 활강포였다. 오스트리아군은 736문의 강선포와 58문의 활강포를 전장에 배치했다. 프로이센 측은 492문의 강선포와 306문의 활강포를 보유했고, 이를 3개 야전군에 분산해 투입했다. 프로이센군은 강선포를 도입한 지 얼마 되지 않아 포병부대의 훈련 경험이 매우 부족했다.[47]

오스트리아군 측에서 볼 때 전투 중에 여러 가지 문제가 발생했지만 포병만큼은 그렇지 않았다. 프로이센 제1군의 공격을 저지하고 고착시킨 것은 보병이 아니라 포병이었고, 이들은 이날 제1군을 사면초가에 빠뜨렸다. 만일 제2군이 적시에 도착하지 않았다면 제1군의 전열은 무너질 수도 있었다. 북측방에서는 오스트리아군 포병이 제2군의 공격을 막아 낼 수도 있었지만, 전력이 크게 약화된 오스트리아군 보병부대로는 저지하지 못했다. 만일 그들이 프로이센군 포병과의 포격전(프로이센군이 난관에 봉착했던 상황 중 하나로, 일부 지휘관의 희생을 요구한 계산된 행동이었다.)에 휘말리지 않고 계속해서 프로이센군 보병부대에 포탄을 쏟아 부었다면 전투의 결과는 완전히 달라졌을 수도 있다. 물론 승패의 결정적 요인도 오스트리아군의 포병이 되었을 것이다.[48]

군수

전역의 군수 분야에 관해서는 이미 개략적으로 언급했지만, 몰트케 쪽이 얼마나 훌륭했기에 베네덱보다 훨씬 더 많은 선택지와 유연성을 보유하게 되었는지를 살펴볼 필요가 있다. 몰트케는 오스트리아군이 보헤미아라는 지역에 모든 전력을 집중하리라는 것을 잘 알았고, 무엇보다도 그들의 군수지원 체계를 고려할 때 그렇게 할 수밖에 없었다. 반면 프로이센군 측에서는 총참모부가 치밀한 역량을 발휘하여 철도수송 계획을 수립하는 등 대규모 장거리 수송과 지속지원이 가능했다.[49]

프로이센군과 독일군에 관한 사례에서 흔히 나타나듯, 그들은 오로지 부대 이동에 관한 군수지원에 경도되어 있었다. 보급 분야의 군수에는 전혀 주의를 기울이지 않았다. 프로이센군 측에서는 보급 문제가 만성적으로 일어났고, 제1군과 엘베군의 경우에도 이런 문제 때문에 진격 속도가 매우 느렸다고 볼 수 있다.[50]

지휘통제

오스트리아군의 지휘통제에는 결함이 많았다. 베네덱에게는 직접 전투를 지휘하고 중앙집권적으로 지휘통제할 능력도, 예하 지휘관들이 전투를 지휘하도록 분권화할 능력도 없었다. 지휘관들이 주도적으로 행동하고, 부차적인 사안에 관해서는 독단적으로 결심할 수 있는 분위기가 아니었다.[51] 오스트리아 야전군 참모장은 군 일부에 대한 통제권을 갖고 있었으나 그마저도 모호하고 미약했다. 이로써 협조가 미흡하고 혼란스러운 상황이 초래되었다. 총참모부가 예하 지휘관들에 대한 임명권을 행사할 수도 없었다.[52] 전투 당일 오스트리아군 최고사령부에는 3명의 참모장이 있었는데, (지금도 풀리지 않았지만) 당시에 제기된 의문은, 만일 실권을 가진 인물이 있다면 누구냐는 것이었다.[53]

이와 대조적으로 프로이센의 사단들은 매우 주도적으로 움직였다.[54] 사단급 참모부가 견실했기에 지휘통제의 용이성을 위해 군단의 개입을 배제했다. 총참모부는 야전군을, 야전군은 사단을 직접 지휘했다. 이러한 단순화 덕분에 프로이센군 사단들은 신속하게 행동하고 반응할 수 있었고, 상급부대 참모부의 부담을 덜어 줄 수 있었다. 또한 몰트케는 개략적이고 유연한 계획을 선호했다. 예하 지휘관들에게 목표 정도만을 부여하고, 세세한 사안들은 그들이 직접 이행하기를 기대했다.[55] 샤른호르스트 모델에 따른 참모제도가 이를 가능하게 했다. 모든 제대의 참모장교들이 교육훈련을 통해 역량을 갖추었으므로 권한을 위임할 수 있었던 것이다. 다른 군대에서는 단순히 지휘계통상의 한 부분을 배제하는 조치만으로도 혼란이 초래될 수 있었지만, 샤른호르스트 모델은 지휘 체계가 능률적으로 작동하도록 만들었다.

이렇게 고도로 분권화된 결심 체계는 전투 승리에 결정적 요인으로 작용했다. 제1군 사령관 프리드리히 카를 왕자가 여명을 기해 공격을 결심하고, 몰트케가 이를 승인했으며, 제1군을 지원하고자 제2군을 적시에 투입하고 전과를 확대하기로 했던 결심이 그 사례다.

쾨니히그레츠 전역과 전쟁의 승부를 결정지었으며, 역사상 결정적 전투 중 하나인 이 전투에서 몰트케가 제2군에 하달한 명령은 (영어로) 불과 57개 단어뿐이었다. "전하!* 제1군을 지원하기 위해 적군의 예상 접근로 상의 우측방을 지향하여 전하의 전군을 이끌고 지금 즉시 이동할 수 있도록 필요한 준비를 해주십시오. 그리고 가능한 한 빨리 시행해 주십시오. 오늘 오후에 이곳에서 보내드린 명령은 상황

* 제2군 사령관은 프리드리히 왕세자Kronprinz Friedrich로 훗날 독일제국의 2대 황제에 오른다.

이 바뀌었으므로 더 이상 유효하지 않습니다."[56] 역사상 이보다 더 명확하고 간결하게 작성된 군사명령은 없다고 해도 과언이 아니다.

전역의 승부를 결정지은 주요 결심들은 예하 지휘관들에 의해서 전투 현장에서 이뤄졌고, 그들은 총체적 계획을 구현하는 데 초점을 맞추었다. 제2군의 선두부대들은 몰트케의 지시를 기다리지 않고 오스트리아군이 클룸 일대의 약화된 측방을 보강하고자 전력을 투입하기 전에 클룸 능선을 공격했다. 프로이센군의 포병 지휘관은 보병부대의 공격이 시작되자 즉각 오스트리아군 포병대를 향해 포문을 열었다. 오스트리아군의 포병이 돌격하는 프로이센 보병부대가 아닌 자신의 부대를 향해 포격하는 셈이 되어 버린 것이다. 만약 최고지휘부의 몰트케가 북부 전선의 상황을 파악하고 정보를 분석하여 예하 부대에 결정을 내리는 체계였다면 이런 행동은 불가능하다. 프로이센은 사실상 임무형 전술의 전통을 계승하여 전투에서 승리한 것이다.

소결론

프로이센 총참모부는 1866년까지 특별한 권력이나 명성을 얻지 못했지만 프로이센-오스트리아 전쟁의 결과로 그 능력을 입증했다. 4년 후에 벌어진 프로이센-프랑스 전쟁에서도 능력을 완벽히 발휘했다. 다른 국가들도 샤른호르스트 모델을 모방해 도입하는 데 열을 올렸고, 사실상 이렇게 부여된 권력으로 참모 조직은 왕, 황제, 총통 또는 의회의 통제를 전혀 받지 않을 권리를 갖게 되었다. 전략적 면책을 받게 됨에 따라 전략적 사각지대가 생겼고, 이것은 머잖아 독일을 암흑의 길로 이끌었다.

쾨니히그레츠 전역은 작전술과 이를 수행한 참모부의 중요성을 보여 주는 사례다. 오스트리아군처럼 기능별 참모부가 없는 군대에도 몇 가지 강점이 존재했다. 예를 들어 오스트리아군의 포병과 기병은 프로이센의 포병과 기병에 비해 월등히 우세했다. 그러나 이러한 강점들이 서로 협조되지 못했고, 필요한 공간과 시기에 발휘되지 못했으며, 또한 그러한 일을 해야 하는 기능별 참모부가 없었기 때문에 여러 취약점을 보완하는 데 강점을 활용하지도 못했다.

아우스터리츠 전역은 사실상 참모진이 없는 군대와 초기 형태의 참모진을 갖춘 군대의 전투 사례라고 볼 수 있다. 반면 쾨니히그레츠 전역은 고도의 기능별 참모조직을 갖춘 군대와 부실한 참모조직을 보유한 군대의 대결 사례다. 이후부터는 양쪽 모두 좀 더 진보된 기능별 참모부를 보유한 군대가 경쟁했던 사례를 살펴본다.

사례 연구 3

1914~1918년 대서양 전역

이번 사례 연구에서는 제1차 세계대전 시 대서양에서 해상 교통로를 둘러싼 해군의 경쟁, 통상 대서양 전투라고 불리는 사건을 다룬다. 상선의 통항은 영국에게 중요한 공급원이었기에 영국 왕립 해군Royal Navy*과 독일 제국 해군Imperial German Navy†은 각각 보호와 차단을 목적으로 대치했다.

앞의 두 사례와 비교했을 때 이 사례는 상륙 및 공중활동이 포함되지 않은, 전적으로 해상에서 벌어진 전역이었으며, 양측 모두 고도로 발달된 참모부를 보유했다는 특징이 있다. 두 해군 사이의 차이점은 그들의 국내 상황이었다. 역사상 어떤 해군도 영국 해군만큼 국내

* 이하 영국 해군이라 표기한다.

† 이하 독일 해군이라 표기한다. 제2차 세계대전 당시의 해군인 Kriegsmarine(1935~1945)와 다르다.

에서 전폭적인 지지를 받은 경우를 찾기 어렵다. 반면 독일 쪽에서는 해군보다 육군이 더 큰 신망을 얻고 있었다. 한동안 독일은 해군을 증강하고자 했지만, 정치적 영향력 측면에서 해군의 지위는 언제나 육군의 아래에 있었다.

유럽의 군대들은 쾨니히그레츠 전역 이후 작전적 기능, 특히 정보 및 지휘통제 분야에서 많은 발전을 이루었다. 나폴레옹과 몰트케는 적과 상황에 대한 정보를 얻기 위해 인간 정보와 물리적 정찰에 의존해야 했다. 그러나 제1차 세계대전 즈음에는 전자 및 신호 정보가 커다란 변화를 야기했고, 과학기술을 통한 지휘통제도 가능하게 되었다. 특히 함정의 경우가 그러했는데, 이는 함정 자체에서 전원이 공급되는 초기 단계의 무전기 덕분이었다.

역사적 전개

배경

1914년 6월 28일 사라예보Sarajevo에서 세르비아 출신의 가브릴로 프린치프Gavrilo Princip가 오스트리아-헝가리 제국의 프란츠 페르디난트Franz Ferdinand 대공을 암살하면서 제1차 세계대전이 촉발되었고, 동맹, 공포, 이익과 증오의 복잡한 관계가 제1차 세계대전의 배경이었음을 여기서 설명할 필요는 없을 듯하다. 이 책에 걸맞게 여기에서는 대서양 전역에서 맞붙은 두 해군에 대해서 살펴본다.

영국과 독일은 전쟁이 발발하기 전부터 해군의 군비 경쟁을 벌이고 있었다. 20세기 들어 수십 년 동안 독일의 알프레트 폰 티르피츠Alfred von Tirpitz 제독은 빌헬름 2세Wilhelm Ⅱ 황제에게 해군력 증강을 촉구했고, 해군법 제정과 함정 건조를 위한 적절한 예산 확보를 건의했다.[1] 독일은 전쟁 발발 시 강대한 영국 해군에 의한 봉쇄를 가장 우려했다. 실제로 1912년 12월 3일에 황제도 독일 해군의 주요 임무가 그러한 봉쇄를 극복하는 것이라는 칙령을 내렸다.[2] 영국도 같은 방식으로 대응했고, 독일 함대에 대해, 특히 전함 부문에서 수적 우세를 유지하고자 노력했다.

물론 영국 해군은 수 세기에 걸쳐 폭넓은 경험을 쌓았고 계급구조, 세부적인 인사행정, 교리, 산업 발전 등을 기반으로 현대적 차원의 전문성을 갖춘 최초의 군사 조직 중 하나였다.[3]

계획

영국 해군은 최초부터 독일에 대한 원거리 봉쇄*를 계획했다. 독일이 장악한 항구에 함정을 배치하기보다는 정찰 활동으로 북해North Sea의 출구를 차단하려고 했다. 전투 함대battle-fleet†를 북해로 출동시켜서 봉쇄를 시행했으며, 주요 목적은 상품, 특히 식량이 독일에 유입되는 것을 차단하는 것이었다. 존 젤리코John Jellicoe 제독 휘하의 영국 해군 대함대Grand Fleet는 처음부터 데이비드 비티David Beatty 제독이 지휘하는 순양함 함대Battle Cruiser Fleet(대함대의 예하 함대)와 함께 스캐파플로Scapa Flow‡에 정박해 있었다.[4]

* 한 국가가 단독으로 또는 여러 국가가 공동으로 타국에 대하여 장거리에 걸친 해상 교통을 봉쇄하는 일.

† 전함, 순양함, 구축함 등으로 구성된 함대로 전략적 해역에 배치되어 필요한 경우 적 함대와 교전하거나 적의 해상 활동을 억제하는 작전을 수행한다.

‡ 영국 스코틀랜드 북쪽, 메인랜드섬의 내해.

독일 해군 지휘관들은 영국 대함대와의 정면 대결을 철저히 준비했지만, 맞붙으면 승리할 가능성이 희박하다는 사실을 잘 알고 있었다. 따라서 물자를 공급하는 상선들이 영국으로 들어가는 것을 막는 데 주력했다. 독일은 수상함을 활용한 원거리 봉쇄보다 잠수함전을 활용했다. 순양함의 지원하에 봉쇄선 밖에서 전투를 시행하여 대서양의 해상 교통로에서 가능한 한 많은 상선을 격침한다는 계획이었다. 이러한 **소규모 교전**Klein Krieg 방식은 바다에서의 게릴라전이라 할 만했다. 실제로 독일 해군 지휘관들은 그렇게 불렀다. 동시에 독일 해군은 대양함대Hochseeflotte*로 영국 해군의 봉쇄선을 돌파할 준비를 하고 있었다.

1914: 전쟁 초기 해전

대양함대는 북해의 빌헬름스하펜Wilhelmshaven에 집결해 있었다. 1914년 8월 전쟁이 발발하고 독일 육군이 벨기에 영토의 일부를 점령함으로써 해군은 북해 연안의 항구들을 활용할 수 있는 권한을 얻었다. 또한 독일 해군은 대서양을 포함한 전 세계에서 순양함 전력을 가동했다. 특히 드레스덴호Dresden와 카를스루에호Karlsruhe†는 전쟁이 발발할 당시 카리브해Caribbean Sea에 있었다. 영국 해군의 전함은 세계 최고 수준이었지만 순양함은 노후한 상태였다. 따라서 상선들에는 독일의 순양함들이 실질적인 위협이었다.[5]

양쪽 해군은 드레드노트급dreadnoughts‡ 전함들을 신중하게 운용했

* 원양함대라고도 부른다.

† SMS Dresden과 SMS Karlsruhe는 각각 1907년과 1911년에 건조된 경순양함이다.

‡ 20세기에 주로 제작된 전함 형태로 노급 전함이라고도 부른다. 드레드노트급 전함은 이전

지만, 8월 28일 헬골란트만Heligoland Bight에서 경함정들 간에 제1차 헬골란트 해전First Battle of Heligoland Bight이 벌어졌다. 독일의 해안에 있는 작은 섬 헬골란트는 빌헬름스하펜의 해군 기지를 방호하는 일종의 차단막이었다. 이 전투의 승자는 분명 영국 해군이었지만—독일의 순양함 3척이 침몰했다.— 이것으로 상황이 바뀌지는 않았다. 10월 17일에 벌어진 텍셀섬 해전Battle of Texel Island에서 독일 해군은 또다시 자존심에 상처를 입었으나 그 결과가 전쟁에 미친 영향은 거의 없었다. 양측의 잠수함이 즉각 투입되었고, 독일 잠수함들은 상선을 공략하는 데 전력을 기울였다.[6]

독일 해군의 경우, 북해에서 멀리 떨어진 태평양과 대서양에 전개한 수상함 부대들이 더 큰 성과를 거두었다. 전쟁 발발 당시 지구 반대편이었지만, 태평양에 있던 막시밀리안 폰 슈페Maximilian von Spee 제독 휘하의 동아시아 소함대East Asia Squadron는 남아메리카 남단의 혼곶Cape Horn*을 돌아서 상선들을 공격하기 위해 대서양으로 전개했다. 크리스토퍼 크래독Christopher Cradock 제독의 영국 해군 소함대가 칠레의 코로넬Coronel 해안에서 슈페의 함대를 포착했다. 하지만 독일군 제독은 전력 규모를 숨기기 위해 함정들 중 라이프치히호Leipzig만 무전을 개방하고 다른 함정들은 무선 침묵을 유지하게 했다. 전투에 불리한 위치에 있었지만 단 1척의 적 함정만 상대하면 된다고 생각한 크래독은 뒤늦게 자신의 전력이 수적으로나 화력으로나 엄청난 열세에 있다는 사실을 알게 되었지만, 어쨌든 싸우기로 결심했다. 코로넬

전함과 달리 거포만 싣는다.

* 칠레령 혼Horn섬의 남쪽 끝에 있는 곶. 1914년 파나마 운하가 개통하기 전까지 마젤란 해협과 함께 태평양과 대서양을 잇는 중요한 항로였다.

해전Battle of Coronel은 독일군의 일방적인 승리로 끝났다. 영국군은 순양함 2척과 크래독을 포함한 1,569명의 병력을 잃었으나, 독일 측은 수병 2명이 부상을 입고 함정이 약간 손실되었을 뿐이다.[7] 대서양으로 향하는 슈페의 앞은 사실상 무인지경無人之境이었다.

그러나 이 독일군 제독은 그 순간의 호기를 이용하지 않았다. 12월 8일 슈페의 소함대는 포클랜드Falkland섬의 스탠리Stanley항에 접근하는 중이었는데, 상륙작전을 감행하여 그곳에 설치된 무선중계소, 즉 남대서양에 위치한 영국 해군의 지휘통제의 핵심적인 노드를 공격할 계획이었다. 그러나 영국군도 슈페의 속임수를 역이용하여 스탠리항에 전개된 전력을 감추기 위해 바다에 떠 있는 순양함들에 무선 침묵을 지시했다. 슈페는 이 지역에 영국 해군이 거의 또는 전혀 없을 것이라고 예상했다가 뒤늦게 압도적 전력이 있음을 깨달았다. 슈페는 기민하게 국면을 돌파하려 했지만 그의 소함대는 거의 전멸하고 말았다. 독일군 순양함 단 1척, 드레스덴호만이 그곳에서 탈출했다.[8]

결과적으로 영국 해군은 대서양은 물론 전 세계의 교역을 보호할 준비를 잘 갖추었다. 북해와 발트해Baltic Sea에 갇혀 있던 대양함대를 제외하고, 독일의 수상함 세력은 1914년 말경에 사실상 무력화되었다. 이제 남은 것은 잠수함뿐이었다.[9]

1915: 제한적 잠수함전

1915년 양측의 전투 함대는 우세를 달성하고자 각축을 벌였다. 1월 23일에 도거뱅크 해전Battle of Dogger Bank*에서 독일의 대양함대는

* 영국 북동쪽 앞바다에 있는 광대한 해저 구릉에서 벌어진 해전.

매복하여 영국 해군의 정찰 소함대를 습격하려고 했으나, 신호정보를 통해 징후를 사전에 탐지한 영국 순양함들은 인근에 전투배치를 하고 독일 전함들이 공격해 오자 압도적인 화력으로 대응했다.[10]

이 무렵 원거리 봉쇄로 인해 독일은 식량 부족에 시달리고 있었다. 순양함들을 전투에 투입할 수 없게 되자 제한적 잠수함 전역을 무제한으로 전환했고, 중립국 및 연합국 선박 모두를 격침하는 방법 외에 다른 선택지가 없었다.[11] 2월 4일에 후고 폰 폴Hugo von Pohl 제독은 공식적으로 영국 본토에 대한 '해저 봉쇄'를 선언했다.[12] 그 후 영국은 1915년에 매달 상선 50~100척을 상실했다. 이런 상황에서도 동맹국Central Powers*에 대한 연합국Allies의 봉쇄는 거의 온전하게 유지되었다.[13]

무제한 잠수함 전역을 시행하자마자 중립국, 특히 미국과의 관계에서 독일이 감당하기 어려울 정도의 긴장이 초래되었다. 독일은 5월에 루시타니아호Lusitania를 침몰시켜 미국인들을 분노하게 만들었고, 이는 일련의 외교적 갈등으로 이어졌다. 아라빅호Arabic를 침몰시켜 미국과의 외교적 갈등이 고조되었고 9월경에는 잠수함 활동에 대한 제한조치가 시행되었다.[14] 첫 번째 전역의 공식적인 종결 시기는 우드로 윌슨Woodrow Wilson 대통령이 대독일 최후통첩을 발표한 이후인 1916년 5월 정도로 볼 수 있다.[15]

1916: 본격적인 격돌

그즈음 라인하르트 셰어Reinhard Scheer 제독이 대양함대 사령관에

* 독일, 오스트리아, 튀르키예 등.

임명되었다.[16] 셰어는 출동 횟수를 늘리고 영국의 대함대를 끌어내기 위해 다시 영국 해안에 포격을 가하기 시작했다.[17]

그해 봄, 양측 함대 모두 전투 의지가 강했지만 양측 모두 우발적 충돌이 전투로 이어지리라고는 예상치 못했다. 5월 30일에 영국 대함대가 항해에 나섰고, 다음 날 독일 대양함대가 따라붙으면서 전투가 벌어졌다.[18] 주로 드레드노트급 함으로 구성된 젤리코의 함대와 전투 순양함으로 편성된 비티의 함대는 5월 31일에서 6월 1일로 넘어가는 야간까지 대양함대와 여러 차례 교전을 벌였다. 다음 날까지 이어진 뜻하지 않은 충돌은 격렬한 전투로 돌변했고, 대양함대는 많은 영국 함정들을 격침하고 큰 피해를 입혔으나 자신도 상당한 손실을 입고 빌헬름스하펜으로 철수했으며, 수개월 동안 수리를 받아야 했다. 결국 유틀란트 해전Battle of Jutland은 상황을 바꾸지 못했다.[19] 영국 해군은 손실을 감당할 수 있었으나 독일 해군에게는 그 정도의 여력이 없었던 것이다.

따라서 유틀란트 해전의 결과는 대양함대의 활약에 관계없이 영국의 봉쇄에 영향을 미치지 못했다. 그해 7월 독일은 잠수함 중심의 작전을 재개했고, 미국의 동부 해안에서 중립국 선박들을 격침했다. 주력 함정으로 독일 잠수함에 효과적으로 대응할 수 없다고 판단한 영국은 대함대의 함정 대부분을 기지에 정박시켰다.[20] 독일의 잠수함전이 확대되면서 9월에는 23만 1,573톤, 10월에는 34만 1,363톤, 11월에는 32만 6,689톤에 달하는 물동량이 수장되었다.[21]

1916년 말, 영국의 입장에서는 유틀란트에서 입은 손실이 크게 문제가 되지 않았다. 영국 해군은 8척의 새로운 주력 함정을 진수한 반면 독일이 새로 도입한 함정은 2척에 불과했다.[22] 젤리코가 제1해군

경First Sea Lord*으로 영전하여 비티 제독이 대함대의 지휘권을 인수했다.[23]

1917: 재개된 무제한 잠수함전

원양 봉쇄를 뚫는 데 실패한 독일은 해상 전역의 모든 희망을 잠수함전에 걸어야 했다. 1917년 2월 1일, 독일은 전면적인 무제한 잠수함전을 공식화했다.[24]

우선 독일은 다시 한 번 이 전역에서 전술적으로 성공적인 결과를 얻었다. 2월에는 52만 410톤, 3월에는 56만 4,500톤, 4월에는 86만 330톤의 물동량을 실은 연합국 선박이 침몰했다.[25] 그러나 이러한 전술적 성과는 4월 6일 미국이 대독일 선전포고를 함으로써 전략적으로 역효과를 낳았다.

미국의 해군력은 즉각 힘을 발휘했다. 지상군보다 훨씬 먼저 전장에 투입된 미 해군 장교들, 특히 윌리엄 S. 심스William S. Sims 제독은 독일 잠수함의 위협으로부터 상선을 보호하기 위한 호송 시스템을 도입한 주역이었다.[26] 6월까지 대서양 전구에만 28척의 미 해군 구축함이 전개해 있었다. 이해 말에는 미 해군의 드레드노트급 전함 4척이 영국 해군의 대함대에 합류했다.[27] 독일 잠수함은 5월에 61만 6,320톤, 6월에 69만 6,725톤의 연합군 선박을 침몰시켰지만, 이후부터는 그 수가 감소하기 시작했다. 7월에는 55만 5,510톤, 8월에는 47만 2,370톤, 10월에는 35만 3,600톤을 수장시켰다.[28]

한편 독일의 대양함대는 1917년 내내 거의 활동하지 않았고, 그에

* 영국 해군의 최선임장교로 계급은 해군 대장이며, 해군참모총장이라고 칭하기도 한다.

따른 역효과로 근무태만, 부실한 행정, 식량 부족, 사기 저하 현상이 나타났으며 급기야 내부 폭동으로 이어졌다.[29] 독일 해군은 소요사태를 진압한 후에 그해 말부터 함정들을 출동시켰다.[30] 11월 17일에 영국 대함대와 독일 대양함대가 또 한 번 충돌했는데 이것이 바로 제2차 헬골란트 해전Second Battle of Heligoland Bight이다.[31] 이번에도 승부가 결정 나지 않았다.

1918: 결말

미군의 호송 전술과 증원 전력 때문에 독일 측의 손실이 커졌지만 1918년을 맞았을 때 독일군의 잠수함 보유량은 142척이었다. 실제로 바다에 투입된 잠수함 수는 대체로 안정적으로 유지되었다.[32] 한편 미 해군이 합류함으로써 영국 해군은 원양 봉쇄를 한층 더 강화할 수 있게 되었다.[33] 해군성Admiralty*의 정보부는 독일의 무전신호를 추적하는 새로운 방법을 개발하여 독일 잠수함의 위치를 더 잘 파악하게 되었다.[34] 8월에 31만 180톤으로 격침된 양이 급증한 것을 제외하고, 한 달에 침몰하는 선박의 양은 지속적으로 감소했다.[35] 1918년 10월, 전쟁의 마지막 한 달에는 불과 11만 6,240톤 수준이었다.[36]

궁극적으로는 실패했지만, 연합국 함선에 대한 독일 해군의 전역은 침몰시킨 톤수로만 보면 역사상 가장 성공적이었다. 제2차 세계대전 시 독일 해군Kriegsmarine이나 미 해군도 여기에 비할 수 없다.[37] 잠수함 전역으로 인해 영국은 식량 배급제를 시행하게 되었지만, 원거리 봉쇄로 인해 야기된 독일 국민들의 궁핍한 생활은 차원이 달랐다.

* 해군성은 1964년까지 영국 왕립 해군의 지휘를 담당했고, 1964년 4월 1일 국방부Ministry of Defence가 조직되면서 통합 및 해체되었다.

이것은 독일 제국 해군이 제1차 세계대전의 지상 전역과 무관했음을 말하려는 것이 결코 아니다. 대서양 전투에서 영국 해군이 승리하지 못했거나 그만한 능력이 없었다면, 연합국 상선에 대해 독일의 순양함과 잠수함이 협조하여 시행한 전역은 이 전쟁에서 결정적 역할을 할 수도 있었다. 그리고 독일 해군은 영국을 상대로 한 이 전역 외에도 1917년 10월 러시아 방면에서 시행된 대규모 상륙 전역인 소위 알비온 작전Operation Albion* 등을 비롯해 다른 지역에서 승리를 거둔 바가 있었다.

작전적 기능

인사행정

전쟁 후반에 양측은 새로운 인사행정 제도들을 도입했다. 하지만 이 제도들이 특히 영국과 미국에게 제2차 세계대전에서 재현된 모범 사례 이상으로 가치가 있었는지는 불분명하다.[38] 영국 해군의 인사행정 기반은 수 세기 전에 정립된 것으로서 미 해군의 전력과 매우 신속히 통합하여 그 효율성을 입증했다. 전쟁 중 영국 해군에서는 1919년에 소소한 잡음이 한 차례 있었을 뿐, 어떠한 분란도 발생하지 않았다.

대조적으로 독일 해군에서는 봉쇄 그 자체와 복무에 대한 염증만큼은 아니더라도, 부실한 인사행정이 해군의 반란 원인 중 하나였다.[39] 일반적으로 장병들은 미흡한 인사행정, 복무에 대한 염증, 때로

* 오늘날 라트비아, 에스토니아 일대에서 시행된 독일의 상륙작전.

는 궁핍함까지도 참아 내지만, 이 세 가지가 한꺼번에 발생하면 한계에 다다른다.

전쟁 후반에 독일은 셰어 계획Scheer Program이라 알려진 일련의 개혁과 더불어 해군 총사령부Oberkommando der Kriegsmarine를 창설했다. 이런 조치로 다수의 숙련된 해군 장교들이 육상의 참모부 또는 잠수함 함대로 재보직되면서 수상함 부대는 유능한 지휘관들을 잃어버리고 말았다.[40]

정보

유틀란트에서 영국의 대함대와 독일의 대양함대가 우발적으로 충돌했다는 사실만으로도 알 수 있듯이, 양측 모두 정찰 부대를 충분히 보유하지 못했다. 영국 해군이 보유한 전력—노후화된 순양함과 전투순양함—은 정찰 대신에 직접 교전에 과도하게 투입되어 때로는 참혹한 피해를 입었다.[41]

양측 모두 신호정보와 전자기 스펙트럼 정보 체계를 활용했지만 영국의 기술 수준이 훨씬 우수했다. 사실상 영국 해군성은 전쟁 초기부터 독일 해군의 암호를 해독했지만 독일은 전쟁이 끝난 후에도 자국의 암호가 해독되지 않았다고 주장했다. 영국 해군성은 암호 송신 내용을 전부 다 파악할 수 없을 때도 있었지만 전파-방향-탐지radio-direction-finding 네트워크를 활용하여 독일군 전함의 위치까지는 '파악'할 수 있었다.

전쟁 초기에 양측은 적을 속이거나 상황을 제대로 인식할 수 없도록 기발하게 신호정보를 활용하는 방법을 개발했고, 이는 전투에 결정적 영향을 미쳤다. 먼저 슈페가 코로넬 해전에서, 그 다음에는 도

브턴 스터디Doveton Sturdee 제독이 포클랜드 제도 해전에서 상대를 속이기 위해 기만정보를 담은 전송 신호transmission signals를 사용했다.

작전

해상 전역에서 시간과 공간을 관리하는 것은 한 가지 이유 때문에 어렵다. 그것은 바로 영속적으로 시행할 수 없다는 것이다. 함정과 수병들은 장기간 바다에 머물 수 없다. 그와 더불어 세계의 바다가 너무 넓은 나머지 아무리 대규모 해군이라고 해도 특정 지역에서 산발적으로 머무를 수밖에 없다. 이는 항구, 섬, 해협과 같은 해양의 핵심지역이 해군 전역에서 매우 중요한 이유이며, 이들은 끊임없이 변화하는 경쟁의 장에서 영속성에 버금가는 효력을 제공한다.

영국은 전 세계 해양의 핵심지역에 최첨단 대규모 네트워크 기지를 설치했고 수 세기 동안 글로벌 해군을 운용한 경험을 갖고 있었다. 독일도 이러한 네트워크를 보유했으나 규모가 훨씬 작았고 이제 막 글로벌 해군으로 발돋움한 상태였다. 전쟁 초기에 태평양에 있던 기지와 식민지를 이미 일본군과 호주군에게 빼앗긴 상황이었다. 따라서 독일 해군에서 유럽 해역 밖에서 작전을 수행할 수 있는 유일한 전력은 잠수함뿐이었다.

이 때문에 심각할 정도로 수상기동 능력이 저하된 독일 해군은 대서양 전역에서 그저 상대를 소모하는 데 전력을 기울였다. 독일 해군의 전역이 얼마나 성공적이었는지는 격침된 연합국의 선박 숫자로 충분히 알 수 있다. 그러나 이러한 소모는 전략적 효과로 이어지지 않았고, 만약 그런 효과가 있었다고 해도 분명하지 않다.

이 전역에서 중대한 조치는 연합국이 공동으로 호송 시스템을 개발한 것이었다. 영국 정부는 각 선박의 선장들이 항해 시간, 위치, 방법을 결정하도록 허용하지 않고 호송을 의무화했다. 영국과 미국 해군 함정의 보호하에 대규모 선박들이 함께 항해하는 방식이었다. 이렇게 시공간적인 전투력 집중(상선과 호위 전투함정 모두)을 통해 연합국은 방어할 장소와 시간을 선택함으로써 독일군 잠수함 공격을 더 쉽게 저지할 수 있었고 주도권을 확보할 수 있었다.

화력지원

제1차 세계대전 당시 해군의 항공 전력은 화력지원의 주역이 될 만큼 발전하지는 못한 상태였다. 셰어는 영국의 해안 진지를 폭격하기 위해 체펠린Zeppelin*을 투입하려고 했으나 기상 때문에 난감한 상황이었다. 체펠린으로 힘겹게 폭격을 시행했지만 영국 측의 피해는 거의 없었다.

따라서 해상에서의 화력지원은 함정의 함포 그리고 아직 기술적으로 초기 단계였던 어뢰 위주로 이뤄졌다. 제1차 세계대전 때 어느 쪽의 함포 사격술이 더 우수했는지에 대해서는 상당한 논란이 있다. 우수한 독일군의 조준 장비가 함포의 정확성을 높이고 사격시간을 단축했다고 주장하는 이들도 있다.[42] 해군 작전에서 함포 사격술이 결정적 역할을 하는 경우가 많지만 이 전역에서는 어느 쪽도 압도적으로 우세하지 않았다.

* 제1차 세계대전 때 폭격용과 정찰용으로 사용된 경식 수소 비행선.

군수

군수 측면에서 영국 해군이 구축하고 유지한 글로벌 해양 네트워크가 또다시 중요한 강점으로 작용했다. 독일 해군에는 자체적인 석탄 공급 기지가 거의 없었고, 함정의 작전범위를 확장하려면 중립국 항구에 의존해야 했다. 물론 영국이 통제하는 항구에는 입항을 거부당했다. 독일은 순양함들의 항해 범위를 확장하기 위해 주로 석탄 운반 열차를 활용했다. 하지만 그것도 순양함들을 잃기 전까지의 이야기다.[43]

지휘통제

해군의 지휘통제 측면에서는 큰 변화가 있었다. 수 세기 동안 바다에 있는 각 함정은 대개 자체적으로 움직였다. 항해 전에 지침을 받고 항해가 끝나면 돌아와서 결과를 보고했을 것이다. 함정 간의 통신은 신호 깃발semaphore flags로 이뤄졌다.

이 수기 신호는 오늘날에도 여전히 사용되지만, 1914년에 함정들은 무선 전송을 활용해 상호 간에 그리고 본국의 사령부 참모들과 교신했다. 해군 장교들은 입수되고 전파되는 방대한 양의 정보를 관리하는 데 숙달되어 있었다. 이런 정보들은 해군 함정의 활동에 큰 영향을 미쳤다. 제2차 세계대전 중에 레이더가 도입되면서 지휘통제 문제가 더 커졌고, 이는 전투정보센터의 개발로 이어졌다.

소결론

성공적인 해군 전역은 역사적으로 중요한 사건에 속한다. 해군 전역의 성공은 대부분 한 국가의 해양력sea power, 그중에서도 해군이라는 단 하나의 구성군에 달려 있다. 대서양 전역에서 대영 제국은 해양력을 발휘할 글로벌 도구로 해군을 구축했으며, 해전 위주로 설계된 독일 해군은 결코 영국 해군의 경쟁상대가 되지 못했다.

대서양 전투는 제1차 세계대전 중 서부전선에서 벌어진 사건들, 특히 양측의 막대한 인명 손실에 지금까지 가려져 왔다. 그러나 수병도 해상에서의 삶이 위태로웠으며, 함포사격으로 전 함대가 전멸하거나 수장되기도 했다. 이렇듯 먼바다에서 벌어지는 전역을 통해 해군의 작전술 그리고 바다와 육지에 있는 해군 참모부의 중요성을 새삼 인식할 수 있다.

사례 연구 4

1940년 영국 전투

제2차 세계대전 중 가장 암울했던 시기에 영국은 홀로 나치 독일에 맞섰으나 독일의 폭주를 막을 수 없을 것만 같았다. 1940년 여름이 지나고, 130개의 독일 국방군Wehrmacht 사단과 대영제국 사이에 있던 것은 오로지 영국 해협뿐이었다. 만일 독일 공군Luftwaffe이 영국 해군의 위협으로부터 지상군의 수송을 보호하려 했다면 영국은 그마저도 막을 수 없었을 것이다. 한동안 이곳의 전쟁은 제공권 장악을 위한 전역이었고, 영국 공군이 이 전역에서 승리함으로써 나치의 폭주를 막게 되었다.

이 사례 연구는 공중 전역에서 작전술의 명장면이 펼쳐진 영국 공군과 독일 공군의 대결에 초점을 맞추었다. 항공기 성능과 조종사의 능력으로 수행하는 전역에서는 과학기술이 매우 중요하지만, 이 전역은 지휘통제라는 작전적 기능이 결정적 역할을 한 사례다. 영국 공군의 지휘통제 시스템 덕분에 상대적으로 전술이 부실하고 조종사들이 미숙해도 영국의 산업생산 능력이 더 큰 효력을 발휘할 때까지 전투기들이 공중에서 끝까지 싸울 수 있었다. 전역이 시작되었을 때 나치 독일이 완패하리라고 예상한 사람은 거의 없었다. 그러나 앞으로 살펴보겠지만, 그 결과는 많은 이들의 예측과 완전히 달랐다.

역사적 전개

배경

1939년 9월 3일 프랑스와 영국이 독일에 전쟁을 선포했다. 이후 이른바 '가짜 전쟁phony war' 시기에는 제한적 군사행동과 경제전쟁의 양상이 벌어졌고, 1940년 5월 10일 독일이 벨기에, 네덜란드, 룩셈부르크와 프랑스를 침공하면서 전쟁이 확대되었다. 46일 후에 프랑스가 항복하면서 사실상 독일에 맞설 수 있는 국가는 영국뿐이었다.

됭케르크Dunkirk 철수 후 영국은 원정군의 귀환 병력만으로, 즉 중화기가 거의 없는 13개 혹은 14개 사단만으로 본토를 방어했다.[1] 여느 때처럼 영국 해군은 풍족한 예산과 좋은 대우를 받았지만 본토 외에도 전 세계를 보호하고 지켜야 할 막중한 책임을 떠안고 있었다. 그러나 영국은 본토 방위를 위해 별도의 조직을 만들었는데, 이것이 세계 최초의 독립적인 공군이다. 영국 정부는 1937년부터 공군력과 공군 운영에 필요한 인프라를 구축하는 데 특별히 관심을 기울였으며, 1940년에는 세계적 수준의 공군으로 발전했다. 영국 공군 총원의 80퍼센트가 영국인이었고 10퍼센트는 영연방 국가 출신이었다. 하지만 나머지 10퍼센트 중 상당수의 인원은 나치 점령 국가에서 탈출한

군인들이었다.[2]

한편 독일은 프랑스를 무너뜨린 직후 승리의 기쁨을 만끽하며 6월과 7월 하순까지 별다른 행동을 하지 않았다. 영국이 곧 항복하리라고 생각했던 것이다. 영국 본토에 상륙해 침공하는 계획들은 매우 미흡했다.[3] 독일군 총사령부는 공군이 영국 해협 상공에서 제공권을 확보하여 수송 선단을 보호한다면 영국 침공이 간단할 것이라고 생각했다. 사실상 영국 해군은 해상에서 어떤 규모의 침공 세력도 격멸하기에 충분한 수상함을 보유했다.[4] 이 사실을 근거로 후대 역사가들은 독일의 영국 침공 성공 가능성을 낮게 평가하는 경향이 있는데, 전후 사정과 독일이 심사숙고한 과정을 알고 있기 때문에 그렇게 주장하는 것이다. 그러나 당시 상황은 영국에 심각하게 위협적이었다. 독일 국방군이 막강한 전투력을 갖춘 130개 사단을 영국으로 옮겨놓기만 한다면 독일이 승리할 확률이 높았다.[5]

이번만큼은 아돌프 히틀러가 참모들보다 침공에 덜 적극적이었고, 그도 유럽 대륙에서 승리하면 영국이 독일에 굴복할 것이며, 특히 영국 공군을 괴멸하면 전쟁이 종결될 것이라고 믿었다. 5월 21일, 히틀러는 장군들과 침공에 관해 논의하면서 제공권 확보를 전제조건으로 제시했다.[6]

그는 이 임무를 공군에 부여했다. 독일은 당시 전 세계에서 가장 숙련된 공군을 보유했다. 폴란드, 노르웨이, 덴마크, 벨기에, 네덜란드, 프랑스 침공에 참전했고, 스페인 내전Spanish Civil War(1936~1939) 중에도 활약했다. 이렇듯 수차례의 전역을 통해 독일 공군은 지속적으로 전술을 개발했고, 조종사들은 경험을 쌓았다. 기본적인 전술 단위는 편대군Gruppe으로, 폭격기, 요격기 또는 기타 항공기로 편성된 조직이었다.[7] 특히 급강하폭격기와 폭격 조준경 등 기술적으로 매우 진보된 항공기와 장비를 갖추었다.[8]

독일 공군의 전술은 진보적이었지만 독일 공군은 공대공 전투가 아닌 근접항공지원이나 전략폭격에 초점을 두었다. 게다가 훈련 체계와 보급 인프라도 좋지 못했다.[9] 또한 프랑스 전역에서 조종사와 항공기 모두 상당한 손실을 입었다.[10] 독일 공군 내부에 존재한 또 다른 심각한 문제는 바로 리더십이었다. 조종사로서 약간의 경험이 있다고는 하지만, 히틀러의 정치적 측근인 헤르만 괴링Herman Göring이 공군 총사령관이었다. 그는 리더십이 부족했을 뿐만 아니라 공군 고위급 지휘관들 사이에 정치적 내분과 경쟁을 앞장서서 조장했다.[11] 끝으로, 독일 공군은 앞서 언급했듯 단기간의 정밀 폭격 작전에 적합하게 설계된 조직이었다. 따라서 지속적이고 장기적인 공중 전역을 수행하기에는 역부족이었다.[12]

계획

독일의 영국 상륙작전명은 이른바 '바다사자 작전Unternehmen Seelöwe'이었다. 39개 사단(약 50만 명의 병력)이 해군과 공군의 엄호하에 영국 해협을 건넌다는 계획이었다. 그러자면 우선 해협 상공에서 공중 우세를 달성해야 했다.

공군은 '독수리의 날Adlertag'이라 명명된 공중 전역에서 세 가지 목표를 설정했다. 첫째, 영국 남동부 상공에서 공중 우세를 달성하는 것, 둘째, 영국 공군을 약화시켜서 영국의 전 지역을 전략폭격에 취약하게 만드는 것, 셋째, 전쟁을 지속하는 데 필수적인 산업 능력을 약화시키는 것이었다.[13] 히틀러는 공군에게 목표를 달성하는 데 1940

년 8월 8일부터 9월 15일까지 5주의 시간을 주었다.[14]

영국 방어를 맡은 영국 공군의 핵심적인 두 조직은 전투사령부Fighter Command와 폭격사령부Bomber Command였다. 전투사령부는 영국 상공으로 진입하는 독일군 폭격기를 주요 목표물로 삼았고, 이들을 호위하는 전투기도 상대해야 했다. 폭격사령부는 프랑스, 벨기에, 독일 본토에 있는 독일 공군기지와 항공기, 정비공장에 대한 폭격 임무를 수행했다.

그러나 영국 공군의 진정한 강점은 개발을 주도한 공군 총장Air Chief Marshal 휴 다우딩Hugh Dowding의 이름을 딴 다우딩 시스템Dowding System이었다. 이 체계는 영국 전역에 걸쳐 구축된 지휘통제 네트워크였다. 전략적으로 일정한 거리를 두고 설치된 레이더 기지들은 독일 항공기들이 프랑스에서 이륙하는 순간부터 추적하여 경로, 고도와 편대군의 편성을 예측한 정보를 지휘부로 보고했고, 이에 근거해 전투사령부는 독일 항공기들을 요격할 전투대대를 출격시켰다.

이 전역의 주도권이 독일 공군에게 있었던 것처럼 보일 수도 있다. 독일군이 공자였으며, 언제, 어떤 표적을 타격할지 결정할 수 있었기 때문이다. 하지만 영국 공군은 기발한 방법으로 주도권을 되찾았다. 독일군 전투기들이 출현해도 폭격기들을 호위할 때만 교전에 응했다. 그러지 않을 때는 교전을 회피했다. 다우딩과 제11전투비행단장, 키스 파크Keith Park 소장(영국 남부의 영공 방어 책임자)을 포함한 영국 공군의 주요 지휘관들은 독일 공군이 특히 영국 전투사령부를 무력화하려 한다는 점을 잘 알고 있었다. 그러나 영국에 유일하고도 진정한 위협은 독일군 전투기가 아니라 폭격기였다. 이에 다우딩, 파크 장군과 그 밖의 전투비행단장들은 독일의 폭격기 출현이 의심되는 지역에만 비행대대를 출격시켜 공대공 전력을 최대한 보존했다. 독일의 전투기 편대들은 영국 상공을 자유롭게 날아다녔지만 전역에 아무런 영향을 미치지 못했다. 이렇듯 방어 중에도 주도권을 획득하는 방법을 찾아내는 것도 매우 중요했다.[15]

영국 공군이 독일 공군을 상대로 기민하게 싸워 이길 수 있었던 것은 발전된 지휘통제 덕분이었고, 다우딩은 이 시스템뿐만 아니라 전역의 전반적인 계획수립에도 크게 기여했다. 그에게 위협 요소는 오로지 적군의 폭격기였기에 그에 대한 방어에만 집중했다. 그러나 가장 중요한 목표는 '전투력을 갖춘, 실존하는 항공전력airfleet in being'으로서 영국 공군을 유지하는 것이었다. 영국 공군이 존재하는 한, 독일군은 영국 본토 또는 영국 해협 상공에 함부로 접근할 수 없었기 때문이다. 다우딩의 방어계획에서 또 다른 핵심은 능력이 닿는 데까지 예비대를 유지했던 것이다. 그는 좀 더 평온하고 출격이 드문 영국 북부의 영공 방어를 명목으로 비행대대와 조종사들을 북부로 규칙적으로 순환 배치했다. 이로써 조종사들을 충분히 휴식한 후 남부로 복귀해 즉각 전투에 참가할 수 있었다. 항상 숙련된 조종사가 부족했던 독일군에는 이런 정책 자체가 없었으므로 전역이 끝나기도 전에 조종사들은 이미 정신적으로 녹초가 되었다.[16]

제1단계: 7~8월

영국 전투의 첫 번째 단계에서 독일 공군은 영국 전투사령부의 전력을 끌어내어 영국 해협 상공에서 전투할 계획이었다.[17] 독일에게 유리한 공간이었기 때문이다. 영국 해협이나 프랑스 상공에서 낙하산으로 탈출한 조종사는 구출되어 다시 임무에 복귀할 수 있었지만, 영국 본토 상공에서 탈출한 조종사는 영국군에게 포로로 사로잡혔다. 독일 공군의 '유인' 활동에는 영국 해협의 영국 수송선단, 영국 남부의 항구, 조선소, 공장, 유류 저장고, 활주로 등을 폭격하는 임무와 목표물 식별 및 피해 평가를 위한 정찰 비행도 포함되었다.[18]

7월 10일 제1단계는 절정에 달했다. 이날 해협에는 호위함이 포함된 8척의 호송선단이 있었고, 독일 공군의 도르니에Dornier 경폭격기가 이들 중 1척을 포착했다. 영국 공군의 스피트파이어Spitfire 전투기들이 출격하여 독일 호위기 2대와 폭격기에 피해를 입히고 격퇴했다.[19] 이때 영국 공군은 다우딩 시스템을 통해 칼레Calais 상공에서 60기 이상의 전력으로 구성된 대규모 공습부대를 감지했다. 전투사령부 예하 3개 비행대대와 추가적으로 이미 공중에 있던 비행대대가 이들을 요격하기 위해 긴급 출격했다. 대규모 공중 근접전dogfight*이 벌어졌고, 이 전투에서 영국군이 승리했다. 영국은 단 4기의 전투기를 잃었고, 인원 손실은 추락한 항공기에서 탈출한 조종사들 중 단 1명뿐이었다. 독일군 항공기는 약 150발의 폭탄을 투하했지만 단 1발만 선박 1척에 명중해 —폭격기들은 그와 동시에 영국 전투기들을 회피해야 했다.— 침몰시켰다. 독일 측에서는 폭격기 3기(도르니에 DO 17), 전투폭격기 3기(Bf 110s), 전투기 1기(Bf 109)가 추락했다. 추가로 각각 2기의 Do 17, Bf 110, Bf 109가 피해를 입고 퇴각했다.[20] 계속해서 이 전역의 쟁점으로 언급하겠지만, 이번 교전에 대한 독일 측의 평가는 매우 부정확했다. 그들은 영국 공군이 30기 이상의 항공기를 잃었다고 판단했다.[21]

* 상대 항공기의 꼬리를 물고 기총을 활용하는 공대공 근접전투.

기상이 나쁠 때를 제외하고 독일 항공기들은 거의 매일 출격했고, 7월 10일과 같은 대규모 공습은 간헐적으로 시행되었다. 7월 19일에 독일 공군은 그간의 전투 중 가장 큰 승리를 거두었다. 이날 독일군 전투기들은 스피트파이어 대대 전투기들이 나타나기 전까지 영국 공군 제141대대의 미숙한 조종사들과 낮은 성능의 디파이언트Defiant 요격기들을 조우하여 5기를 격추했다. 이날 영국 공군은 총 10기, 독일 공군은 4기를 상실했다.[22] 7월 10일부터 8월 11일까지 독일군 조종사들은 381기의 영국 전투기를 격추했다고 주장했지만 실제로는 178대였다.[23]

독일 공군 지휘부는 다우딩 시스템을 이해하지 못했다. 그러나 무선 송신탑이 중요한 시설이라는 것 정도는 알고 있었다. 8월 12일 제210시험비행대대Erprobungsgruppe(전투폭격기 대대)*가 송신탑 2개를 완전히 파괴하여 그 지역의 송수신 체계가 마비되는 일이 발생했다. 그들은 이런 호기를 전혀 몰랐기에 어떤 이득도 챙기지 못한 채 기회의 창window of opportunity은 순식간에 닫혀 버리고 말았다. 이튿날 모든 기지는 정상적으로 가동되었다.[24]

제2단계: 독수리의 날

8월 13일까지 영국 해협 상공에서 독일은 계속 교전을 시도했다. 그때 독일 공군은 영국 남부의 공군기지에 대해 대대적인 집중 폭격을 계획했다. 양쪽 모두 손실이 컸다. 독일이 영국의 공군 기지 폭격에 관심을 기울이자 영국 공군도 프랑스 지역에 대한 폭격 임무를 중

* 1940년 쾰른에서 Bf 109와 Bf 110의 지상 공격 역할을 전투실험하기 위해 창설되었다.

단했다. 이러한 전술 변화로 인해 영국 전투의 두 번째 단계가 시작되었다. 이날이 이른바 '독수리의 날'이다.[25]

이 변화는 출발부터 순조롭지 않았다. 독일 공군은 지휘통제에 결함이 많았기에 비행에 관련된 협조도 매우 미흡했다. 엄호 임무를 수행할 전투기 대대가 출격하지 못해 폭격기들이 단독으로 목표물을 향해 비행해야 하는 경우도 있었고, 적어도 한 번 이상은 우군의 오인사격에 피격되는 사례도 있었다.[26] 전투기의 피해는 크지 않았지만 폭격기의 손실은 심각한 수준이었다. 반면 영국 공군의 피해 정도는 작전 수행에 문제가 될 만한 수준은 아니었다.[27]

이틀 뒤 독일 공군은 다시금 하루 종일 대규모 집중 공습을 시도해 영국 공군의 방어력을 완전히 분쇄하려 했다. 이번에는 다행히 폭격기들이 목표물 타격에 성공했지만 이들의 피해도 커서 독일 공군에서는 이날을 '검은 목요일Black Thursday'이라고 불렀다.[28] 이 기간 중에 성능이 좋은 (그러나 비행속도가 느린) 급강하폭격기인 슈투카Stuka의 피해가 특히 컸고, 8월 17일 괴링은 이 전역에서 슈투카의 추가 투입을 금지했다. 따라서 정밀 폭격에 투입 가능한 항공기는 극소수에 불과했다.[29]

이 전역을 수행한 독일 공군 지휘관 알베르트 케셀링Albert Kesselring 원수는 8월 24일에 재차 전술을 변경했다. 이번 폭격의 목표물은 오로지 전투사령부였고, 특히 비행장들을 노렸다. 폭격기들이 출격해 여러 곳의 비행장들이 피해를 입었지만 대부분 하룻밤 새 복구되었다. 케셀링은 다우딩 시스템의 핵심 노드—레이더 네트워크의 통제실과 기지국—를 표적으로 삼지 않았다. 그가 공격하지 않은 이유는 간단하다. 그 존재 자체를 몰랐기 때문이다.[30]

가장 위협적인 독일군의 전술은 기만에 기반을 둔 것이었다. 때로는 Bf 110 전투폭격기와 Bf 109 전투기가 유사한 항로와 패턴으로 비행하여 폭격기들이 호위기 없이 공습하는 것처럼 가장했다. 영국군 전투기들은 호위기가 없는 폭격기 편대들처럼 보이는 독일군 항공기들을 상대로 교전을 시도하다가 봉변을 당하기도 했다. 그러나 이러한 속임수도 몇 번 정도만 유효했다. 8월 말경 다우딩 시스템의 관계자들이 이를 눈치챈 후부터 더 이상 기만 전술은 통하지 않았다.[31]

최종 단계: 대공습

8월 28일부터 9월 5일까지 케셀링은 전투사령부를 완전히 제거하고자 지속적으로 비행장 폭격에 전력을 기울였다. 조종사들을 한계까지 몰아붙이고 항공기 출격도 최대치로 끌어올렸다.[32] 다우딩 시스템을 무력화할 정도로 폭격의 강도가 높았지만 긴장을 늦추지 않았던 영국 공군은 폭풍우를 견뎌냈다. 8월 30일에 영국 공군 폭격사령부가 베를린 공습에 나선 후 히틀러는 공습 지침을 바꾸었다. 이제 런던 공습은 더 이상 금지 사항이 아니었다.[33]

이른바 런던 대공습Blitz of London은 9월 7일에 시작되었다. 이 도시 공습은 하루 종일 시행하는 것으로 계획되었다. 비행장 방어에 익숙했던 영국 공군의 최초 반응은 매우 더뎠다. 독일 전투기들은 폭격기들을 성공적으로 엄호했지만 영국 전투사령부가 대응하기 시작하자 큰 피해를 입었다. 이것이 바로 57일간 밤낮으로 계속된 첫 번째 런던 공습이었고, 이와 더불어 영국 공군 기지에 대한 폭격도 계속되었다.[34]

9월 15일, 독일 공군의 2차 대규모 런던 공습이 실시되었고, 영국 공군은 다시금 대응에 나섰다. 전투사령부의 항공기들은 독일군의 폭격기와 호위기를 완전히 분리시키는 데 성공했고, 취약한 폭격기들을 집중적으로 공격했다. 특히 독일군 폭격기들이 런던 상공에서 천천히 선회하여 기수機首를 본국으로 돌리는 순간을 노렸다. 독일의 공습은 성공적이었지만 영국군보다 독일군의 항공기와 조종사 손실이 훨씬 컸다.[35]

이 시점부터 독일 공군의 사기가 저하하기 시작했다. 독일군 조종사들에게는 영국 조종사들처럼 휴가를 가거나 한적한 지역으로 순환 근무하는 등의 휴식 시간이 없었다. 하루에도 여러 차례 출격해야 했고, 격추당할 때까지 계속 전장에 투입되었다.[36] 9월 17일, 결국 히틀러는 바다사자 작전을 무기한 연기했다. 사실상 취소한 것이나 다름없었다. 이 시점에 독일은 50만 명의 병력과 장비를 영국 해협 너머로 수송할 1,700척의 바지선과 200척의 함정으로 구성된 함대 편성을 완료한 상태였다. 그러나 그 지역에서 공군이 제공권을 장악하지 못하면 작전은 불가능했다. 영국 침공을 준비 중이던 부대는 이제 영국 해협에서 멀리 떨어진 동부로 전환되었다.[37]

독일 공군은 (주간에만 작전할 수 있는 영국군 전투기들을 피하기 위해) 야간에만 런던을 폭격하고, 주간에는 영국 영공에서 영국 전투기를 소탕하는 패턴을 취했다. 9월 말에 독일은 일부 폭격 작전의 목표를 항공기 생산 시설로 변경했는데, 이 조치가 전역 초기에 이루어졌더라면 효과적이었을 수도 있었으나, 독일 공군의 한계가 드러난 그때는 이미 너무 늦은 시점이었다.[38]

폭격과 전투기 소탕은 9월과 10월에도 계속되었다. 그러나 히틀러를 비롯한 독일 고위지도자들은 이 시점에 공중 전역으로는 승산이 없음을, 대공습만으로 영국을 항복시키는 것이 헛된 희망임을 깨달았다. 독일 공군은 이미 패배한 듯했고, 영국 공군도 최종 단계에서 이를 확신했다. 10월 7일 마지막 주간 공습에서 독일 공군은 영국에 거의 피해를 입히지 못했고, 여느 때처럼 영국 측보다 독일 쪽이 항공기를 더 많이 잃었다. 10월 내내 드문드문 전투가 이어졌지만 결국 1940년 10월 31일에 영국 전투는 공식적으로 종료되었다.

여파

영국 공군이 승리했다. 마침내 영국 해협 상공에서 제공권을 장악했고, 이로써 1940년의 바다사자 작전이 아니라 1944년 오버로드 작전Operation Overlord*의 여건이 조성되었다. 영국은 견실한 대공 방어로 나치 독일에 첫 번째 패배를 안겼고, 자유세계를 계속 지킬 수 있는 원동력을 제공했다. 한동안 영국은 홀로 싸워야 했지만 그 기간이 그리 길지 않았다. 1941년 6월 독일에 침공당한 소련이, 12월 진주만 공습 이후에는 참전을 선언한 미국이 영국 편에 섰다. 양측의 전략폭격 전역은 계속되었다. 독일은 폭격기와 조종사가 소모될 때까지 오로지 런던 시민들이 견딜 수 없을 정도로 타격한다는 목표로 폭격했다. 반면 영국은 전쟁이 종식될 때까지 미국 전력과 함께 폭격을 지속했다.

작전적 기능

물론 1941년 군대의 참모부는 고도로 발달된 조직 형태를 갖추었다.

* 노르망디 상륙작전의 작전명.

영국과 독일 공군은 육군과 해군에서 독립한 비교적 새로운 조직이었고, 세계 최초의 독립적인 공군이었다. 양쪽의 참모 장교들은 참고할 역사적 자료가 없는 상황에서 공중 전술을 계획, 준비, 실시, 동시통합하고 지속하는 방법을 찾아야만 했다. 양쪽 모두 대부분의 고위급 지휘관들이 제1차 세계대전 또는 (독일군의 경우) 스페인 내전에 참전한 베테랑 조종사였다. 하지만 항공 기술이 급격히 변화했으므로 이들의 경험을 적용하기가 쉽지 않았을 것이다.

인사행정

인사행정 분야에서 영국은 확실한 강점을 보유했다. 군의 인사와 그 반대편에 있는 영국 정부의 역할과 책임이 명확하고 단순했다.[39] 신설된 조직인 만큼 영국 공군은 인사행정 시스템 측면에서 규정과 관료주의적 관행에 집착하는 갑갑한 굴레 속에서 경화될 만한 시간이 없었을 것이다. 이런 연유로 다우딩 시스템과 같은 중대한 혁신이 촉진되었을 것이다.

반면 독일 공군은 내부적으로 경쟁이 심하고 혼란스러운 조직이었다. 능력보다는 히틀러에 대한 정치적 충성심을 높게 평가받았고, 총사령관으로 임명된 무능한 헤르만 괴링이 그런 분위기를 조장했다. 고위급 지휘관과 조종사 모두 개인주의적 성향이 강했고, 영국 공군의 비행대대에 존재하는 단결력이 부족했다. 작전을 수행하기 전에 상호 간에 조율하는 일이 매우 드물었고, 의도적으로 서로를 비방하고 비난하는 경우가 많았다. 반대급부로 이것은 영국 공군에게 실질적인 이득이 되었다.[40]

정보

제2차 세계대전 중에 전파탐지 기술은 더욱 발전했고, 양군은 영국 전투 중에 이 기술을 효과적으로 활용했다. 또한 영국과 독일은 항공기를 찾아내기 위해 해상과 육상에서 최신 레이더 장비를 개발해 운용했다(공중에서 작동하는 레이더는 아직 개발되지 않았다). 적 선박 탐지에 주로 해상 레이더 장비를 사용한 독일에 비해 영국은 레이더 기술을 더 효과적으로 활용했다. 영국에서는 영공 감시기구인 영국 관측단Royal Observer Corps 소속 인원들이 육안 관측으로 이 기술을 보강했고, 이를 다우딩 시스템과 연계했다.[41] 독일 공군 정보부는 이런 조기 경보 시스템의 존재조차도 인지하지 못했다. 설령 알았더라도 이 시스템의 수많은 핵심 노드를 식별해 내기가 어려웠을 것이다. 이를테면 어느 지역의 작전실은 케이터햄Caterham 마을의 정육점에 설치되어 있었다.

위에서 언급했듯이 독일 공군의 상황평가는 대단히 미흡했다. 나치 독일의 정보기관들도 상호 경쟁 관계에 있었다. 공군 내부에만 2개의 기구가 존재했으며, 상호 협력하거나 정보를 공유하지 않았다. 계획 담당자들은 계획에 부합하는 정보를 활용하기보다는 자신의 편의와 선호에 따라 정보를 취사선택했다.[42] 전투피해평가battle-damage assessments, BDA 측면에서도 독일군은 조종사의 보고만으로 적군의 피해 수준을 평가했다. 영국은 조종사들의 보고와 신호 정보signal intelligence를 교차 검증하여 전역 상황을 더 정확히 파악했다.[43]

작전

공중 전역은 본질적으로 매우 소모적이었다. 군용기와 숙련된 조종사는 쉽게 대체될 수 없었고, 양측 모두 이를 잘 알았다. 영국 공군은 전역의 소모적 특성에 더 효과적으로 대응하기 위해 노력했다. 독일 공군 전투기와의 교전을 피하고 폭격기를 제압하는 데 요격기를 대거 투입한 파크 장군의 결심은 통찰력 있는 결단이었으며, 전체 전역의 핵심이었을는지도 모른다. 이 결정으로 인해 괴링은 중요한 자산인 급강하폭격기 슈투카를 이 전구에서 빼내게 되었다. 이 시점 이후에 독일 공군이 작전을 성공시키려면 가용한 20~30대의 정밀 폭격기들이 매일 한두 차례씩 출격하여 다우딩 시스템의 레이더 기지들을 타격했어야 했다.[44] 그러나 당시의 기술로는 불가능한 일이었다. 괴링과 반대로 케셀링 원수는 바다사자 작전에 필요한 제공권을 확보하기 위해 영국 공군의 전투기를 제압하는 데 집중했다. 소모전은 그러한 목적과 결부되어 있을 때만 전략적 의미가 있다. 그때 비로소 최종목표 자체가 아니라 목표를 달성하는 수단으로서 소모전을 추구하게 된다. 최종 상태로서의 소모전은 전략적 가치가 없는 대량 학살일 뿐이다.

전반적인 전역에서 독일군은 다양한 시간-공간-전투력의 운용을 시도했다. 케셀링은 몇 시간 간격을 두고 하루에 세 차례 공습을 시행하여 영국 공군이 이런 패턴에 대응하도록 강요했다. 8월 30~31일에는 몇 시간 동안 각종 소형 전투기들로 하늘을 가득 메웠다. 폭격기가 임무수행 후 이탈하는 데 필요한 혼란을 조성하기 위해서였다. 이 작전은 어느 정도 성공을 거두었고, 몇몇 레이더 기지를 무력화하기도 했다. 그러나 이런 고난도 활동을 지속할 수는 없었다.[45] 독일군 전투기와 폭격기의 항속거리도 케셀링의 방책을 실행하는 데 걸림돌이 되었다.

화력지원

수세적 전역이 성공하려면 공격 요소를 방어에 결합해야 한다. 영국 공군은 폭격사령부와 해안 방위사령부Coastal Command로 독일 공군의 작전을 지원하는 핵심 기반시설들을 타격함으로써 이를 실현했다.[46]

영국 전투에서는 필요에 따라 전투기나 폭격기로 사용하거나 동시에 두 가지 임무를 수행할 수 있는 전투폭격기가 최초로 등장했다. 특히 독일 공군은 이 전역을 수행하고자 제210시험비행대대처럼 검증을 위한 부대를 창설했고, 좋은 성과를 거두었다.[47] 앞에서 언급했듯이, 이 항공기들은 레이더상에서 전투기로 표시되었고 초기에는 영국 공군이 독일군 전투기와의 공대공 전투를 회피했기에 폭격에 성공하곤 했다.[48]

군수

군수는 지상 작전만큼이나 공중 전역에서도 매우 중요하다. 항공기, 조종사, 수리 부속, 활주로, 활용할 공역의 상태 등으로 인해 전술적 방책이 가능할 수도, 제한될 수도 있다. 앞서 기술했듯이 독일 공군에서는 항공기 연료 탑재량의 제한으로 인해 선택지와 항속거리에 많은 제약이 따랐다.[49]

결국 생산력이 주요 군수 차원의 요인이었다. 양측 모두 자체적으로 항공기 산업을 보유하고 항공기를 생산했다. 그러나 영국이 보유한 고도의 생산력은 공중 작전만큼이나 결정적이었다. 독일 공군은 영국의 항공기 생산량을 초과할 정도로 영국 항공기를 격추한 적이 단 한 번도 없었다. 예를 들어 7월 말의 영국 항공기 수가 7월 초보다 두 배 이상 많은 적도 있었다.[50] 물론 정보력이 취약한 독일 공군은 이러한 사실을 전혀 알지 못했다.

지휘통제

독일군은 전술과 과학기술에 집중했던 반면 공중 작전의 지휘통제에는 소홀했다. 독일 공군의 젊은 장교들은 항공기에 무전기를 설치하는 등의 기초적인 지휘통제 개선안을 건의했지만, 고위급 장교들은 이를 묵살하거나 비웃기까지 했다. 공중에서 조종사들은 기체의 날개를 '흔들어서' 의사를 전달했다.[51] 고위급 장교들은 시공간에서 작전을 협조하기보다 서로 다투는 경우가 더 많았다.[52]

이와 대조적으로 영국 공군에서는 다른 조종사 또는 지상 기지와 교신할 수 있는 VHF 무전기가 항공기에 장착되었고, 나아가 당시 세계 최고 수준이라 할 수 있는 다우딩 시스템의 통제하에서 출격하는 체계도 존재했다. 레이더 기지, 무선 통신탑, 레이더 및 무선정보 분석관, 고위급 장교들과 영국 전역의 비행대대 기지들이 네트워크화되어 있었고, 이를 통해 영국 공군은 독일 공군의 모든 움직임을 신속하게 탐지해 분석하고 대응할 수 있었다. 영국은 독일 항공기들이 유럽 대륙의 활주로에서 이륙하는 순간부터 공습을 감지했다. 전투사령부는 이러한 정보를 처리·전파하는 센터였고, 각 비행단에 전술적 결정 권한을 위임했다. 독일군의 폭격으로 어느 지역의 레이더 기지가 작동을 중단하면 네트워크상 인접 지역의 레이더 기지가 그 역할을 대신했다. 일반적으로 몇 시간 내에 피해 복구가 완료되었기에 장비 운용 및 정보분석 요원들은 그리 큰 부담을 느끼지 않았다.[53]

소결론

오늘날 우리는 독일 공군의 목표, 즉 영국 남부 상공에서 제공권을 확보하는 것이 거의 불가능했음을 잘 알지만 당시에는 아무도 그 점을 알 수 없었다. 다국적 출신의 용맹한 영국 공군 조종사들이 적의 도전을 막아내지 못했다면 독일은 목표를 달성했을 수도 있다.

영국 전투는 거의 전적으로 공중에서 벌어진 전역으로, 공중 작전에서 지휘통제의 중요성을 잘 보여 준다. 공중 작전은 본래 단기전 성격을 내포한다. 항공기와 조종사가 제한된 시간 동안만 공중에 머물 수 있기 때문이다. 따라서 적절한 항공기에 적절한 조종사를 탑승시켜 적시적소에 투입하는 것이 매우 중요하다.

영국 전투는 (독일 측에서는) 공세적 급속누적ORC 전역이자 (영국 측에서는) 수세적 급속누적DRC 전역의 사례다. 정보 차원에서 독일 측이 무능했으며, 양쪽 모두 어느 정도의 성과를 거두었는지 모른 채 한쪽의 기세가 약화될 때까지 전투를 지속한 이유를 잘 알 수 있다. 영국은 독일의 바다사자 작전이 언제 취소되었는지 전혀 몰랐다. 이 취소 결정이야말로 그들의 승리를 확정 지은 요인이었다. 독일도 어느 시점에 그들이 부분적으로나마 다우딩 시스템을 교란하거나 무너뜨렸는지 전혀 알지 못했다. 이론적으로 승리는 항공기의 손실 누적으로 결정되었다. 그리고 양쪽 모두 상대가 항공기와 조종사의 손실을 어느 정도까지 감내할 수 있을지 전혀 몰랐다. 그래서 결국 어느 쪽도 어떤 시점에 승리가 자신들에게 얼마나 가까이 또는 멀리 있는지 판단할 수 없었던 것이다.

사례 연구 5

1942년 워치타워 작전

워치타워 작전Operation Watchtower은 1942년 미군이 일본 제국의 통치하에 있던 과달카날Guadalcanal섬을 탈취하기 위해 시행한 상륙작전이다. 쌍방이 이 섬에서 서로를 제압하고자 많은 전투력을 투입한 측면에서 이 전역은 일종의 군수 차원의 경쟁이자 지상·공중·해상 전투력의 통합 측면을 살펴볼 수 있는 매우 훌륭한 사례다.

이 연구는 캑터스 항공단Cactus Air Force*이라고 불린 부대와 과달카날 주변의 해양통제 유지를 위해 전투에 참가한 해군 기동부대를 포함해 해병 제1사단 및 지원부대의 작전에 초점을 맞추었다. 워치타워 작전은 장기간 시행된 복잡한 전역이며, 총체적인 내용을 1개 장에 모두 담기는 불가능하다. 다음에서는 전역을 구성한 각각의 전술적 행

* 1942년 8월부터 12월까지 과달카날섬에 투입된 연합국 공군 부대의 명칭. 선인장 또는 가시 많은 식물을 의미하는 Cactus는 과달카날섬을 뜻하는 연합국의 코드네임이다.

동 위주로 개략적으로 들여다본다. 앞선 사례 연구와 마찬가지로 전술적 행동을 심층적으로 분석하기보다는 이를 뒷받침하고 지원했던 전반적인 작전술을 검토하고, 미군이 과달카날을 점령하고 일본 제국군이 철수하는 전략적 효과가 나타나게 된 과정을 살펴본다.

이 전역의 핵심은 군수 분야였다. 특히 부대 이동과 보급 부문의 군수였다. 제11장에서 논의한 바와 같이 군수는 전술과 전략 사이에 별도로 전쟁의 수준이 존재한다는 주장의 가장 강력한 논거이다. 워치타워 작전이 그 이유를 보여 줄 것이다. 따라서 이 전역의 주요 사태를 논의할 때 특별히 군수 분야를 중점적으로 다룰 것이다. 과달카날에서는 지상, 해상, 공중에서 끊임없는 정찰 활동과 무력 충돌이 있었지만 1개 장 분량으로 검토하기 위해서 주요 사건에만 초점을 맞추었다.

역사적 전개

계획

1942년에 과달카날 점령 계획을 먼저 수립한 쪽은 미군이었고, 계획의 명칭은 워치타워 작전이었다. 한동안 일본은 그곳에서 주요 작전이 벌어지고 있다는 사실조차 몰랐다. 일본 제국 해군은 6월에 미드웨이에서 참패한 후 전투력을 회복하는 중이었다. 아직도 미드웨이 해전 패배의 심각성을 깨닫지 못한 일본 육군은 1941년에 남태평양의 여러 지역을 점령하고 방어 진지를 공고히 했으며 더글러스 맥아더Douglas MacArthur 부대들의 반격과 공습에 고군분투하고 있었다. 과달카날에 비행장을 건설한 일본군의 방어력은 취약했고, 섬에 있던 인원의 대부분이 건설노동자와 공병이었다.

워치타워 작전을 지휘한 미군 주요 지휘관 4명은 프랭크 플레처Frank Fletcher 해군 중장, 리치먼드 켈리 터너Richmond Kelly Turner 해군 소장, 리 노이스Leigh Noyes 해군 소장, 알렉산더 밴더그리프트Alexander Vandegrift 해병대 소장이다. 플레처 제독은 제61기동부대Task Force 61의 지휘관이자 전체 원정군의 사령관이었다. 그는 제61기동부대를 2개 기동전대task group, 즉 터너 제독이 지휘하는 상륙기동전대Amphibious Force와 노이스 제독 휘하의 항공지원부대로 편성했다. 밴더그리프트 장군은 해병 제1사단을 주축으로 한 상륙군landing force을 지휘했다. 그의 휘하에는 해안에서 작전을 수행하는 모든 부대와 캑터스 항공단 예하의 항공기들이 포함되었다. 캑터스 항공단은 헨더슨 비행장Henderson Field이라고 불린 곳을 주 기지로 활용했다.[1]

해병대와 해군이 수립한 계획은 거창했으나 실제로는 원활히 이행되지 않았다. 해병 제1사단은 전 부대를 투입할 수 없었고, 가용한 부대들이 모두 동일한 지역에 있지도 않았다. 지도와 캑터스라고 불린 목표 지역을 촬영한 항공사진의 해상도는 매우 낮았다. 게다가 상륙 후에 사용할 우선순위에 따라 사단의 장비와 보급품을 모두 적재하지 않아 과달카날에 상륙한 후에 다시 정리해야 했다. 상륙작전에서 군수는 매우 중요하며 성공에 결정적 영향을 미친다. 병력과 장비가 동시에 해안에 상륙해야 싸울 수도, 활용할 수도 있기에 상륙군이 함정에서 해안으로 이동하는 것 자체가 매우 중요했다. 목표는 가능한 한 빨리 모든 병력과 장비를 해안에 상륙시키는 것이었다. 해병대는 과달카날에서 그런 기회를 잡지 못했다.

상륙

터너와 밴더그리프트는 가용한 상륙군을 두 그룹으로 나누었다. 상대적으로 큰 부대는 과달카날 상륙 후에 헨더슨 비행장 일대를 확보하고 그 주변을 둘러싸는 방어 진지를 구축하기로 계획했다. 그보다 소규모인 부대는 과달카날 근처의 가부투Gavutu섬과 툴라기Tulagi섬에 상륙하여 일본군 주둔지를 탈취할 계획이었다. 미 해병대는 그 작은 섬에서 일본군의 저항에 봉착했으나 8월 9일에 마침내 섬을 점령했다.

8월 7일에 중대한 국면은 과달카날 상륙작전이었다. 정확히 진주만 공습 8개월 만에 이날 아침 09시 10분, 미 해병 제5연대 1대대가 상륙정에서 해안으로 발을 딛으면서 최초로 추축국 영토에 상륙하는 부대가 되었다. 이어서 제5연대 3대대와 제1연대가 신속히 상륙함으로써 1개 연대 규모의 편성이 완료되었고, 이들은 목표를 향해 내륙으로 진격했다. 적군의 저항은 없었지만 밴더그리프트는 이런 호기를 이용하기보다는 적군의 반격 가능성을 고려하여 모든 가용병력을 동원해 방어선을 구축했다. 이러한 조치로 인해 해안에서 병목현상이 발생했다. 장비와 보급품을 해안에 옮겨 놓았지만 지원부대의 병력만으로는 신속히 정리할 수 없었기 때문이다.[2]

일본군의 초기 대응은 대규모 공중 공격이었다. 해군항공대 정찰기들이 선도해 상륙지역을 폭격했다. 제로센零戰 전투기*와 베티Betty 중中폭격기† 비행대가 정오를 지난 시각에 해두보를 공격했고 이날 늦

* A6M, 당시 일본 해군의 주력 함상 전투기.

† G4M, 당시 일본 해군의 지상 공격기로 베티는 연합군의 식별부호다.

은 오후에는 9대의 발Val 급강하폭격기*가 미 해군 함정들을 공격했다. 공중전에서 양측은 큰 손실을 입었다. 그러나 일본군 폭격기들이 폭탄을 정확히 투하했지만 미군의 피해는 미미했고 상륙작전에도 큰 영향을 미치지 못했다.[3]

밴더그리프트 장군은 이날 오후에 상륙하여 지휘소를 설치하고, 다음 날 헨더슨 비행장으로 진격하는 계획을 수립했다. 8월 8일에 미 항공모함을 수색하던 일본 항공기들은 터너의 수송 전단을 공격했으나 미미한 전과만 올린 채 오히려 큰 손실을 입었다. 한편, 오전에 이동을 시작한 해병대는 16시에 헨더슨 비행장을 점령했다. 전의를 불태웠던 해병대원들은 다가올 전투에 대비해 과달카날의 방어선을 강화했다. 그러나 최초의 교전은 해상에서 벌어졌다.

사보섬 해전Battle of Savo island

일본의 거점인 라바울Rabaul에 주둔한 제8함대 사령관 미카와 구니치三川軍一 해군 중장은 미 해병대가 과달카날을 점령했을 때까지도 미군의 작전을 간파하지 못했을 수도 있지만, 미군에게 쉴 틈을 줄 생각은 전혀 없었다. 그는 가용한 함정들로 신속히 기동부대를 편성해 과달카날로 출동시켰다. 소함대는 중순양함 5척, 경순양함 2척, 구축함 1척으로 구성되었다.[4]

8월 8일 야간에 미카와의 함대는 과달카날 북쪽에 위치한 작은 섬인 사보섬을 돌아서 항해하는 중이었다. 이때 일본 해군은 서측방을 초계하는 터너 제독의 제62.6기동전대를 발견했다. 제62.6기동전대는

* 진주만, 미드웨이 전투에서 활약한 급강하폭격기.

구축함 6척과 순양함 6척으로 구성된 미 해군과 호주 해군의 연합부대였다. 연합군은 미카와 부대에 비해 수적으로 우세했지만 미처 전투할 준비를 해놓지 못한 상태였다. 이 기동전대의 지휘관은 8월 8일 오후에 회의에 참석하느라 부재했고, 실질적으로 누가 부대를 지휘할지를 놓고 큰 혼란이 발생했다. 각 함정은 어둠 속에서 개별적으로 전투를 치러야 했다.

일본 해군의 야간 전투 경험이 곧바로 효력을 발휘했다. 우선 탐지병들이 연합군 함정을 식별하면 성능이 우수한 어뢰로 선제타격하고, 그 후에 함포가 불을 뿜었다. 미카와의 함정들은 상대와 교전하기 위해 정지하지 않고, 강하고 빠르게 타격한 후 전장을 이탈했다. 날이 밝으면 미군 항공모함에 노출되어 피격될까 우려했기 때문이다. 미카와는 아침이 되기 전에 경미한 손실만 입은 채 철수했다. 그 과정에서 연합군 함정 4척이 침몰했고, 2척은 심대한 손실을 입었으며, 1,077명의 수병과 해병이 전사했다.[5]

미 해군 입장에서 보면 사보섬 해전은 명백한 패전이었다. 그러나 미카와가 의도했던 목표물, 즉 병력 수송선단을 발견했더라면 설상가상의 상황이 될 수도 있었다. 플레처 제독은 최초 상륙작전을 개시할 때만 엄호를 위해 항공모함을 투입한 후 즉각 철수시켰다. 항공모함의 안전을 지키고 재급유를 함으로써 그곳으로 이동 중인 일본 해군의 항공모함을 공격하기 위해서였다. 대규모 항공지원 전력이 철수하자 터너 제독도 보급함과 수송함을 철수하기로 결정했다.[6] 과달카날에 해병대만 남겨 놓고 일체의 지원을 하지 않은 이 결정은 훗날 많은 논쟁거리가 되었으며, 크게 비판받았다. 그러나 만일 미카와의 함대가 돌아와 터너 제독의 수송선단과 보급함들을 공격하여 상당수를 격침시켰더라면 밴더그리프트가 과달카날을 고수하는 것 자체가 불가능했을지도 모른다. 일본 제독이 이를 놓친 것, 대신에 미군의 서측방 초계함들만 타격을 입은 것만으로도 매우 다행스러운 일이었다. 그러나 이것도 일본 해군 입장에서는 반격의 서막 정도에 불과했다. 터너의 수병과 밴더그리프트의 해병대원들은 수송선단이 철수하기 전인 8월 9일 오후까지 필요한 모든 물자를 서둘러 하역했다. 그 외 모든 물자는 호송함정의 엄호하에 수송될 예정이었다.[7]

테나루강 전투Battle of the Tenaru River

미 해군 지원함들이 짧은 시간 동안 필수품만을 내려놓고 이탈하자 해안에 남은 해병대의 상황은 매우 불리해졌다. 그러나 일본군이 과달카날에서 이들을 격멸하려면 지상군을 투입해야 했다. 최초로 이곳에 도착한 일본군 육군은 이치키 기요나오一木清直 대령이 지휘한 제28보병연대의 일부 전력이었다.

일본 해군과 육군 참모본부는 이치키를 과달카날로 파견하면서도 정상적으로 지원하지 않았다. 육군은 정보 수집 면에서 부실했고, 해군은 고의로 잘못된 정보를 제공함으로써 과달카날에 배치된 미군 전력을 과소평가하는 결과를 초래했다. 일본은 제17군에 미군 격멸 임무를 부여했고, 이에 가장 신속히 투입할 수 있는 부대가 상륙작전을 경험해본 이치키 연대였다. 이치키의 목표는 헨더슨 비행장이었다.[8]

8월 19일 야간에 이치키와 제1제대, 총 917명이 구축함 6척을 이용해 과달카날에 상륙했다. 자신들이 상대할 적군을 미군 수송선단이 철수한 후 남아 있는 소규모 잔류 병력 정도라고 믿은 일본군은 1인당 7일치의 식량과 250발의 탄약만을 해안으로 옮겼다.[9] 병력 수송에 구축함을 이용했기에 야포 같은 중화기는 후방 기지에 버려둔 상태였다.

8월 12일 이치키 부대가 비행장 일대의 미 해병대 진지를 향해 이동하던 중에 미 해병과 일본군 정찰대 간에 소규모 교전이 발생했다. 밴더그리프트는 또 다른 일본군이 과달카날에 들어왔음을 처음으로 직감했다. 8월 17일 밴더그리프트는 일본군의 대규모 부대가 상륙했다는 첩보를 입수했지만 위치를 파악하지 못했다.[10]

밴더그리프트는 적군의 위치를 오래 고민할 필요가 없었다. 8월 20일 야간에 이치키 부대가 헨더슨 비행장 동쪽의 앨리게이터 지류Alligator Creek를 따라 구축된 미 해병 진지를 공격했기 때문이다. 이치키는 사전에 정찰이나 준비도 없이 악어가 득실거리는 지류를 건넜고, 제대로 된 엄폐물도 없는 개활한 해안을 가로질렀다. 그는 견고하게 구축된 미 해병 제1연대 2대대의 방어 진지 정면으로 부대를 진격시켰다. 첫 번째 공격이 돈좌된 후에야 이치키는 보유한 중화기를 투입했다.[11] 8월 21일에는 미 해병 제1연대 1대대가 이치키 진영 후방으로 우회기동하여 이들을 앨리게이터 지류로 몰아서 완전히 포위했다. 이 치열한 전투에서 미 해병대원 44명이 전사하고 70여 명이 부상을 입었으며, 이치키 부대는 거의 전멸했다. 일본군 병사 단 1명만 스스로 항복했고 13명이 생포되었다. 이치키를 포함한 나머지는 전사하거나 자결했다.[12]

동부 솔로몬 해전Battle of the Eastern Solomons

연합국 해군 전력은 더 이상 과달카날 일대에 집결해 있지 않았고,

터너는 가능할 때만 호송함정을 활용하여 밴더그리프트에게 병력과 보급품을 실어다 주었다. 하지만 미 해군의 작전활동은 여전히 활발했다. 미 해군과 일본 해군 모두 과달카날 전역을 지원하고 있었지만 각기 또 다른 목표를 추구했다. 상대측의 항공모함을 격침하는 것이었다.

먼저 표적을 찾아낸 쪽은 플레처 제독이었다. 8월 24일 아침, 미군 항공기들이 경항공모함인 류조龍驤호를 발견했다. 플레처는 류조호에서 과달카날을 향해 항공기가 출격하여 레이더에 포착되기까지 기다렸다가 기함 새러토가Saratoga호에서 전투기를 출동시켰다. 이날 오후 일본군도 플레처의 2개 항모전단을 발견했다. 엔터프라이즈Enterprise호와 호위함정들, 새러토가호와 호위함정들이었다. 즈이카쿠瑞鶴호와 쇼카쿠翔鶴호에서 발진한 일본군 항공기들은 미군의 함정들을 향해 공격을 개시했다.

전투의 승부는 양측의 전투기 조종사와 수병들에게 달려 있었다. 쇼카쿠호는 15:00시경에 엔터프라이즈호에서 출격한 항공기에 의해 경미한 피해를 입었다. 하지만 16:00시에 플레처 제독의 두 항공모함에서 발진한 항공기들이 집중 공격하자 류조호는 불길에 휩싸여 표류하면서 거의 침몰 직전 상태에 이르렀다. 엔터프라이즈호도 일본군의 집중 공격을 받았다. 승조원 74명이 사망하고 다수의 수병들이 부상당했으며, 배도 큰 손실을 입었다. 수리를 위해 진주만으로 철수하기 전까지 한동안 조타장치가 고장난 상태였다.[13]

이튿날 헨더슨 비행장에 있던 캑터스 항공단과 엔터프라이즈호에서 출격한 미군 항공기들은 대규모 증원 병력을 싣고 과달카날로 향하던 일본군 호송선단을 식별하고 공격했다. 항공기들은 수송함과 호위함에 맹폭을 가했고, 일본군 구축함과 수송함 각 1척이 침몰했으며, 순양함 1척은 큰 손실을 입었다. 이 호송선단의 지휘관도 부상을 입고 철수를 명령했다.[14]

일본 해군이 항공모함 1척을 상실했고, 미 해군이 과달카날 일대에서 해상 통제권을 장악했다는 점에서 동부 솔로몬 해전은 과달카날 전체 전역에 중대한 영향을 미친 전투였다. 이로써 일본군은 수송선단을 운용하여 새로운 병력과 물자를 과달카날 방면으로 투입하기 어려운 상황에 처하게 되었다. 일본 해군은 수송선단을 보호할 수 없었고, 이는 군수 차원에서 매우 큰 타격을 의미했다. 그러나 일본군은 과달카날을 놓고 다투기를 포기하는 쪽보다 전면 대결을 선택했다.[15]

도쿄 익스프레스Tokyo Express

일본 해군은 수송함 대신 구축함에 병력을 가득 태우는 방식을 선택했다. 솔로몬 제도를 신속히 통과하여 미군 수상함의 공격을 방어한 후 과달카날에 병력을 상륙시키고자 했다. 구축함 1척당 약 150명(승조원 제외)과 한정된 양의 중장비만 수송할 수 있었지만 미군의 공중 공격을 회피할 수 있었다.[16] 밴더그리프트는 섬 전체를 방어하기에 충분한 병력을 갖지 못했고, 함재기나 지상에서 출격하는 항공기들로 공격하기에는 항해 속도가 느린 수송함보다 구축함이 훨씬 더 어려웠다. 그래서 추측건대 일본군은 헨더슨 비행장 일대의 미 해병대를 압도하기에 충분한 병력을 과달카날에 집결시킬 수도 있었다. 미 해군은 이러한 일본군의 군수 측면 활동을 '도쿄 익스프레스'라 불렀고, 일본 해군은 '쥐 수송작전'이라고 불렀다.[17] 그 와중에 8월 31

일 새러토가호가 일본 잠수함의 어뢰 공격을 받아 항구에서 수리가 필요할 정도로 큰 피해를 입어 전선에서 이탈하자 일본군은 수송 작전에 상당히 유리한 상황에 놓이게 되었다.[18]

8월 말, 일본 해군은 라바울에서 항공 전력을 끌어모으기 시작했고, 육군은 과달카날의 지상 병력을 증강하고자 본격적으로 노력하기 시작했다. 육군과 해군의 목표는 공히 과달카날을 탈환하는 것이었다. 야마모토 이소로쿠山本五十六 제독 주도하에 시행된 이 작전의 명칭은 KA작전이었다. 8월 말에 신편된 부대를 구축함에 실어서 소부대 단위로 이동시켰고, 8월 31일에 미 제1해병사단에 맞서 지상전을 지휘할 가와구치 기요타케川口清健 소장이 섬에 도착했다.

에드슨 대대의 능선 전투The Battle of Edson's Ridge

9월 5일까지 가와구치는 약 6,200명의 병력을 보유했고, 이 중에는 이미 과달카날에 도착했거나 이동 중인 병력, 이전 전투에서 살아남은 자들과 이치키의 잔여 부대원들도 포함되어 있었다. 제17군이 1개 대대를 추가로 투입해 주겠다고 제안했지만 그는 이 제안을 거절할 정도로 당시 병력이면 충분하다고 자신했다. 하지만 그는 병력을 집중·운용할 수 없었다. 1,000여 명의 병력은 미군 방어선 서측에, 나머지 병력은 동측에 있었기 때문이다. 미 해병대가 적극적으로 정찰하고 해병 제11연대 5대대와 캑터스 항공단이 화력지원으로 일본군의 연결을 저지했다. 게다가 가와구치는 동시에 남쪽, 남동쪽, 서쪽에서 미군 방어선을 공격하기 위해 동측의 병력을 분할했다. 그는 남쪽에서 공격하는 부대를 주공으로 선정하여 가장 강력한 전투력을 할당했고, 이 병력으로 방어선을 돌파하여 헨더슨 비행장을 점령하려

했다.[19]

그러나 가와구치에게 불의의 사태가 연속으로 발생하기 시작했다. 그는 9월 12일에 공격을 개시하려 했으나 미 해병 진지에 함포를 지원해줄 해군 함정들이 11일에야 임무를 통보받았다. 또 9월 8일 제1레이더Raider 대대가 방어선 외부에서 가와구치 부대의 숙영지 일대로 기습적인 상륙작전을 시행했다. 이들은 일본군 후위 부대를 공격하여 보급품과 탄약, 야포를 파괴하고 가와구치의 중앙 통신중계소를 탈취하고 폭파했다. 그 결과 가와구치의 주공부대들은 공격대기 지점으로 이동하던 중에 큰 혼란에 빠져버렸다. 결국 마지막 일본군 증원부대도 캑터스 항공단의 공격으로 신속히 이동할 수 없었고, 도보로 섬을 가로질러 이동하느라 제시간에 도착하지 못했다.[20]

9월 11일, 상륙기습작전 시행 후 복귀한 제1레이더 대대와 제1공수대대는 헨더슨 비행장의 남쪽 능선에 방어진지를 점령하라는 명령을 수령했다. 그곳은 바로 가와구치의 주공부대가 이용할 통로가 있는 지점이었다. 제1레이더 대대장인 메리트 '레드 마이크' 에드슨Merritt 'Red Mike' Edson 중령이 두 대대를 함께 지휘했다. 다음 날 밤 21시 30분이 막 지난 시각에 가와구치 휘하 약 5,200명의 강력한 주공부대가 에드슨의 진지를 향해 정면 공격했다. 그러나 일본군은 통로를 찾지 못했고, 미 해병대의 진지에서 총탄이 빗발치자 가와구치는 일단 철수한 후 다음 날인 13일 야간에 공격을 재개하기로 결심했다.

그사이에 에드슨도 방어선을 약 200미터 정도 후방의 유리한 지형으로 조정하고, 참호로 연결된 일선형의 진지가 아닌 소대 단위의 강력한 거점진지를 구축했다. 두 번째 공격은 이른 저녁인 약 18시 30분에 시작되었고, 미 해병대와 일본군은 어둠 속에서 밤새도록 백병전을 벌였다. 아침이 되자 헨더슨 비행장의 조종사들이 일본군 진지에 기총사격을 퍼부었다. 그러나 가와구치는 약 1,700명의 병력을 총동원하여 제1레이더 대대를 향해 집중 공격을 감행했다. 최후 돌격은 거의 성공할 뻔했으나 결국 실패로 끝나고 말았다. 14일에도 온종일 백병전과 매복전투가 산발적으로 계속되었지만 가와구치의 주력부대는 끝내 와해되었다. 서쪽과 남동쪽에 있던 가와구치의 돌격대들도 뒤늦게 공격을 시행했지만 결과는 마찬가지였다. 15일 21시, 결국 가와구치는 지치고 굶주린 병력(이미 14일에 식량이 바닥났다)에 철수를 명령했다.[21]

에스퍼런스곶 해전Battle of Cape Esperance

10월 고토 아리토모五藤存知 해군 소장이 지휘한 도쿄 익스프레스의 임무는 두 가지였다. 헨더슨 비행장과 해안에 있는 미 해병대 진지들을 함포사격으로 무력화하는 것과 과달카날에 병력과 물자를 공급하는 것이었다. 고토는 함대를 두 그룹으로 나누어 각각 임무를 부여했다. 함포사격 임무는 중순양함 3척과 구축함 2척에 부여했고, 증원 병력과 물자는 수상기모함seaplane tender* 2척과 구축함 5척에 나누어 실었다. 이는 그달 말 야마모토 제독이 계획한 해군과 육군의 대규모 반격의 서막이었다.[22]

고토의 함대는 노먼 스콧Norman Scott 제독이 지휘하는 야간 초계Night Screen 및 공격 부대attack force인 제64기동부대TF 64와 조우했다. 스콧의 임무는 순양함 2척, 경순양함 2척, 구축함 5척으로 도쿄 익스

* 항공모함의 넓은 비행갑판 대신에 수상항공기를 크레인으로 바다에 내려 수상에서 이착륙할 수 있는 대형 함정.

프레스를 차단하는 것이었다. 10월 11일 밤, 그는 드디어 먹잇감을 발견했다.[23]

이번에는 미 해군의 선제공격으로 전투가 벌어졌다. 스콧의 함정들은 11일 내내 고토의 함대를 식별하고 추적했다. 이날 저녁에 일본군 함정들이 사보섬 서쪽에 이르렀을 때 스콧은 교범대로 'T자형 대형'* 을 만들었다. 즉 함정들의 모든 함포가 적군의 선두 함정들을 지향하는 모양이었다. 반면 상대편에서는 함수艦首에 설치된 포만 사격이 가능했다. 미 해군이 이 기동을 완벽히 시행하지는 못했지만 상대적으로 유리한 상황에서 교전을 개시했다.[24]

고토의 기함인 순양함 아오바青葉호가 먼저 포탄에 피격되었다. 고토 제독은 아군의 포탄에 맞았다고 생각했다. 아오바호는 불길에 휩싸였고 전투를 시작한 지 20분 만에 대량의 전사상자가 발생했다. 고토도 치명상을 입었다.[25] 미 해군의 선제적인 일제사격으로 다수의 일본 함정들이 불탔고, 이제 어둠 속에서도 표적을 쉽게 식별할 수 있게 되었다.

일본 해군 함포공격부대의 상황은 매우 불리했다. 하지만 미 해군도 지휘통제 문제로 심각한 혼란에 빠져 있었다. 구축함 파렌홀트 Farenholt호가 피아의 포탄에 피격되는 상황도 발생했다. 마침내 고토의 함포공격부대 중 전투에서 살아남은 함정들은 슬그머니 전장에서 빠져나갔다.

결과적으로 미 해군의 어설픈 승리였다. 함포공격부대는 이날 밤

* T자 전법 또는 丁자 전법이라고 부르는 것으로 종대대형으로 이동하는 적 함대를 향해 아군 함대를 횡대대형으로 전개하여 함대의 모든 화력을 적 함대의 선두 함정에 집중하여 전투하는 방식을 말한다.

전투에서 중순양함 1척과 구축함 3척, 그 외의 각종 피해를 포함해 엄청난 손실을 입고 퇴각했다.[26]

헨더슨 비행장 전투Battle of Henderson Field

일본군은 과달카날에서 병력을 증원하는 데 성공했다. 한편 미국은 제64기동부대가 승리함으로써 밴더그리프트에게 병력을 지원하고자 미 육군 제164보병연대(아메리컬 사단Americal Division)*를 과달카날로 옮기는 호송선단의 이동을 순조롭게 진행했다.[27] 10월 13일에 상륙한 터너의 호송선단에는 해병대 교대병력, 헨더슨 비행장 가동을 지원하는 제1해병항공단 병력, 보급품과 차량이 포함되었다. 그러나 또 다른 강력한 도쿄 익스프레스 작전이 시행되고 있었다.

10월 14일 일본 전함의 포격으로 헨더슨 비행장이 큰 피해를 입었다. 항공기 연료 창고가 파괴되었고, 도쿄 익스프레스 작전을 추적하기 위한 항공기 출격이 일시적으로 제한되었다. 이튿날 밤에는 증원군을 실은 일본의 2개 호송선단이 도착하여 주간까지 아무런 방해를 받지 않고 병력과 장비를 상륙시켰다. 미군 전투기들이 상륙 중인 일본군 부대를 공격하자, 상륙을 엄호하는 일본군 항공기와 캑터스 항공단 사이에 공중전이 벌어졌다.[28] 10월 중순에 과달카날에 있던 일본군 병력은 약 1만 5,000명이었다. 미 육군과 해군, 해병대의 병력 수는 일본군보다 압도적으로 많았다. 하지만 이들 모두가 지상군은 아니었다.[29] 툴라기 일대에도 4,000명 이상의 미군 병력이 대기 중이었다. 이는 밴더그리프트가 의도한 바로, 최전선에 있는 부대에 휴식

* 제2차 세계대전 시 창설하여 베트남 전쟁에도 참전한 보병 사단.

을 부여하고 예비대를 준비하는 두 가지 목적으로 잔류시킨 것이다.

과날카날에 사령부를 설치한 일본군 제17군은 10월 말에 철저히 협조된 공중폭격과 해상포격, 대대적인 지상공격으로 미군 방어선을 파괴하기로 계획했다. 제17군의 계획은 2개 방면으로 공격하는 것이었다. 포병, 보병 그리고 소수의 경전차들을 집중 투입하여 마타니카우Matanikau강 일대, 즉 미군의 방어선 우측 진지가 해안과 만나는 곳에서 양공佯攻을 실시할 예정이었다. 그보다 앞서 며칠간 포격을 시행함으로써 그곳을 주공 방향인 것처럼 기만하고자 했다. 그사이에 일본군 제2사단이 섬의 울창한 정글로 침투하여, 물론 오판이었지만, 취약하리라고 판단한 남쪽의 방어 진지를 공격하기로 했다. 마지막으로 1개 연대 규모의 부대를 미군의 방어선 내부로 강습 상륙시킨다는 계획이었다.[30]

복잡한 계획이었지만 제17군은 대체로 성공적으로 실행에 옮겼다. 미 해병 제1사단은 방어선의 일부 병력과 포병의 포구를 동쪽으로 전환하여 마타니카우강에서 양공에 대응했다. 캑터스 항공단의 전력은 거의 끊임없이 일본군의 공습에 맞서 투입되었고, 당시 먼 거리를 행군해야 했던 일본군 제2사단이 발각되지 않은 이유도 아마 일본군의 공습 덕분이었을 것이다. 일본 해군은 제해권 확보를 위해 과달카날 일대의 수역에 수상함 전력을 집중 배치했다. 미 해병 제1사단은 사실상 포위된 상태였다. 제17군은 기습을 달성했고, 공격 지점에서 9 대 1의 수적 우세를 달성했다.[31]

그러나 분해된 야포와 기타 중화기를 짊어지고 폭우 속에서 힘겹게 행군한 일본군 병력은 공격개시 지점에 도달하기도 전에 기진맥진해졌다. 방향을 잃고 길을 잘못 든 부대가 공격작전에 아예 투입되지 못하는 상황도 발생했다. 일본군의 돌격이 시행된 곳은 허술하리라고 예상했던 바와 완전히 다른 상태였다. 최정예부대—루이스 '체스티' 풀러Lewis 'Chesty' Puller 중령이 지휘하는 해병 제7연대 제1대대, 허먼 H. 해니컨Herman H. Hannekan 중령 휘하의 해병 제7연대 제2대대—가 배치된 강력한 방어지대였다. 풀러는 일본군의 강력한 주공부대—일본군 1개 연대 전체가 야간 돌격을 연속으로 시행함—와 맞닥뜨렸고, 제164보병연대 제3대대를 증원받아 치열한 전투를 치렀다.[32]

이틀 동안의 주야간 전투 끝에 제17군은 마지막 상륙작전을 앞두고 작전을 취소했다. 처음으로 지상, 해상, 공중에서 치밀하게 협조된 반격을 시행했지만 끝내 실패하고 말았다. 양측의 최종 사상자 수는 아직까지도 명확히 밝혀지지 않았지만, 미군 측에서는 약 90명의 병력이 전사했고, 일본군 측에서는 전투와 고된 행군으로 2,200명 이상의 병력을 잃었을 것으로 추정된다.[33]

과달카날 해전Naval Battle of Guadalcanal

이런 시점에 미 해군도 수수방관하지는 않았다. 10월 26일에 항공모함 엔터프라이즈호와 호닛Hornet호 등이 포함된 제64기동부대와 항공모함 준요隼鷹호, 쇼카쿠호, 즈이카쿠호, 즈이호瑞鳳호 등을 보유한 일본 해군 사이에 항모전단 전투가 벌어졌다. 일본군은 이 전투에서 승기를 잡아 호닛을 침몰시켰지만 추가로 투입된 항공기와 숙련된 조종사들을 상실했고 함대 전체가 큰 피해를 입었다.[34] 항공모함 3척이 연료 재보급과 수리를 위해 전구에서 이탈해야 했으며, 이로써 향후 몇 개월간 일본 해군의 항공력 발휘에 지장을 초래했다. 과달카날에서 일본군이, 해상에서는 미군이 패배한 후 양측은 차후 작전을 위해 증원 병력을 투입했다. 야마모토는 과달카날섬에 있는 약화된 제17군의 진지에 병력을 증원하고 재보급하는 데 착수했고, 남태평양 전구 사령관 윌리엄 '불' 홀시William 'Bull' Halsey 제독은 밴더그리프트에게 교두보 추가 설치를 포함해 병력을 증원해 주겠다고 약속했다.

이제 새로운 비행대대, 조종사, 항공기들이 캑터스 항공단에 합류하기 위해 과달카날에 도착함으로써 미군은 하나가 아닌 3개의 활주로—기존의 헨더슨 비행장과 황무지를 닦아서 만든 작은 활주로, 파이터 원Fighter One과 파이터 투Fighter Two—를 만들었다.[35] 해병대, 해군, 육군 항공대의 조종사들이 이 활주로를 함께 사용했다.

밴더그리프트는 증원군을 기다리면서도 집요하게 일본군을 상대로 교전을 시도했다. 11월 초에 미 해병 제1사단은 도쿄 익스프레스 작전이 시행되는 동안에도 일본군의 방어선을 밀어내기 위해 공세를 감행했다.[36] 미 해병 제8연대와 제2레이더 대대가 도착하여 이러한 노력에 힘을 보탰다.

11월 8일에는 미국의 암호분석가들이 일본군의 암호를 분석하여 야마모토가 증원 부대로 공세를 계획했고 그 시행 날짜가 11월 13일이라는 것을 밝혀냈다. 이 정보를 입수한 밴더그리프트는 이에 대비하기 위해 방어선에 전개한 병력을 비행장 일대로 철수시켰다.[37] 일본의 항공 전력은 대규모 호송선단을 엄호하여 도쿄 익스프레스 작전을 지원할 예정이었고, 해상 전력은 야간에 두 차례 연이어 헨더슨 비행장에 함포사격을 가하여 캑터스 항공단을 무력화할 예정이었다. 병력과 물자를 상륙시키기에 충분한 시간을 벌기 위함이었다.

11월 12일 밤, 아베 히로아키阿部弘毅 해군 소장의 기동부대가 헨더은 비행장을 포격하기 위해 아이언 보텀 해협Iron Bottom Sound*에 진입했다. 아베는 전함 2척과 이를 호위하는 경순양함과 구축함으로 구성된 의용 공격군Volunteer Attack Force을 지휘했다. 이때 구축함 8척, 경순양함 3척, 순양함 2척으로 편성된 대니얼 J. 캘러헌Daniel J. Callaghan 제독의 제67.4기동전대가 이들 앞에 나타났다.[38] 야간에 매우 근접한 거리에서 혼전을 거듭한 끝에 좀 더 우세했던 일본 해군이 미군 함정들을 압도했다. 캘러헌 제독 그리고 에스퍼런스곶 해전의 승자이자 직접 지휘하지는 않았으나 이 기동부대와 함께 있었던 스콧 제독을 포함해 대규모 인명피해도 발생했다. 일본 측은 구축함 단 2척과 전함 1척을 상실했지만 미군은 구축함 4척과 경순양함 1척을 잃었다. 아베는 해전에서 승리했으나 이 전투로 헨더슨 비행장을 파괴하는 임무를 포기하고 퇴각해 버렸다.[39]

11월 14일 제67.4기동전대의 희생 덕분에 일본군의 포격을 회피한 캑터스 항공단은 귀항하던 일본군 수송함 11척 중 7척을 격침했다.[40] 그날 밤 헨더슨 비행장에 대한 두 번째 포격을 계획한 수상함들이 상륙 병력과 보급품을 실은 수송함과 함께 이동하는 중이었다. 이 기동부대의 지휘관은 곤도 노부타케近藤信竹 해군 중장으로, 이 부대는 기리시마霧島 전함을 포함해 주로 구축함과 순양함으로 편성되었다. 그때 전함 2척과 구축함 4척만을 보유해 수적으로 열세했던 윌리스 리Willis Lee 제독 휘하의 기동부대가 곤도의 함정들을 발견했다.[41] 야간에 발생한 치열한 근접 전투의 승자는 미 해군이었다. 리 장군의 효과적인 지휘통제와 우수한 레이더 덕분이었다. 기리시마호는 격침되

* 연합국이 솔로몬 제도의 플로리다 제도, 사보섬, 과달카날섬 사이에 있는 사보 해협Savo Sound을 지칭한 또 다른 이름.

었고, 곤도 제독은 헨더슨 비행장을 포격하는 일을 단념해야 했다.[42]

야마모토 주도하에 시행된 11월 중순의 공중 및 해상에서의 증원작전은 당시까지 규모가 가장 큰 작전이었다. 그러나 이때 일본군의 각 부대가 전술 행동을 하면서 한 차례 이상 승리했음에도 불구하고 미군에 비해 함정, 수병, 항공기와 조종사 측면에서 월등히 많은 피해를 입었다.[43]

야마모토는 11월 중순경 과달카날에 1만 2,000명의 병력을 상륙시킬 계획이었지만 겨우 2,000여 명이 해안에 도착했다. 섬에 있던 일본군이 보유한 식량은 1인당 약 나흘치가 전부였다. 반면 터너 제독은 5,500명의 추가 병력을 상륙시켜야 했고, 모든 병력을 상륙시키는 데 성공했다.[44] 하지만 대가도 컸다. 해병대원과 육군 병사 1명이 과달카날 해안에서 전사할 때마다 3명의 해군 수병이 목숨을 잃었다.[45]

타사파롱가 해전 Battle of Tassafaronga

사실상 과달카날 해전이 전역 전체의 승부를 갈랐다. 일본군은 밴더그리프트의 전력을 압도할 정도의 전투력을 과달카날로 옮겨 놓지 못했고, 이제는 수송할 수도 없는 상황이었다. 게다가 증원 부대와 제17군의 잔여 병력을 지속적으로 지원할 수도 없었다. 일본군 병사들이 과달카날을 '기아의 섬Starvation Island'이라고 부른 데에는 이유가 있었다. 상륙한 일본군 병력이 많으면 많을수록 식량은 더욱더 부족해졌다.

11월 말경, 홀시 제독은 수상함 전력을 재편하고 제67기동부대를 창설하여 칼턴 H. 라이트Carleton H. Wright 제독에게 지휘권을 맡기고 일본군의 추가 상륙을 저지하라는 임무를 부여했다. 11월 30일 밤에

라이트는 최후의 대규모 도쿄 익스프레스 작전을 포착했다. 일본군이 막 상륙작전을 개시하려던 순간이었다. 중순양함과 경순양함, 4척의 구축함을 보유한 기동부대는 8척의 구축함을 보유한 일본군 전력을 급습했다. 일본군 지휘관 다나카 라이조田中賴三 해군 소장은 상륙작전을 중단하고 제67기동부대와 전투하기 위해 함정들의 뱃머리를 돌렸다. 미군 군함은 함포 면에서 일본군을 크게 압도했지만 어뢰 측면에서는 열세였다.[46]

여기서 다시 한번 일본 해군의 야간 전투기술과 월등히 우수했던 이른바 장창 어뢰Long Lance torpedoes가 국면을 바꾸어 놓았다. 당시 미 해군은 몰랐지만 훗날 밝혀진 바에 따르면, 미 해군의 함포 조준장비에 기술적 결함이 있었으며, 이는 전투 결과에 상당한 영향을 미쳤다. 타사파롱가 해전은 미 해군에게 또 한 번의 패배를 안겼지만 라이트는 임무를 완수했다. 다나카는 상륙작전을 중단했고 제17군은 보급품을 전혀 전달받지 못했기 때문이다.[47]

일본의 결정과 KE 작전Operation KE

12월 내내 일본은 점점 더 필사적인 방법을 동원하여 과달카날에 주둔한 병력에 보급품을 공급하고자 했다. 도쿄 익스프레스 작전은 보급품을 가득 담은 드럼통들을 싣고 이동하여 미 해병대의 방어선 서쪽 해안에서 방출하는 방식으로 전환되었다. 하지만 캑터스 항공단과 해안 근처에서 대기하던 미 해군 초계정들이 방해해 대다수의 드럼통이 해안에 도달하지 못해 작전이 무위에 그치는 경우가 많았다. 초계정에 보급품을 싣고 일본군 진지의 해안에서 뭍으로 끌어올리거나 심지어 공중에서 떨어뜨리는 방식까지 시도했지만 별다른 성과를 거두지 못했다. 오로지 잠수함 정도로만 계속해서 보급품을 실어 나를 수 있었으나 그마저도 적재 양이 제한되었다. 시간이 갈수록 섬에 있는 병력의 기력이 약해졌다. 당시 약 6,000명이 그곳에 있었지만 싸울 수 있는 병력은 겨우 250여 명 정도였다. 너무 오래 굶어서 행군하지 못하는 자들까지도 전투원으로 활용하고자 방어 진지 내에서 버티게 했다.[48]

그사이에 미군의 증원 부대가 속속 도착했다. 기진맥진해 있던 해병 제1사단 병력 대부분을 철수시키고 해병 제2사단과 아메리컬 사단의 잔여 병력으로 교대시켰다. 12월 8일 밴더그리프트 장군은 육군의 알렉산더 M. 패치Alexander M. Patch 소장에게 육군과 해병대 혼성부대의 지휘권을 인계했다.[49]

일본의 대본영大本營은 과달카날 탈환을 위해 증원군 투입과 공격작전 재개 등의 여러 가지 방책을 포함하여 다양한 계획을 분석하면서 12월을 보냈다. 그러나 결국 선택할 수 있는 유일한 카드는 철수뿐이었다. 12월 31일에 육군참모총장과 해군 군령부장은 과달카달에 잔류한 일본군을 철수시키는 KE 작전을 히로히토裕仁 천황에게 보고하여 승인을 받았다.[50]

KE 작전 계획은 효과적인 철수를 위해 공중 및 수상 전력을 증강해 투입하는 내용도 담고 있었다. 미군 정보부대는 전력 증강과 작전 변경의 징후를 감지했지만, 입수한 정보만을 분석해 보니 새로운 공세를 준비하는 것과 다른 점이 전혀 없었다. 니미츠 제독을 비롯한 예하 지휘관들은 또 다른 일본군의 공세로 판단해 이에 대비했다.[51]

패치 장군은 일시적 소강 상태를 이용해 방어 진지를 보강하고, 룽가곶Lunga point 일대의 미군 진지 남동쪽에 위치한 오스틴 고지Mount

Austen를 점령하는 공격 계획을 수립했다. 그곳의 일본군이 미군 진영의 활동을 속속들이 관측하고 있었기 때문이다. 공격작전 시행 중 미 제132보병연대가 마지막으로 남은 일본군의 강력한 방어 진지 한 곳에서 진퇴양난의 상황에 봉착했다. 훗날 태평양 전역에서 전개된 일본군의 전술을 보여 주는 장면이었다. 제17군은 험난한 지형과 정글을 활용하여 벌집 모양의 토치카*와 장애물 지대를 구축했다. 일본군이 기후岐阜†라고 부른 이 진지는 방어부대가 사격하기 전까지 공중 및 지상에서 전혀 식별되지 않았다. 제132연대의 장병들은 기후를 포위하고 연속 돌격을 감행했지만 끝내 점령하지 못했다.[52]

1943년 1월 2일, 패치는 룽가곶에 제14군단 지휘소를 설치했다. 이 군단은 아메리컬 사단과 새로이 증원된 제25보병사단, 해병 제2사단과 제147독립보병연대로 편성되었다. 일본군 제17군은 약 1만 4,000~1만 6,000명의 병력을 보유했지만 이들의 건강 상태가 좋지 않았다. 전투는커녕 전투지원 임무도 수행할 수 없을 정도로 체력이 떨어진 장병들이 많았다. 화력 측면에서도 마찬가지였다. 탄약이 거의 없었고, 쓸 만한 화포도 10문 정도뿐이었다. 반면 미 해병대와 육군이 지상에 전개한 화포 수는 총 167문—구경 75~155mm—에 달했고 비축한 탄약도 충분했다.[53]

패치는 적군의 공세를 기다릴 생각이 없었다. 보유한 전력으로 과달카날에서 적군을 완전히 섬멸하고자 했다. 제25보병사단은 오스틴 고지 일대의 기후와 그 밖의 주요 고지들을 향해 남쪽과 동남쪽에서

* 특화점이라고도 부르며, 기관총과 각종 화기들이 배치된 진지를 말한다.

† 1600년 8월 21~22일 기후성 전투가 일어난 지역의 이름. 기후성 전투는 같은 해 10월 21일에 일어난 세키가하라 전투에서 도쿠가와 이에야스군이 승리하는 데 원동력이 되었다.

공격했고, 마침내 1월 23일에 기후 일대의 적군을 완전히 소탕했다.[54] 해병 제2사단은 제17보병연대와 함께 해안을 따라 서쪽으로 공격했고, 그동안 아메리컬 사단은 헨더슨 비행장 일대에서 예비 임무를 수행했다.[55]

1월 15일에 과달카날의 일본군 제17군사령부는 철수 명령을 수령했고, 이 섬을 사수하고자 막대한 희생을 치른 일본군 병사들은 대경실색했다.[56] 2월 1일에서 2일로 넘어가는 야간에 KE 작전에 투입될 첫 번째 도쿄 익스프레스 부대가 도착했고, 후방 경계와 철수를 엄호할 새로운 병력이 상륙했다. 굶주림에 지친 4,935명의 병력이 구축함에 올라 과달카날을 떠났다.[57] 상륙지점으로 이동했지만 섬에 남은 일본군에게는 끝까지 항전하거나 자결하라는 명령이 하달되었다. 두 번째 도쿄 익스프레스도 순조롭게 진행되어 3,921명의 병력이 철수했다.[58] 2월 8일 마지막 작전에서 1,972명의 장병이 승선하면서 탈출이 마무리되었다.[59] 남은 병력은 굶어 죽거나 투항하거나 패치 부대에 쫓기는 신세가 되었다.[60] 과달카날에 남은 최후의 병사는 1947년 10월에야 항복했다.[61]*

작전적 기능

윈스턴 처칠이 태평양 전역에 대해 언급했듯이, 앞선 사례들과 달리 과달카날 전역은 '지상·해상·공중'의 전력이 모두 운용된 전쟁이다. 워치타워 작전 사례에서는 합동 또는 다영역multidomain 전역에서 작

* 그는 1945년에 제2차 세계대전이 종전된 줄도 모른 채 홀로 생존해 있었다.

전적 기능들이 상호작용하는 과정을 볼 수 있다. 공중 전역만을 놓고 보면 대체로 소모적이었다. 양측은 상대의 항공기를 파괴하고 조종사들을 제거하는 데 초점을 두었다. 그러나 전체 전역의 관점에서 공중 전력은 해상 및 지상 전투를 수행하는 데 매우 중요했고, 그 반대의 경우도 마찬가지였다. 전투기를 출격시켜서 일시적으로라도 공역을 통제하거나 공중 공간을 놓고 경쟁함으로써 해군과 지상군이 활동할 수 있는 공간과 행동의 자유를 창출했다. 공중 공간을 장악해 활용함으로써 지상군에 실질적 도움을 준 것이다. 밴더그리프트의 해병대는 일본 육군의 공세를 격퇴하는 데 여러 지역에서 근접항공지원을 이용했다. 미 해군도 그랬지만 캑터스 항공단도 일본군의 증원과 재보급을 저지하는 데 크게 기여했다. 마지막으로 지상 영역과 항공 전력의 상호작용도 매우 중요하다. 해병 제1사단이 헨더슨 비행장을 확보하고 지켜 냄으로써 미 해병, 해군과 육군 항공대의 전투기 모두가 그곳을 기반으로 여러 지역의 공중 작전에 투입될 수 있었다. 일본 항공대의 주기지가 있던 라바울에서 과달카날까지는 너무 멀었기에 제17군에 대한 항공 지원은 매우 제한적이었다. 일본군은 부나 Buna*를 점령하여 거리를 단축하고자 노력했지만 이마저도 실패했다. 그러나 만약 이것이 성공했다면 미군에 심각한 문제가 발생했을 수도 있다. 끝으로 미 해군, 육군, 해병대 모두가 자체 항공기와 조종사를 보유했다는 사실이 이상할 수도 있다. 그러나 이로써 혼란이 초래되었다기보다는 조종사의 전문성과 기체의 호환성이 오히려 유리하게 작용했다. 해상, 공중, 지상의 표적을 공격하거나 해상·공중·지상

* 뉴기니의 해안 지역.

작전을 지원하기 위해 항공 전력이 필요할 때 그 임무에 적합한 비행대대들이 출격할 수 있었다.

과달카날 전역이 일어나게 된 원인은 쌍방이 해상 전역을 위해 확보해야 할 육지의 가치를 알았기 때문이다. 룽가곶의 해병대 진지는 공역을 통제·거부할 뿐만 아니라 해상을 통제 및 거부하는 역할을 겸했다. 통상 헨더슨 비행장을 확보하고 사력을 다해 강력히 방어해낸 것이 가장 크게 주목받지만, 해군의 초계정들도 룽가곶 인근에서 활동하면서 나중에 과달카날에 전개한 해병과 육군으로부터 해안포의 지원을 받을 수 있었고, 그 덕분에 해상 통제를 놓고 일본의 전투함정들을 상대로 싸울 수 있었다. 일본군은 결국 전투공병이 부족해 과달카날뿐만 아니라 솔로몬 제도에서 신속히 비행장을 건설할 수 없었는데, 이것 또한 일본군의 작전에서 중대한 제한사항이었다.[62] 반면 미 해병대와 해군 공병부대는 미군이 점령한 헨더슨 비행장을 더 양호하게 만들었을 뿐만 아니라 보조 활주로를 2개나 더 건설했다.

해전naval warfare을 통해 전역이 벌어질 수 있었고, 미 해군이 없었다면 과달카날에 있던 지상군도 항공 전력도 전투를 지속할 수 없었을 것이다. 사실상 일본 해군이 해전을 수행하면서 동시에 지상군과 항공부대를 지원하는 데 실패함으로써(반면 미 해군은 이를 성공적으로 수행함으로써) 전역의 승부가 결정 났다고 할 수 있다. 밴더그리프트와 미 해병대가 아무리 일본 육군을 압도했다고 한들 미 해군이 없었다면 승리했더라도 전 병력이 아사餓死했을 수도 있다. 물론 밴더그리프트 휘하 부대들의 보급품이 풍족하지는 않았다. 실제로 한때 해병 제1사단은 식량 부족으로 패배할 뻔했지만 노획한 일본군 식량으로 간신히 버텼다. 보급망을 복구하여 절체절명의 위기에서 그들을 구해낸 것은 미 해군이었다. 반면 일본 해군은 이 같은 노력에 실패하여 수많은 일본군 장병들이 고통 속에 생을 마감했다.

이렇게 규모가 크고 복잡한 전역을 수행하는 데 6개의 작전적 기능 모두가 매우 중요했다. 하지만 이번 사례에서 특별히 의미 있는 분야는 정보와 군수라고 할 수 있다. 이 전역에서의 인사행정 분야에 대한 평가는 제7장에서 다룬 바 있으므로 여기서는 지면의 양을 고려해 정보와 군수에 관해서만 살펴본다.

전역 초반부터 미군은 일본을 상대로 정보의 우위를 달성하고 유지했다. 잘 알려져 있듯이 야마모토 제독의 무전 교신을 포함하여 일본군의 고위급 암호문을 감청하고 해독할 수 있는 미국의 능력이 바로 정보의 우위를 의미했다. 그러나 일본군의 암호 코드가 주기적으로 교체되었기 때문에 이들의 의도를 정확히 파악할 수 있는 기회는 매우 제한적이었다.

정보 분야의 진정한 성공은 기술적 측면보다는 해안 감시대Coast Watchers 운용의 결과였다. 해안 감시대는 지역 주민들과 호주 해군 예하의 조직적인 예비군/준군사auxiliary military 단체였다. 이들은 남태평양의 여러 섬에서 모집, 배치되어 일본군의 동향을 관찰하고 그 내용을 연합군에게 보고했다. 그들은 일본 해군의 움직임을 정확히 보고했을 뿐만 아니라 일본군 항공기들이 헨더슨 비행장에 도달하기 40~45분 전에 공습 상황을 주기적으로 보고했다. 이 전역 중에 일본군이 네트워크화된 해안 감시대의 존재를 파악했다는 정황은 없다. 반면 과달카날에 상륙한 미군 부대의 규모와 배치에 대한 일본군의 정보는 언제나 부정확했다. 더욱이 일본 해군은 자주, 고의로 육군을 상대로 자신들의 능력과 전력을 속이곤 했다.[63]

역사학자 리처드 프랭크Richard Frank는 워치타워 작전과 KA 작전을 '쌍방이 농성籠城, mutual siege 중인 상태'로 묘사했다. 주간에는 미군이, 야간에는 일본군이 바다를 장악했다. 따라서 양측이 모두 상대가 자유롭게 보급품을 수송하고 병력을 증원하지 못하게 저지할 수 있었다.[64] 그 후 전역은 과달카날로 병력과 보급품을 수송하는 경쟁 양상으로 변했고, 양측의 항공 전력과 해군력이 이 경쟁에 적극 가담했다. 단일 전역으로서 전반적으로 조망해 보면 실제 지상 전투는 부수적인 사건이었다. 미군의 입장에서 지상 전투의 승리가 과달카날에서 일본군의 도발을 무력화하는 데 확실히 기여했지만, 만일 지상군이 전투를 지속할 수 있도록 터너 제독이 지원하지 않았다면 그 승리도 무의미했을 것이다. 일본군의 경험에서 알 수 있듯이 지상군이 전투를 지속하도록 지원할 수 없다면 제아무리 많은 지상군을 과달카날에 옮겨 놓은들 무의미한 일이었다. 일본 해군은 대규모 공세를 시행하기 위해 수 개의 사단을 해안으로 상륙시키는 데 성공했고, 특히 그 시점에는 밴더그리프트에게 헨더슨 비행장을 완벽히 방어하기에 병력이 부족했던 상황이었다. 다시 말해 병력 수만큼은 일본군이 과달카날에서 승리하는 데 충분한 수준이었던 것이다. 그러나 대다수 병력이 기아에 시달렸으며, 공격을 단편적으로 시행함으로써 많은 희생자를 낳았고, 결국에는 승리하지 못했다.

끝으로, 훗날 미군의 지상 작전에 큰 영향을 미친 과달카날의 지상전에서 나타난 몇 가지 핵심적인 혁신을 살펴보겠다. 미군은 최초의 현대적인 저격수 부대를 창설했고, 최초의 특수부대를 운용했으며, 소대급 이하 부대인 보병분대를 공식적으로 운용했다. 지도가 부정확해 과달카날의 깊은 정글에서 방향을 유지하고 수색 및 정찰을 하기 어렵다는 사실을 깨달은 밴더그리프트는 방향 유지, 야지 전투기술과 사격술에 능한 해병대원들을 사단 전체에서 선발했다. 스카우트-스나이퍼Scout-Sniper라고 불린 이들은 단독 또는 팀 단위로 일본군의 진지를 찾아내기 위해 정글 깊숙이 침투했고, 공격부대를 그곳으로 안내하는 길잡이 역할도 수행했다.[65] 같은 시기에 육군 대대급과 유사한 형태로 창설된 2개 레이더 대대가 작전에 최초로 투입되었다. 두 레이더 대대는 해당 지휘관의 요구에 따라 서로 다른 편제로 조직되었다. 에드슨의 제1레이더 대대는 전통적인 보병대대 편제를 따랐다. 에번스 칼슨Evans Carlson의 제2레이더 대대는 분대를 최하급 전술제대로 편성했다. 이는 칼슨이 중국 공산당 게릴라 세력에 잠입해 목격한 바를 바탕으로 적용한 아이디어였다. 이로써 미군에 최초로 분대 편제가 도입되었으며, 이 방식은 칼슨의 레이더 대대에서 나머지 해병대 부대들로, 그리고 미 육군으로 확산되었다.

소결론

이렇게 개략적으로 워치타워 작전을 살펴보는 것만으로도 작전적 기능과 다양한 군종, 다양한 영역(공중, 지상, 해상) 간의 상호작용을 이해하기에 충분하다고 본다. 영역이란 그 내부에서 발생하는 전술만큼이나 명확하게 구분된다. 그러나 작전적 기능은 전 영역과 전 군종을 초월하여 적용된다. 지상, 해상, 공중에서 작전을 수행하는 지상군, 해군 그리고 항공 전력은 인사행정, 정보, 작전, 화력지원, 군수, 지휘통제 등의 전 분야를 아우르는 작전적 기능으로 결합된다. 이렇듯 군종과 영역을 초월하여 상호작용하는 유사 기능별 참모장교들이 작전술을 가능하게 한다. 왜냐하면 이것은 전체 전역에 걸쳐 전술을 계획, 준비, 동시통합하고 지속하는 데 필수적이기 때문이다. 때로는 이것이 실제 전장에서 그대로 나타나기도 한다. 이를테면 지상군의 화력지원 장교가 공군 장교에게 공중 공격을 지시하거나, 해군 장교가 중요한 해역에서 상대의 함정을 공격하고자 해안포 장교에게 지원을 요청할 수도 있다. 어떤 의미에서 오늘날 다영역작전multidomain operations이라 불리는 개념은 단지 탁월한 참모부가 수행하는 과업일 수도 있다.

미주

도입

1. Howard, *War in European History*, p.100.
2. 이 책에서 말하는 '참모장교'는 군과 민간인을 통틀어 군 참모의 모든 구성원을 포함하며, 장교, 준사관, 부사관, 참모 부사관, 민간 자문관은 모두 군 참모의 필수 구성원이다. 용어는 장교만을 의미하기 위함이 아님을 밝힌다.
3. Lenin, "War and Revolution."
4. Freedman, *Strategy*, p.202.
5. Storr, *Hall of Mirrors*, p.xi.
6. Storr, p.55, p.82.
7. Storr, p.89.
8. 앞으로 보겠지만, 작전적 수준이 독일인이나 러시아인 또는 둘 다에 의해 개발되었다는 통념은 거짓이다.
9. Epstein, *Napoleon's Last Victory*, p.11.
10. 또 다른 창시자인 러시아 역사학자 제임스 J. 슈나이더James J. Schneider 미 육군 고급군사연구학교 교수는 이러한 생각에 동조하고 이에 대해서는 5장에서 더 논의할 것이다.
11. Beyerchen, "Clausewitz, Nonlinearity, and the Unpredictability of War," pp.59-90.
12. Winton, "Imperfect Jewel, pp.853-877.
13. Vego, *Joint Operational Warfare*, p.I-4.
14. Naveh, *In Pursuit of Military Excellence*, pp.9-10.
15. Clausewitz, *On War* (2004), p.70.
16. Kelly and Brennan, *Alien*, p.93.
17. Owen, "Operational Level of War Does Not Exist," p.17.
18. Owen, p.18.
19. Strachan, "Strategy or Alibi," pp.157-182.
20. Strachan, p.177.
21. Viggers, "Policy, Strategy, and Tactics," p.49.
22. Gray, *Strategy Bridgey*, p.18.
23. Gray, p.21.
24. Gray, p.32.
25. Schroden, *Why Special Operations?*, p.19.
26. Clausewitz, *On War* (2004), p.71.
27. Clausewitz, p.66.
28. 전술에 대해 자세한 내용을 보려면 Friedman, *On Tactics*를 참조하고, 전략 효과에 대해 자세한 내용을 보려면 Gray, *Strategy Bridge*, 5장을 참조하라.

1. 작전과 나폴레옹 혁명

1. Arsht, "Napoleon Was the Best General Ever."

2. Pichichero, *Military. Enlightenment*.
3. Gray, *Postmodern War*, p.111. 참조.
4. 전쟁이 좀 더 복잡하다고 말하는 것은 요즘 유행이다. 전쟁의 본질은 변하지 않고 전쟁 양상warfare이 변하고 있다.
5. Bell, *First Total War*, p.82.
6. Pichichero, *Military Enlightenment*, p.66.
7. Pichichero, p.74.
8. Bell, *First Total War*, p.115.
9. Howard, *War in European History*, p.49.
10. Bell, *First Total War*, p.73.
11. Roberts, *Napoleon*, p.85.
12. Jones, *Art of War in the Western World*, p.272.
13. Pichichero, *Military Enlightenment*, p.60.
14. Howard, *War in European History*, p.54.
15. King, *Command*, p.39.
16. Rothenberg, *Art of Warfare in the Age of Napoleon*, p.61.
17. Rothenberg, p.113.
18. Howard, *War in European History*, pp.77-78.
19. Rothenberg, *Art of Warfare in the Age of Napoleon*, p.138.
20. Rothenberg, p.75.
21. Rothenberg, p.74.
22. Howard, *War in European History*, pp.76-77.
23. Howard, p.79.
24. Rothenberg, *Art of Warfare in the Age of Napoleon*, p.139.
25. Howard, *War in European History*, p.64.
26. Rothenberg, *Art of Warfare in the Age of Napoleon*, p.110.
27. 나폴레옹 혁명은 일부 역사가들이 1470~1660년(시기에 대해서는 의견이 분분함)에 유럽에서 일어났다고 주장한 군사혁명과 다르다. Jeremy Black, "A Military Revolution? Military Change and European Society," in Rogers, *Military Revolution Debate*, pp.95-114. 참조.
28. Camus, *The Rebel*, p.106.
29. Quimby, *Background of Napoleonic Warfare*, p.344.
30. Clifford J. Rogers, "Military Revolutions of the Hundred Years War," in Rogers, *Military Revolution Debate*, pp.76-77. 참조.
31. Bell, *First Total War*, p.215.
32. Bell, p.269.
33. Engberg-Pederson, *Empire of Chance*, p.4.
34. Roberts, *Napoleon*, pp.49-50
35. Rothenberg, *Art of Warfare in the Age of Napoleon*, p.128.
36. Rothenberg, p.128.
37. Rothenberg, p.128.
38. Rothenberg, p.130.
39. Bell, *First Total War*, p.198.

40. Roberts, *Napoleon*, p.61.
41. Rothenberg, *Art of Warfare in the Age of Napoleon*, p.208.
42. Rothenberg, p.209.
43. Quimby, *Background of Napoleonic Warfare*, pp.175-176.
44. Quimby, p.86.
45. Rothenberg, p.209.
46. Roberts, p.80.
47. Rothenberg, pp.209-210.
48. Rothenberg, pp.209-210.
49. Roberts, p.xxxvi.
50. Roberts, p.109.
51. Rothenberg, *Art of Warfare in the Age of Napoleon*, p.129.
52. King, *Command*, p.93.
53. Kott, "Future of War Technology."
54. Bell, *First Total War*, p.44; Whitman, *Verdict of Battle*. 참조.

2. 독일의 작전적 사상

1. Paret, *Clausewitz and the State*, p.45.
2. Van Creveld, *Command in War*, p.29.
3. Van Creveld, p.30.
4. Van Creveld, p.31.
5. Van Creveld, p.33.
6. Van Creveld, p.34.
7. Van Creveld, p.35.
8. Van Creveld, p.37.
9. Dupuy, *Genius for War*, p.20.
10. Dupuy, p.22.
11. 특히 Bellinger, "Introducing Scharnhorst."를 참조.
12. Dupuy, *Genius for War*, p.25.
13. White, *Enlightened Soldier*, p.65.
14. 이 개혁들은 공적에 근거하여 누구라도 장교단의 일원이 되는 것, 시험제도, 근대적인 군-사법제도, 군사-대학제도, 전쟁부 설립, 군대를 군주가 아닌 국민과 연계하는 다양한 개선사항을 포함한다. 그러나 여기서는 총참모부에 초점을 두었다. 이러한 개혁에 관해서는 Bellinger, "Introducing Scharnhorst." 참조.
15. Dupuy, *Genius for War*, p.38.
16. White, *Enlightened Soldier*, p.138.
17. White, p.39.
18. King, *Command*, pp.95-96. 참조.
19. Citino, *German Way of War*, p.131.
20. Dupuy, *Genius for War*, p.24.
21. Dupuy, p.303.
22. Wilkinson, *Brain of an Army*, p.97.
23. Jones, *Art of War in the Western World*, p.392.

24. Hone, *Learning War*, p.3.
25. Goerlitz, *History of the German General Staff*, Location 2021.
26. Goerlitz, Location 2053.
27. Goerlitz, Location 2310.
28. Goerlitz, Location 2253.
29. Citino, *German Way of War*, p.172.
30. Citino, pp.188-189.
31. Matheny, *Carrying the War to the Enemy*, p.13.
32. 미국 남북전쟁 때, 특히 에머리 업턴Emory Upton 같은 이들이 이와 유사한 전술을 개발한 적이 있고, 제1차 세계대전 때는 영국군이 개발했지만 대규모로 실행된 적은 없었다.
33. Storr, *Hall of Mirrors*, pp.91-92.
34. Naveh, *In Pursuit of Military Excellence*, p.119.
35. Gross, *Myth and Reality of German Warfare*, pp.181-182.
36. Gross, p.8.
37. Citino, *German Way of War*, p.xiv.
38. Citino, p.51.
39. Citino, p.82.
40. Naveh, *In Pursuit of Military Excellence*, chap. 4. 참조. 미군이 제작한 Truppenführung (HD-300)의 영문 번역본은 다음 인터넷 주소에서 열람할 수 있음. https://upload.wikimedia.org/wikipedia/commons/0/02/Truppenf%C 3%BChrung_translation_by_United_States_Army.pdf.
41. Van Creveld, *Supplying War*, p.79.
42. Van Creveld, p.117.

3. 소련의 작전적 사상

1. Stoecker, *Forging Stalin's Army*, p.10.
2. Stoecker, p.18.
3. Jonsson, *Russian Understanding of War*, p.3.
4. Marxism-Leninism on War and Army (Moscow, 1957; translation by U.S. Air Force, Washington, DC: Government Printing Office, 1972), 294-95. 이 책에 전쟁의 작전적 수준은 기술되어 있지 않다.
5. Schneider, *Structure of Strategic Revolution*, pp.112-13.
6. Svechin, *Strategy*, p.69.
7. Svechin, p.73 (강조사항 포함).
8. Svechin, p.260.
9. Svechin, p.69.
10. Schneider, *Structure of Strategic Revolution*, p.179.
11. Schneider, p.185.
12. Stoecker, *Forging Stalin's Army*, p.135.
13. Storr, *Hall of Mirrors*, p.89.
14. Glantz, *Soviet Military Operational Art*, p.20.
15. Glantz, p.22.
16. Naveh, *In Pursuit of Military Excellence*, p.16.

17. Naveh, p.17.
18. Stoecker, *Forging Stalin's Army*, p.143.
19. Stoecker, p.17.
20. Stoecker, p.142.
21. Glantz, *Soviet Military Operational Art*, p.10.
22. Glantz, p.21.
23. Glantz, p.43.
24. Glantz, p.43.
25. Roberts, *Stalin's General*, p.38.
26. Glantz, *Soviet Military Operational Art*, pp.10-11.
27. Glantz, p.13.
28. Glantz, p.24.
29. Rice, "Making of Soviet Strategy," p.664.
30. Glantz, *Soviet Military Operational Art*, p.25.
31. Glantz, p.28.
32. Glantz, p.29.
33. Glantz, pp.30-31.
34. Glantz, pp.33-34.
35. Glantz, p.36.
36. Glantz, pp.41-42.
37. Naveh, *In Pursuit of Military Excellence*, p.167.
38. National Technical Information Service, *Dictionary of Basic Military Terms*, p.143.
39. National Technical Information Service, p.145.
40. Reznichenko, *Tactics*, p.3 (강조사항 포함).
41. Reznichenko, p.3.
42. Kelly and Brennan, *Alien*, p.47.

4. 미국의 작전적 사상

1. Blythe, "History of Operational Art," p.37.
2. Trauschweizer, *Cold War U.S. Army*, p.199.
3. Trauschweizer, pp.200-201.
4. Trauschweizer, p.206.
5. Trauschweizer, p.207.
6. Trauschweizer, p.210.
7. Strachan, *Clausewitz's On War*, p.109.
8. Blythe, "History of Operational Art," p.44; Trauschweizer, *Cold War U.S. Army*, p.218.
9. Blythe, "History of Operational Art," p.44.
10. Blythe, p.45. 소련군 교리에서 작전적 수준에 대한 설명이 부족하여 집필진이 이를 포함하기를 꺼렸을 수 있다. 그 이유에 대해서는 3장을 참조. 그럼에도 불구하고 오티스 장군이 이를 포함해야 한다고 고집한 것은 아무리 생각해도 의문스럽다.
11. Luttwak, "Operational Level of War," pp.61-79.
12. 스타리가 수집한 저작에 대해서는 *Sorley, Press On!* 을 참조. 전술적 수준과 작전적

수준의 융합은 그의 작품 전반에 걸쳐 기술되어 있다.

13. Sorley, p.1061, p.1093, p.1152.
14. Trauschweizer, *Cold War U.S. Army*, p.222.
15. Blythe, "History of Operational Art," pp.2-3.
16. Blythe, pp.2-3.
17. Trauschweizer, *Cold War U.S. Army*, p.235.
18. Blythe, "History of Operational Art," p.10.
19. Blythe, p.10.
20. Department of the Army, FM 100-5, *Operations*, p.6-2.
21. Department of the Army, p.6-2.
22. Department of the Navy, MCDP 1-1, *Campaigning*, p.11.
23. J. F. Schmitt, 2020년 4월 26일, 저자와의 개인적인 대화. 슈미트는 두 출판물의 주요 저자였다.
24. Department of the Air Force, Air Force Manual 1-1, *Basic Aerospace Doctrine* (1992), and Department of the Air Force, Air Force Manual 1-1, *Basic Aero-space Doctrine* (1984).
25. Department of the Air Force, Air Force Manual 1-1, *Basic Aerospace Doctrine* (1992), p.10.
26. Hughes, "Naval Operations," and Department of the Navy, NDP 1, *Naval Warfare* 참조.
27. Matheny, *Carrying the War to the Enemy*, p.15.
28. Schneider, "Loose Marble," pp.85-99.
29. Schneider, *Structure of Strategic Revolution*, p.51.
30. Department of the Army, ADP 3-0, *Unified Land Operations* (2011), p.9.
31. Department of the Army, ADP 3-0, *Operations* (2019), p.3-5, p.3-6.
32. Eikmeier, "Operational Art and the Operational Level of War."
33. Doane, "It's Just Tactics."
34. Kuehn, *America's First General Staff*, p.2.
35. Hone, *Learning War*, p.3 참조.
36. Howarth, *To Shining Sea*, p.294.
37. Wass de Czege, "Thinking and Acting like an Early Explorer."

5. 작전적 수준과 민군관계

1. Paret and Moran, *Carl von Clausewitz*, pp.21-24.
2. Garard, *Carl von Clausewitz's Guide to Tactics.*
3. Craig, *Politics of the Prussian Army*, p.193.
4. Craig, pp.195-196.
5. Craig, pp.204-205.
6. Craig, p.218.
7. 레오 톨스토이가 1812년 참모장교에 대해 묘사한 내용은 어느 정도 진실을 담고 있을 가능성이 크지만 크림 전쟁(1853~1856) 당시 러시아 군대에서 포병장교로 복무한 자신의 경험을 바탕으로 한 것일 가능성이 더 높다.
8. Mahoney, *Role of the Soviet General Staff*, p.iii.

9. 이 개혁들은 전쟁부 장관 드미트리 알렉세예비치 밀류틴Dmitry Alekseyevich Miliutin 백작의 이름을 따서 명명되었다.
10. Mayzel, "Formation of the Russian General Staft," p.298.
11. Mayzel, p.300.
12. Mahoney, *Role of the Soviet General Staff*, pp.iii-iv.
13. Hastings, *Vietnam*, p.198.
14. Krepinevich, *The Army and Vietnam*, p.262.
15. Freedman, *Strategy*, p.207.
16. Brooks, "Paradoxes of Professionalism, pp.7-44.
17. 이라크 증파에 대해서는 Ricks, *The Gamble* 참조. 아프가니스탄 증파에 대해서는 Woodward, *Obama's Wars* 참조.
18. Ricks, *The Gamble*, p.124.
19. Schulman, "Washington Is Never Quite Sure Where It Is at War."
20. Golby, "Danger of Military Partisanship."

6. 작전술 이론

1. Garard, "The Interface: Reestablishing the Relationship between Politics and Tactics."
2. Clausewitz, *On War* (2004), p.66.
3. Clausewitz, p.66.
4. Paret and Moran, *Carl von Clausewitz*, 21 (emphasis in original).
5. Cormier, *War as Paradox*, p.201.
6. 변증법적 논리에 익숙하지 않은 다수의 전쟁학도들은 『전쟁론』에 모순된 내용이 너무 많아서 이해하는 데 어려움을 겪고 있다. 모순된 진술은 실수나 간과가 아니라 논리 체계의 필수 구성 요소이다.
7. Stoker, *Why America Loses Wars*, p.5.
8. Bruscino, "Theory of Operational Art and Unified Land Operations," p.6.
9. Beyerchen, "Clausewitz, Nonlinearity, and the Unpredictability of War," pp.59-90.
10. Kornberger and Engberg-Pederson, "Reading Clausewitz," p.6.
11. Vego, *Joint Operational Warfare*, pp.1-4.
12. Friedman, *On Tactics*, p.16.
13. Gray, Strategy Bridge, p.18.
14. Department of the Army, ADP 3-0, *Operations* (2019), p.5-2.
15. *Army Doctrine Update* #1, 24 February 2007.

7. 인사행정

1. "What Is Human Resource?," HumanResourcesEDU, https://www.humanresourcesedu.org/what-is-human-resour
2. Lylall, "The Strongest Military Is an Inclusive One."
3. Howard, *War in Military European History*, p.63.
4. Pichichero, *Military Enlightenment*, p.30.
5. Pichichero, p.33.

6. Venable, *How the Few Became the Proud* 참조.
7. Gaudi, *African Kaiser*, pp.84-85.
8. Armstrong, *21st Century Mahan*, p.15.
9. Armstrong, p.16.
10. Armstrong, p.15.
11. Van Creveld, *Supplying War*, p.21.
12. King, *Command*, p.344.
13. Garard, "Clausewitz on Alliances."
14. Sterne, Review of *One More Time*.
15. Potter, *Nimitz*, p.197.
16. Frank, *Guadalcanal*, p.351.
17. Frank, p.263.
18. Frank, p.556.
19. Frank, p.570.
20. Spector, *Eagle against the Sun*, p.540.
21. Tuchman, *Stilwell and the American Experience in China*, p.519.

8. 정보

1. Luttwak, *Strategy*, p.106.
2. Taylor, *Munitions of the Mind*, p.21.
3. Taylor, p.23.
4. Keegan, *Intelligence in War*, p.9.
5. Keegan, p.9.
6. Jones, *The Art of War in the Western World*, p.70.
7. Keegan, *Intelligence in War*, p.11.
8. Keegan, p.13.
9. Maalouf, *Crusades through Arab Eyes*, p.181.
10. Taylor, *Munitions of the Mind*, p.96.
11. Taylor, p.97.
12. Taylor, p.99.
13. Taylor, p.116.
14. Quoted in Taylor, pp.117-118.
15. Roberts, *Napoleon*, pp.171-172.
16. Roberts, pp.196-97.
17. Keegan, *Intelligence in War*, p.78.
18. Keegan, p.78.
19. Keegan, p.82.
20. Keegan, p.89.
21. Rhodes, "Thinking in Space," pp.90-108.
22. Rhodes, p.144.
23. Rhodes, p.119.
24. Rhodes, p.120.
25. Rhodes, p.121.

26. Rhodes, p.123.
27. Rhodes, p.124.
28. Rhodes, p.126.
29. Keegan, *Intelligence in War*, p.204.
30. Elkus, "Continuing Relevance," pp.21-24.
31. Armistead, *Information Operations*, p.203.
32. Clausewitz, *On War* (2004), p.56. 많은 영어 번역본이 이 챕터를 수정하면서 '정보'라는 단어를 '인텔리전스'로 대체했는데, 이는 이 챕터의 의미를 잘못 해석한 것이다.
33. Clausewitz, *Principles of War*.
34. Bolt, *Violent Image*, p.261.
35. 정보전의 네 가지 구성 요소는 첩보전, 정치/심리전, 네트워크/사이버전, 전자전이다. Peter Mattis, "Modernizing Military Intelligence: The PLA Plays Catchup," in McReynolds, *China's Evolving Military Strategy*, p.317. 참조.
36. 특히 Denning, *Information Warfare and Security*, chap. 2. 참조.
37. 특히 David and McKeldin, *Ideas as Weapons*, chaps. pp.15-16. 참조.
38. Johnson, *Taliban Narratives, and Stern and Berger*, ISIS. 참조.
39. Ledwidge, Aerial Warfare, p.73.
40. Ledwidge, p.109.
41. Ledwidge, p.110.
42. Friedman, *On Tactics*, chap. p.7.
43. Elkus,"Continuing Relevance," pp.21-24.
44. Johnson, *Taliban Narratives*.
45. King, *Command*, p.223.

9. 작전

1. 기동에 대한 추가적인 논의를 위해서는 Friedman, *On Tactics*, 제3장을 참조할 것.
2. Friedman, p.26.
3. Clausewitz, *On War* (2004), p.27.
4. Jones, *Art of War in the Western World*, p.39.
5. Oman, *Art of War in the Middle Ages*, p.76.
6. Citino, *Blitzkrieg to Desert Storm*, p.140. 스미스 장군은 중공군의 포위가 개시되기 전에 이를 예견한, 전투현장에 있던 극소수의 고급 지휘관 중 한 명이었고, 전투를 지원하기 위해 병참 기지와 비행장을 건설하는 등 이에 대해 조치를 취한 유일한 사람이었다. 추가적으로 *On Desperate Ground*, pp.119-124를 참조할 것.
7. Clausewitz, *On War* (2004), p.167.
8. Vego, *Joint Operational Warfare*, p.Ⅲ-3.
9. Jones, *Art of War in the Western World*, p.666.
10. Liddell Hart, *Strategy* 참조.
11. Dupuy, *Understanding Wan*, p.126.
12. Jomini, *Art of War*, p.93.
13. Jones, *Art of War in the Western World*, pp.70-72.
14. 공세한계점에 대해서는 Clausewitz의 *On War* 7권, 제5장을 참조할 것.

15. Storr, *Hall of Mirrors*, p.202.
16. Friedman, *On Tactics*, 제10장 참조.
17. Naveh, *In Pursuit of Military Excellence*, pp.215-216.
18. Storr, *Hall of Mirrors*, p.192.
19. 존스는 이를 전략이라고 부르지만 그가 정의한 전략은 비정치적이다. 필요한 정치적 관점이 결여된 이러한 개념은 전략이라기보다는 전역으로 명명함이 더 적절하다. *Art of War in the Western World*, p.55 참조.
20. Wylie, *Military Strategy*, pp.22-23.
21. Craig, "Delbruck," pp.341-42.
22. Liddell Hart, *Strategy*, p.145.
23. "Styles of Warfare in Department of the Navy, MCDP 1, *Warfighting*, pp.36-40 참조.
24. Brown, *New Conception of War*.
25. Garard, "Geopolitical Gerrymandering."

10. 화력지원

1. Friedman, *On Tactics*, 제5장 참조.
2. Norris, *Artillery*, p.2.
3. Norris, p.2.
4. Norris, p.7
5. Norris, p.19.
6. Norris, p.163.
7. Norris, p.159.
8. Grice, *On Gunnery*, p.39.
9. Grice, p.42.
10. Grice, p.111.
11. Jones, *Art of War in the Western World*, p.464.
12. Grice, *On Gunnery*, p.151.
13. Garard, *Carl von Clausewitz's Guide to Tactics*.
14. Garard, "Targeting Clausewitzian Judgments."

11. 군수

1. Vian Creveld, *Command in War*, p.35.
2. Van Creveld, *Supplying War*, pp.5-6.
3. Thorpe, *Pure Logistics*, p.4.
4. Friedman, "Battle of Salamis."
5. Jones, *Art of War in the Western World*, p.643.
6. Jones, pp.52-53.
7. Jones, pp.152-153.
8. Jones, pp.215-216.
9. Van Creveld, *Supplying War*, p.21.
10. Van Creveld, p.22.
11. Van Creveld, p.233.

12. Jones, *Art of War in the Western World*, p.439.
13. Jones, p.487.
14. Jones, p.563.
15. Jones, p.557.
16. Van Creveld, *Supplying War*, pp.232-233.
17. Jones, *Art of War in the Western World*, pp.209-213.
18. Eccles, FMFRP 12-14, *Logistics in the National Defense*, p.9.
19. Eccles, p.10.
20. Eccles, p.17.
21. Eccles, p.16.
22. 이런 내용이 교리에 기술되기까지 족히 40년 이상 소요되었다.
23. Matheny, *Carrying the War to the Enemy*, p.253.
24. Department of the Navy, MCDP 4, *Logistics*, p.45.
25. Department of the Navy, p.2-35.
26. Friedman, *On Tactics*, 제11장 참조.
27. Garard and Schnappinger, "Beans, Bullets, Band-Aids… and Bytes?"

12. 지휘통제

1. Taylor, *Munitions of the Mind*, p.66.
2. Graft *Medieval Chinese Warfare*, p.68. 이 전투에 관한 자료가 극도로 빈약하다는 점을 밝혀 둔다.
3. Jones, *Art of War in the Western World*, pp.100-101.
4. Jones, p.222.
5. Citino, *Blitzkrieg to Desert Storm*, p.282.
6. Armistead, *Information Operations*, p.150.
7. Garard and Friedman, "Clarifying Command."

13. 전역, 전투 그리고 결전

1. Nolan, *Allure of Battle*, pp.393-394.
2. Bungay, *Most Dangerous Enemy*, p.135.
3. Arendt, *Origins of Totalitarianism*, p.418.
4. 솔직히 놀런은 이런 말을 하지 않았다.
5. Biddle, *Military Power*.
6. 특히 1827년 7월 10일 클라우제비츠가 이러한 분류를 설명한 메모를 참고하라. "두 가지 종류의 전쟁 중 첫 번째는 적의 정치적 파멸을 목표로 하든, 단순히 무장해제를 목표로 하든, 적에게 우리의 조건에 따라 평화조약을 맺도록 강요를 하든 상관없이 적의 전복을 목표로 하는 전쟁이다. 두 번째는 국경에서 일부 정복을 수행하는 것인데 이는 정복한 적의 영토를 영구히 보유하거나 평화 정착을 위해 협상의 매개물로 활용하는 것이 목적이다." Clausewitz, *On War* (2004), xxxvii.
7. Diniz and Proença, "A Criterion for Settling Inconsistencies in Clausewitz's *On War*" 참조.

14. 전역의 분류 I

1. 이에 대한 예시는 '효과중심작전Effects-Based Operations', '회색지대 작전Gray Zone Operations', '비대칭전Asymmetric Warfare' (사실상 모든 전쟁이 비대칭적이다)과 기타 여러 가지이다. 이 책을 집필하는 이번 주에 가장 인기 있는 개념은 "모자이크전"이다.

15. 전역의 분류 II

1. Jones, *Art of War in the Western World*, p.166.
2. Jones, p.355.
3. Jones, pp.544-548.
4. Jones, p.417.
5. Jones, p.546.
6. Friedman, "Strategy of Small Wars,"' pp.165-177. 참조.
7. Armstrong, *Small Boats and Daring Men*, p.41.
8. 이에 대한 한 가지 사례는 2007~2008년 이라크 증파와 2009년 아프가니스탄 증파가 도출한 전혀 다른 결과다.

16. 현대적 참모제도로 구현하는 작전술

1. Zegart, *Flawed by Design*, p.121.
2. Zegart, p.114.
3. McChrystal, *Team of Teams*, p.18.
4. McChrystal, p.20.
5. King, *Command*, pp.437-438.
6. King, p.439.
7. Clausewitz, *On War* (1943), p.488. "장군참모장교들이 육군 내에서 글을 가장 많이 쓰고 출판하기 때문에 전역의 이 부분들〔지형 및 이동 관련 세부 사항〕이 역사에 더 자세히 기록된다. 더욱이 이로부터 전역의 지형 및 이동 관련 세부 사항들을 체계화하려는 경향이 자연스럽게 생겨나고, 한 사례의 역사적 해결방안으로부터 후속하는 모든 사례에 대한 해결 방안을 구상하려는 경향이 발생한다. 그러나 이는 헛된 일이며, 따라서 잘못된 노력이다. 장군참모장교들의 활동이 아무리 필요하고 또한 존경할 만하더라도 모두의 공통된 견해에 따라 장군참모장교들의 활동을 특별한 것으로 구별하고 종종 그들의 활동이 전체의 편견으로 이어지는 강탈〔문맥상 장군참모장교들에 의한 인식 또는 의견의 편향을 의미〕에 대해 계속 경고해야 한다. 군의 이 병과〔또는 분야〕에서 가장 강력한 지도자들이 획득한 권위는 종종 장군(또는 장군참모장교) 자신이 사람들의 생각을 일반적으로 지배하려는 의식을 갖게 만들며 이로 인해 편견으로 이어지는 사고의 습관을 유발한다."
8. Rempfer, "Choose Your Job."

17. 방호에 관하여

1. Department of Defense, JP 1-02, *Department of Defense Dictionary of Military and Associated Terms*, p.211.

결론

1. Clausewitz, *On War* (2004), p.71.
2. Gross, *Myth and Reality of German Warfare*, p.12.
3. Freedman, *Strategy*, p.203.
4. Strachan, "Strategy or Alibi," pp.157-182.
5. Kelly and Brennan, *Alien*.

사례 연구

1. 1805년 아우스터리츠 전역

1. Castle, *Austerlitz*, p.11.
2. Castle, p.22.
3. Roberts, *Napoleon*, p.358.
4. Roberts, p.364.
5. Castle, *Austerlitz*, p.30.
6. Roberts, *Napoleon*, p.365.
7. Castle, *Austerlitz*, p.30.
8. Castle, p.43. 명령 수령부터 실제 동원까지 단 48시간이 소요되었는데 이는 오늘날 유사한 규모의 군대의 능력을 훨씬 능가하는 수준이다.
9. Castle, p.45.
10. Castle, p.47.
11. Roberts, *Napoleon*, pp.370-371.
12. Roberts, p.372.
13. Castle, *Austerlitz*, p.54.
14. Castle, p.81.
15. Roberts, *Napoleon*, p.373.
16. Castle, *Austerlitz*, p.94.
17. Castle, p.95.
18. Roberts, *Napoleon*, p.375.
19. Castle, *Austerlitz*, p.99.
20. Roberts, *Napoleon*, p.376.
21. Castle, *Austerlitz*, p.118.
22. Roberts, *Napoleon*, p.376.
23. Castle, *Austerlitz*, p.123.
24. Roberts, *Napoleon*, p.377.
25. Castle, *Austerlitz*, pp.128-129.
26. Castle, p.130.
27. Castle, p.131.
28. Roberts, *Napoleon*, p.382.
29. Castle, *Austerlitz*, pp.152-153.
30. Roberts, *Napoleon*, p.384.
31. Roberts, p.385.
32. Castle, *Austerlitz*, pp.169-171.
33. Castle, pp.187-189.
34. Castle, p.197.
35. Roberts, *Napoleon*, p.358에서 인용.
36. Roberts, p.365.
37. Castle, *Austerlitz*, p.70.
38. Castle, p.72.

39. Castle, p.85.
40. Castle, p.114.
41. Rothenberg, *Art of Warfare in the Age of Napoleon*, p.128.
42. Roberts, *Napoleon*, pp.355-356.
43. Castle, *Austerlitz*, p.202.

2. 1866년 쾨니히그레츠 전역

1. Craig, *Battle of Königgrätz*, p.11.
2. Craig, p.30.
3. Goerlitz, *History of the German General Staff*, Location 2367.
4. Craig, *Königgrätz*, pp.39-40.
5. Craig, p.37.
6. Goerlitz, *History of the German General Staff*, Location 2329.
7. Craig, *Königgrätz*, p.45.
8. Goerlitz, *History of the German General Staff*, Location 2024.
9. Goerlitz, Location 2358.
10. Craig, *Königgrätz*, p.57.
11. Craig, p.49.
12. Craig, p.50.
13. Craig, pp.61-64.
14. Craig, pp.68-70.
15. Craig, p.72.
16. Craig, pp.76-77.
17. Craig, p.82.
18. Craig, p.83.
19. Craig, p.84.
20. Craig, pp.84-85.
21. Craig, p.88.
22. Craig, p.91.
23. Craig, p.95.
24. Craig, p.100.
25. Craig, p.101.
26. Craig, p.98.
27. Craig, pp.104-110.
28. Craig, p.111.
29. Craig, pp.120-121.
30. Craig, pp.124-128.
31. Craig, p.114.
32. Craig, p.137-138.
33. Craig, p.123.
34. Craig, p.154.
35. Craig, pp.141-142.
36. Craig, p.151.

37. Craig, p.151.
38. Craig, p.160.
39. Craig, p.6.
40. Craig, p.7.
41. Craig, p.7.
42. Craig, p.17.
43. Craig, p.19.
44. Craig, p.50.
45. Craig, p.54.
46. Craig, p.46.
47. Craig, p.8.
48. Craig, p.131.
49. Craig, p.xi.
50. Craig, p.49.
51. Craig, p.10.
52. Craig, p.13.
53. Craig, p.15.
54. Craig, p.17.
55. Craig, p.27.
56. Wilkinson, *Brain of an Army*, p.55.

3. 1914~1918년 대서양 전역

1. Sondhaus, *Great War at Sea*, pp,12-14.
2. Keegan, *First World War*, p.267.
3. Herman, *To Rule the Waves* 참조.
4. Sondhaus, *Great War at Sea*, pp.113-114.
5. Keegan, *First World War*, p.212.
6. Sondhaus, *Great War at Sea*, pp.116-119.
7. Sondhaus, pp.75-76.
8. Sondhaus, pp.80-83.
9. Sondhaus, p.91.
10. Keegan, *First World War*, p.264.
11. Keegan, p.138.
12. Keegan, p.140.
13. Keegan, p.265.
14. Sondhaus, *Great War at Sea*, p.155.
15. Sondhaus, p.157.
16. Sondhaus, p.225.
17. Keegan, *First World War*, p.268.
18. Liddell Hart, *Real War*, p.209.
19. Keegan, *First World War*, pp.269-274.
20. Liddell Hart, *Real War*, p.210.
21. Sondhaus, *Great War at Sea*, p.234.

22. Sondhaus, p.239.
23. Sondhaus, p.234.
24. Liddell Hart, *Real War*, p.212.
25. Sondhaus, *Great War at Sea*, p.249.
26. Sondhaus, pp.253-255.
27. Sondhaus, p.257.
28. Sondhaus, p.260.
29. Sondhaus, p.288.
30. Keegan, *First World War*, p.274.
31. Keegan, p.271.
32. Keegan, p.262.
33. Keegan, p.330.
34. Keegan, p.263.
35. Keegan, p.273.
36. Keegan, p.337.
37. Keegan, p.276.
38. 독일에 대해서는 Sondhaus, *Great War at Sea*, p.335 참조. 영국에 대해서는 Sondhaus, p.259 참조.
39. Sondhaus, pp.287-289.
40. Sondhaus, pp.336.
41. Keegan, *First World War*, p.262.
42. Sondhaus, *Great War at Sea*, p.38.
43. Keegan, *First World War*, p.212.

4. 1940년 영국 전투

1. Bungay, *Most Dangerous Enemy*, pp.10-11.
2. Bungay, p.60, p.171.
3. Murray and Millet, *War to be Won*, p.84.
4. Murray and Millet, p.84.
5. Murray and Millet, p.11.
6. Murray and Millet, p.31.
7. Bungay, *Most Dangerous Enemy*, p.42.
8. Murray and Millet, *War to be Won*, p.85.
9. Bungay, *Most Dangerous Enemy*, p.44.
10. Murray and Millet, *War to be Won*, p.86.
11. Murray, *Strategy for Defeat*, p.21.
12. Bungay, *Most Dangerous Enemy*, p.40.
13. Bungay, p.33.
14. Bungay, p.119.
15. Bungay, p.128.
16. Bungay, pp.134-137.
17. Murray and Millet, *War to be Won*, p.87.
18. Bungay, *Most Dangerous Enemy*, pp.147-149.

19. Bungay, p.149.
20. Bungay, p.150.
21. Bungay, p.152.
22. Bungay, pp.156-157.
23. Bungay, p.193.
24. Bungay, pp.204-206.
25. Bungay, p.184.
26. Bungay, p.210.
27. Bungay, p.211.
28. Bungay, pp.215-218.
29. Bungay, p.233.
30. Bungay, pp.285-286.
31. Bungay, pp.274-275.
32. Bungay, p.290.
33. Bungay, p.305.
34. Bungay, pp.309-310.
35. Bungay, pp.325-327.
36. Bungay, p.303.
37. Bungay, pp.336-337.
38. Bungay, p.340.
39. Bungay, p.64.
40. Bungay, p.123, p.162.
41. Bungay, pp.60-68.
42. Bungay, p.187.
43. Bungay, p.192.
44. Bungay, p.218, p.233, p.236.
45. Bungay, pp.275-277.
46. Bungay, p.87, pp.90-91.
47. Bungay, p.203.
48. Bungay, p.204.
49. Bungay, p.181.
50. Bungay, p.224.
51. Bungay, p.40.
52. Bungay, p.216.
53. Bungay, pp.60-67, p.288.

5. 1942년 워치타워 작전

1. Frank, *Guadalcanal*, pp.50-52.
2. Frank, pp.60-64.
3. Frank, pp.67-69.
4. Hornfischer, *Neptune's Inferno*, p.65.
5. Frank, *Guadalcanal*, p.121.
6. Hornfischer, *Neptune's Inferno*, p.54.

7. Hornfischer, p.88.
8. Frank, *Guadalcanal*, pp.141-143.
9. Frank, p.146.
10. Frank, p.148.
11. Frank, pp.151-153.
12. Frank, p.156.
13. Hornfischer, *Neptune's Inferno*, pp.114-117.
14. Hornfischer, p.118.
15. Frank, *Guadalcanal*, p.193.
16. Frank, p.199.
17. Frank, p.202.
18. Frank, p.204.
19. Frank, pp.218-219.
20. Frank, pp.222-225.
21. Frank, pp.237-245.
22. Hornfischer, *Neptune's Inferno*, pp.158-159.
23. Hornfischer, pp.160-165.
24. Hornfischer, p.170.
25. Hornfischer, p.175.
26. Frank, *Guadalcanal*, p.309.
27. Frank, p.293.
28. Frank, pp.322-324.
29. Frank, p.327.
30. Frank, p.339.
31. Frank, p.339, p.366.
32. Frank, pp.354-356.
33. Frank, p.365.
34. Frank, p.399.
35. Frank, p.410.
36. Frank, p.412.
37. Frank, p.426.
38. Hornfischer, *Neptune's Inferno*, p.252.
39. Frank, *Guadalcanal*, pp.460-461.
40. Hornfischer, *Neptune's Inferno*, p.339.
41. Hornfischer, p.350.
42. Frank, *Guadalcanal*, p.483.
43. Frank, p.490.
44. Hornfischer, *Neptune's Inferno*, p.368.
45. Hornfischer, p.376.
46. Frank, *Guadalcanal*, pp.503-506.
47. Frank, p.518.
48. Frank, p.499, pp.526-527.
49. Frank, p.521.

50. Frank, pp.538-539.
51. Frank, p.546.
52. Frank, pp.530-533.
53. Frank, pp.543-544.
54. Frank, p.566.
55. Frank, p.551.
56. Frank, p.560.
57. Frank, p.588.
58. Frank, pp.590-591.
59. Frank, p.595.
60. 패치 장군은 너무 많은 일본군 부대의 탈출을 허용했다며 지금까지 비판받고 있다. 이는 전적으로 부적절한 비판이다. 첫째, 패치는 일본군이 철수 중이라는 사실을 몰랐고 알 수도 없었다. 둘째, 설령 그가 알았다고 해도 그의 임무는 가능한 한 많은 적군을 사살하는 것이 아니라 헨더슨 비행장을 확보 및 유지하고 지휘계통상 상급지휘관들이 임박했다고 판단한 일본군의 공격에 대비하는 것이었다. 셋째, 패치로서는 남태평양에 막 도착한 대다수 장병들이 전투에 투입되기 전에 덥고 습한 환경에 적응할 시간이 필요했다. 최종 공세 기간 중 천천히 지속적으로 진격하고 헨더슨 비행장에 사단급 규모의 예비대를 배비한 것은 실책이 아니었다. 자신의 임무를 진정으로 이해하고 이를 바탕으로 그가 선정한 우선순위에 따른 대응이었다.
61. Frank, *Guadalcanal*, p.597.
62. Frank, p.612.
63. Frank, p.142.
64. Frank, p.210.
65. Frank, p.264.

참고문헌

Arendt, Hannah. *The Origins of Totalitarianism*. New York: Harcourt, 1968.

Armistead, Leigh, ed. *Information Operations: Warfare and the Hard Reality of Soft Power*. Washington, D.C.: Brasseys, 2004.

Armstrong, Benjamin F., ed. *21st Century Mahan: Sound Military Conclusions for the Modern Era*. Annapolis: Naval Institute Press, 2013.

———. *Small Boats and Daring Men: Maritime Raiding, Irregular Warfare, and the Early American Navy*. Norman: University of Oklahoma Press, 2019.

Army Doctrine Update #1. Fort Leavenworth, KS: Combined Arms Doctrine Directorate, US Army Combined Arms Center, 24 February 2007.

Arsht, Ethan. "Napoleon Was the Best General Ever, and the Math Proves It." Towards Data Science. 4 December 2017. https://towardsdatascience.com/napoleon-was-the-best-general-ever-and-the-math-proves-it-86efed303eeb.

Bell, David A. *The First Total War: Napoleon's Europe and the Birth of Warfare as We Know It*. Boston: Mariner Books, 2007.

Bellinger, Vanya Eftimova. "Introducing Scharnhorst: On the Nature of Leadership in War and the Role of Socio-Political Conditions." Strategy Bridge. 14 May 2019. https://thestrategybridge.org/the-bridge/2019/5/14/introducing-scharnhorst-on-the-nature-of-leadership-in-war-and-the-role-of-socio-political-conditions?rq=Introducing%20%23Scharnhorst.

Beyerchen, Alan. "Clausewitz, Nonlinearity, and the Unpredictability of War." *International Security* 17:3 (Winter 1993): 59-90.

Biddle, Stephen. *Military Power: Explaining Victory and Defeat in Modern Battle*. Princeton, NJ: Princeton University Press, 2010.

Blythe, Wilson C., Jr. "A. History of Operational Art." *Military Review* 98:6 (November-December 2018): 37-49.

Bolt, Neville. *The Violent Image: Insurgent Propaganda and the New Revolutionaries*. Oxford: Oxford University Press, 2012.

Brooks, Risa. "Paradoxes of Professionalism: Rethinking Civil-Military Relations in the United States." *International Security* 44:4 (Spring 2020): 7-44.

Brown, Ian. *A New Conception of War: John Boyd, the U.S. Marines, and Maneuver Warfare*. Quantico, VA: Marine Corps University Press, 2018.

Bruscino, Thomas. "The Theory of Operational Art and Unified Land Operations."

Unpublished School of Advanced Military Studies Theoretical Paper, Summer 2012.

Bungay, Stephen. *The Most Dangerous Enemy: A History of the Battle of Britain*. London: Aurum, 2015.

Camus, Albert. *The Rebel*. New York: Vintage International, 1991.

Castle, Ian. *Austerlitz: Napoleon and the Eagles of Europe*. Yorkshire, UK: Pen & Sword, 2018.

Citino, Robert M. *Blitzkrieg to Desert Storm: The Evolution of Operational Warfare*. Lawrence: University Press of Kansas, 2004.

———. *The German Way of War: From the Thirty Years War to the Third Reich*. Lawrence: University of Kansas Press, 2005.

Clausewitz, Carl von. *On War*. Translated by J. J. Graham. New York: Barnes and Noble, 2004.

———. *On War*. Translated by O. J. Matthijs Jolles. New York: Random House, 1943.

———. *Principles of War*. Translated by Hans Gatzke. Mineola, NY: Dover, 2003.

Cormier, Youri. *War as Paradox: Clausewitz and Hegel on Fighting Doctrines and Ethics*. Montreal: McGill-Queen's University Press, 2016.

Craig, Gordon A. *The Battle of Königgrätz: Prussia's Victory over Austria, 1866*. Philadelphia: University of Pennsylvania Press, 2003.

———. "Delbrück: The Military Historian." In *Makers of Modern Strategy from Machiavelli to the Nuclear Age*, edited by Peter Paret, 326-53. Princeton, NJ: Princeton University Press, 1986.

———. *The Politics of the Prussian Army, 1640-1945*. Oxford: Oxford University Press, 1955.

David, G. J., and T. R. McKeldin, eds. *Ideas as Weapons: Influence and Perception in Modern Warfare*. Washington, D.C.: Potomac Books, 2009.

Denning, Dorothy E. *Information Warfare and Security*. Boston: ACM, 1999.

Department of Defense. JP 1-02, *Department of Defense Dictionary of Military and Associated Terms*. Washington, D.C.: Department of Defense, 2007.

Department of the Air Force. Air Force Manual 1-1, *Basic Aerospace Doctrine of the United States Air Force*. Washington, D.C.: Department of Defense, 1984.

———. Air Force Manual 1-1, *Basic Aerospace Doctrine of the United States Air Force*. Washington, D.C.: Department of Defense, 1992.

Department of the Army. ADP 3-0, *Operations*. Washington, D.C.: Department of the Army, 2019.

———. ADP 3-0, *Unified Land Operations*. Washington, D.C.: Department of the

Army, 2011.
———. FM 100-5, *Operations*. Washington, D.C.: Department of the Army, 1993.
Department of the Navy. MCDP 1, *Warfighting*. Washington, D.C.: Department of Defense, 1997.
———. MCDP 1-1, *Campaigning*. Washington, D.C.: Department of Defense, 1990.
———. MCDP 4, *Logistics*. Washington, D.C.: Department of the Navy, 1997.
———. NDP 1, *Naval Warfare*. Washington, D.C.: Department of Defense. 1994.
Diniz, Eugenio, and Domício Proença. "A Criterion for Settling Inconsistencies in Clausewitz's On War." *Journal of Strategic Studies* 37:6-7 (December 2012): 1-24.
Doane, Lawrence M. "It's Just Tactics: Why the Operational Level is an Unhelpful Fiction and Impedes the Operational Art." *Small Wars Journal*. 24 September 2015. https://smallwarsjournal.com/jrnl/art/it%E2%80%99s-just-tactics-why-the-operational-level-of-war-is-an-unhelpful-fiction-and-impedes-the-.
Dupuy, T. N. *A Genius for War: The German Army and General Staff, 1807-1945*. Englewood Cliffs, NJ: Prentice-Hall, 1977.
———. *Understanding War: History and Theory of Combat*. St. Paul, MN: Paragon House, 1987.
Eccles, Henry E. FMFRP 12-14, *Logistics in the National Defense*. Washington, D.C.: Department of the Navy, 1989.
Eikmeier, Dale C. "Operational Art and the Operational Level of War, Are They Synonymous? Well, It Depends." *Small Wars Journal*. 9 September 2015. https://smallwarsjournal.com/jrnl/art/operational-art-and-the-operational-level-of-war-are-they-synonymous-well-it-depends.
Elkus, Adam, "The Continuing Relevance of Military Denial and Deception." *Military Operations* 1:1 (Summer 2012): 21-24.
Engberg-Pederson, Anders. *Empire of Chance: The Napoleonic Wars and the Disorder of Things*. Cambridge, MA: Harvard University Press, 2015.
Epstein, Robert M. *Napoleon's Last Victory: 1809 and the Emergence of Modern War*. Lawrence: University Press of Kansas, 1994.
Frank, Richard B. *Guadalcanal: The Definitive Account of the Landmark Battle*. New York: Penguin, 1990.
Freedman, Lawrence. *Strategy: A History*. Oxford: Oxford University Press, 2013.
Friedman, B. A. "The Battle of Salamis: Themistocles and the Birth of Strategy." Strategy Bridge. 29 September 2015. https://thestrategybridge.org/the-bridge/2015/9/29/the-battle-of-salamis-themistocles-and-the-birth-of-strategy.

———. *On Tactics: A Theory of Victory in Battle*. Annapolis: Naval Institute Press, 2017.

———. "The Strategy of 'Small Wars."' In *On Strategy: A Primer*. Edited by Nathan Finney, 165-77. Fort Leavenworth, KS: Army University Press, 2020.

Garard, Olivia, ed. *Carl von Clausewitz's Guide to Tactics*. Quantico, VA: Marine Corps University Press, forthcoming.

———. "Clausewitz on Alliances." N.p., forthcoming.

———-. "Geopolitical Gerrymandering and the Importance of Key Maritime Terrain." War on the Rocks. 3 October 2018. https://warontherocks.com/2018/10/geopolitical-gerrymandering-and-the-importance-of-key-maritime-terrain/.

———. "The Interface: Reestablishing the Relationship between Politics and Tactics." *War Room*. U.S. Army War College. 20 August 2020. https://warroom.armywarcollege.edu/articles/the-interface/.

———. "Targeting Clausewitzian Judgments: Fusing Precision and Targeting to Strategy and Tactics." Strategy Bridge. 20 September 2016. https://thestrategybridge.org/the-bridge/2016/9/20/targeting-clausewitzian-judgments-fusing-precision -and-accuracy-to-strategy-and-tactics.

Garard, Olivia, and B. A. Friedman. "Clarifying Command: Keeping Up with the [John Paul] Joneses." War on the Rocks. 7 April 2020. https://warontherocks.com/2020/04/clarifying-command-keeping-up-with-the-john-paul-joneses/.

Garard, Olivia, and Craig M. Schnappinger. "Beans, Bullets, Band-Aids ... and Bytes? Networking as Digital Logistics." *Marine Corps Gazette*. May 2019. https://mca-marines.org/wp-content/uploads/Beans-Bullets-Band-Aids... and-Bytes.pdf.

Gaudi, Robert. *African Kaiser: General Paul Von Lettow-Vorbeck and the Great War in Africa, 1914-1918*. New York: Dutton Caliber, 2017.

Glantz, David. *Soviet Military Operational Art: In Pursuit of Deep Battle*. Abingdon-on-Thames, UK: Routledge, 2012.

Goerlitz, Walter. *History of the German General Staff 1657-1945*. Lucknow Books, 2015. Kindle Edition.

Golby, Jim. "The Danger of Military Partisanship." *Small Wars Journal*. 1 July 2018. https://smallwarsjournal.com/jrnl/art/danger-military-partisanship.

Graff, David A. *Medieval Chinese Warfare, 300-900*. London: Routledge, 2001.

Gray, Chris Hables. *Postmodern War*. New York: Guilford, 1997.

Gray, Colin S. *The Strategy Bridge: Theory for Practice*. Oxford: Oxford University Press, 2016.

Grice, Michael D. *On Gunnery: The Art and Science of Field Artillery from the American Civil War to the Dawn of the 21st Century*. Charleston, SC: Booksurge, 2009.

Gross, Gerhard P. *The Myth and Reality of German Warfare: Operational Thinking from Moltke the Elder to Heusinger*. Lexington: University Press of Kentucky, 2016.

Hastings, Max. *Vietnam: An Epic Tragedy, 1945-1975*. New York: Harper Perennial, 2018.

Herman, Arthur. *To Rule the Waves: How the British Navy Shaped the Modern World*. New York: HarperCollins, 2004.

Hone, Trent. *Learning War: The Evolution of Fighting Doctrine in the U.S. Navy, 1898-1945*. Annapolis: Naval Institute Press, 2018.

Hornfischer, James D. *Neptune's Inferno: The U.S. Navy at Guadalcanal*. New York: Bantam Books, 2011.

Howard, Michael. *War in European History*. Updated edition. Oxford: Oxford University Press, 2009.

Howarth, Stephen. *To Shining Sea: A History of the United States Navy, 1775-1998*. Norman: University of Oklahoma Press, 1999.

Hughes, Wayne R. "Naval Operations." *Naval War College Review* 65:3 (Summer 2012): 23-46.

Johnson, Thomas H. *Taliban Narratives: The Use and Power of Stories in the Afghanistan Conflict*. Oxford: Oxford University Press, 2018.

Jomini, Antoine-Henri. *The Art of War*. Translated by G. H. Mendell and W. P. Craighill. Westport, CT: Greenwood, 1971.

Jones, Archer. *The Art of War in the Western World*. Urbana: University of Illinois Press, 1987.

Jonsson, Oscar. *The Russian Understanding of War*. Washington, D.C.: Georgetown University Press, 2019.

Keegan, John. *The First World War*. New York: Vintage Books, 1998.

———. *Intelligence in War*. New York: Knopf, 2003.

Kelly, Justin, and Michael Brennan. *Alien: How Operational Art Devoured Strategy*. Carlisle, PA: Strategic Studies Institute, 2009.

King, Anthony. *Command: The Twenty-First Century General*. Cambridge: Cambridge University Press, 2019.

Kornberger, Martin, and Anders Engberg-Pederson. "Reading Clausewitz, Reimagining the Practice of Strategy." *Strategic Organization* (June 2019): 1-13. https://

www .researchgate.net/publication/333879860_Reading_Clausewitz_reimagining_the_practice_of_strategy.

Kott, Alexander. "The Future of War Technology Whispers to Us from the Past, and We Must Listen Better." War on the Rocks. 3 December 2019. https://waronth-erocks.com /2019/12/the-future-of-war-technology-whispers-to-us-from-the-past-and-we-must-listen-better/.

Krepinevich, Andrew F. *The Army and Vietnam*. Baltimore: Johns Hopkins University Press, 1986.

Kuehn, John T. *America's First General Staff: A Short History of the Rise and Fall of the General Board of the Navy, 1900–1950*. Annapolis: Naval Institute Press, 2017.

Ledwidge, Frank. *Aerial Warfare: The Battle for the Skies*. Oxford: Oxford University Press, 2018.

Lenin, Vladimir. "War and Revolution." 27 May 1914 (lecture). Marxists Internet Archive. Uploaded 2005. https://www.marxists.org/archive/lenin/works/1917/may/14.htm.

Liddell Hart, B. H. *The Real War 1914–1918*. Boston: Back Bay Books, 1964.

———. *Strategy*. New York: Penguin, 1954.

Luttwak, Edward. "The Operational Level of War." *International Security* 53 (Winter 1980–81): 61–79.

———. *Strategy: The Logic of War and Peace*. Cambridge, MA: Belknap Press of Harvard University Press, 1987.

Lylall, Jason. "The Strongest Military Is an Inclusive One: Why Equality Wins Wars." *Foreign Affairs*. 14 February 2020. https://www.foreignaffairs.com/articles/2020-02-14/strongest-military-inclusive-one.

Maalouf, Amin. *The Crusades through Arab Eyes*. New York: Shocken Books, 1984.

Mahoney, Shane. *The Role of the Soviet General Staff in Military Management: Persistence and Change*. Final Report to the National Council for Soviet and East European Research, 1982.

Matheny, Michael R. *Carrying the War to the Enemy: American Operational Art to 1945*. Norman: University of Oklahoma Press, 2011.

Mayzel, Matitiahu. "The Formation of the Russian General Staff 1880–1917." *Cahiers du Monde russe et soviétique*. 16:3–4 (July–December 1975): 297–321.

McChrystal, Stanley. *Team of Teams: New Rules of Engagement for a Complex World*. New York: Portfolio, 2015.

McReynolds, Joe, ed. *China's Evolving Military Strategy*. Washington, D.C.: Jamestown

Foundation, 2016.

Murray, Williamson. *Strategy for Defeat: The Luftwaffe, 1933-1945*. Hertfortshire, UK: Quintent, 2003.

Murray, Williamson, and Allan R. Millet. *A War to Be Won: Fighting the Second World War*. Cambridge, MA: Belknap Press of Harvard University Press, 2000.

National Technical Information Service. *Dictionary of Basic Military Terms*. Springfield, VA: U.S. Department of Commerce, 1976.

Naveh, Shimon. *In Pursuit of Military Excellence: The Evolution of Operational Theory*. New York: Frank Cass, 2004.

Nolan, Cathal. *The Allure of Battle: A History of How Wars Have Been Won and Lost*. Oxford: Oxford University Press, 2017.

Norris, John. *Artillery: A History*. Gloucestershire, UK: History, 2011.

Oman, C. W. C. *The Art of War in the Middle Ages*. Ithaca, NY: Cornell University Press, 1968.

Owen, William. "The Operational Level of War Does Not Exist." *Military Operations* 1:1 (Summer 2012): 17-20.

Paret, Peter. *Clausewitz and the State*. Oxford: Clarendon, 1976.

Paret, Peter, and Daniel Moran, ed. and trans. *Carl von Clausewitz: Two Letters on Strategy*. Fort Leavenworth, KS: Combat Studies Institute, 1984.

Pichichero, Christy. *The Military Enlightenment: War and Culture in the French Empire from Louis XIV to Napoleon*. Ithaca, NY: Cornell University Press, 2017.

Potter, E. B. *Nimitz*. Annapolis: Naval Institute Press, 1976.

Quimby, Robert S. *The Background of Napoleonic Warfare: The Theory of Military Tactics in Eighteenth-Century France*. 1957. Reprint, Whitefish, MT: Literary Licensing, 2011.

Rempfer, Kyle. "Choose Your Job: Army Offers Soldiers Career Agency to Bolster Retention." *Army Times*. 27 February 2020. https://www.armytimes.com/news/your-army/2020/02/27/choose-your-job-army-offers-soldiers-career-agency-to-bolster-retention/.

Reznichenko, V. G., ed. *Tactics: A Soviet View*. Washington, D.C.: U.S. Air Force, 1987.

Rhodes, Andrew. "Thinking in Space: The Role of Geography in National Security Decision-Making." *Texas National Security Review* 2:4 (November 2019): 90-108.

Rice, Condolezza. "The Making of Soviet Strategy." In *Makers of Modern Strategy from Machiavelli to the Nuclear Age*. Edited by Peter Paret, 648-76. Princeton,

NJ: Princeton University Press, 1994.

Ricks, Thomas E. *The Gamble: General David Petreaus and the American Military Adventure in Iraq, 2006-2008*. New York: Penguin, 2009.

Roberts, Andrew. *Napoleon: A Life*. New York: Penguin, 2014.

Roberts, Geoffrey. *Stalins General: The Life of Georgy Zhukov*. London: Icon Books, 2013.

Rogers, Clifford J., ed. *The Military Revolution Debate: Readings on the Military Transformation of Early Modern Europe*. Boulder, CO: Westview, 1995.

Rothenberg, Gunther E. *The Art of Warfare in the Age of Napoleon*. Bloomington: Indiana University Press, 1980.

Schneider, James J. "The Loose Marble—and the Origins of Operational Art." *Parameters* 19:1 (1989):85-99.

———. *The Structure of Strategic Revolution: Total War and the Soviet Warfare State*. Novato, CA: Presidio, 1994.

Schroden, Jonathan. *Why Special Operations? A Risk-Based Theory*. Arlington, VA: Center for Naval Analyses, 2020. https://www.cna.org/CNA_files/PDF/COP-2020-U-028160-Final.pdf

Schulman, Loren Dejonge. "Washington Is Never Quite Sure Where It Is at War." *Atlantic*. 1 November 2017. https://www.theatlantic.com/international/archive/2017/11/niger-aumf-war-terrorism/544652/.

Sides, Hampton. *On Desperate Ground*. New York: Doubleday, 2018.

Sondhaus, Lawrence. *The Great War at Sea: A Naval History of the First World War*. Cambridge: Cambridge University Press, 2014.

Sorley, Lewis, ed. *Press On! Selected Works of General Donn A. Starry*. 2 vols. Fort Leavenworth, KS: Combat Studies Institute Press, US Army Combined Arms Center, 2009.

Spector, Ronald H. *Eagle against the Sun: The American War with Japan*. New York: Free Press, 1985.

Stern, Jessica, and J. M. Berger. *ISIS: State of Terror*. New York: HarperCollins, 2015.

Sterne, Brendan. Review of *One More Time: How Do You Motivate Employees*, by Frederick Herzberg. Blog. 25 November 2012. https://brendansterne.com/2012/11/25/a-review-of-one-more-time-how-do-you-motivate/.

Stoecker, Sally W. *Forging Stalin's Army: Marshal Tukhachevsky and the Politics of Military Innovation*. Boulder, CO: Westview, 1998.

Stoker, Donald. *Why America Loses Wars: Limited War and US Strategy from the Korean War to the Present*. Cambridge: Cambridge University Press, 2019.

Storr, Jim. *The Hall of Mirrors: War and Warfare in the Twentieth Century*. Warwick, UK: Helion, 2018.

Strachan, Hew. *Clausewitz's On War: A Biography*. New York: Grove, 2007.

———. "Strategy or Alibi: Obama, McChrystal, and the Operational Level of War." *Survival* 52:5 (September 2010): 157–82.

Svechin, Aleksandr A. *Strategy*. Edited by Kent D. Lee. Minneapolis: East View Information Services, 2004.

Taylor, Philip M. *Munitions ofthe Mind: A History of Propaganda from the Ancient World to the Nuclear Age*. Manchester: Manchester University Press, 1990.

Thorpe, George C. *Pure Logistics: The Science of War Preparation*. Kansas City, MO: Franklin Hudson, 1917.

Trauschweizer, Ingo. *The Cold War U.S. Army: Building Deterrence for Limited War*. Lawrence: University Press of Kansas, 2008.

Tuchman, Barbara. *Stilwell and the American Experience in China, 1911–45*. New York: Macmillan, 1971.

Van Creveld, Martin. *Command in War*. Cambridge, MA: Harvard University Press, 1987.

———. *Supplying War: Logistics from Wallenstein to Patton*. Cambridge: Cambridge University Press, 1980.

Vego, Milan N. *Joint Operational Warfare: Theory and Practice*. Washington, D.C.: Department of the Navy, 2009.

Venable, Heather. How the Few Became the Proud: Crafting the Marine Corps Mystique, 1874–1918. Annapolis: Naval Institute Press, 2019.

Viggers, Will. "Policy, Strategy, and Tactics: Rethinking the Levels of War." *Australian Army Journal* 16:1 (2020): 47–60.

Wass de Czege, Huba. "Thinking and Acting like an Early Explorer: Operational Art Is Not a Level of War." *Small Wars Journal*. 14 March 2011. https://smallwarsjournal.com/blog/journal/docs-temp/710-deczege.pdf.

White, Charles. *The Enlightened Soldier: Scharnhorst and the Militärische Gesellschaft in Berlin, 1801–1805*. Westport, CT: Praeger, 1989.

Whitman, James Q. *The Verdict of Battle: The Law of Victory and the Making of Modern War*. Cambridge, MA: Harvard University Press, 2012.

Wilkinson, Spenser. *The Brain of an Army: A Popular Account of the German General Staff*. Westminster, UK: Archibald Constable, 1890. Reproduced by Andesite Press.

Winton, Harold R. "An Imperfect Jewel: Military Theory and the Military Profession." *Journal of Strategic Studies* 34:6 (2011): 853–77.

Woodward, Bob. *Obamas Wars*. New York: Simon & Schuster, 2010.

Wylie, J. C. *Military Strategy: A General Theory of Power Control*. Annapolis: Naval Institute Press, 1976.

Zegart, Amy. *Flawed by Design: The Evolution of the CIA, JCS, and NSC*. Stanford, CA: Stanford University Press, 1999.

옮긴이 후기

소소한 규칙들을 일일이 지키느라 애쓰는 군인들을 보면 한심할 따름이다. 그런 규칙들은 하나같이 천재에게는 부적절하고, 천재라면 무시하거나 비웃을 만한 것들이다.*

—카를 폰 클라우제비츠

현재의 군사교리가 전부는 아니다. 이 말은 군사교리와 그것을 정립하고 연구하는 사람들의 노력을 폄하하려는 의미가 아니다. 시대와 지역에 상관없이 상황, 조건의 변화에도 정해진 교리를 반드시 따라야 한다고 고집하는 이들에 대한 비판이다. 가장 위험천만한 일은 인간 스스로 교리라는 틀을 만들고 그곳에 자기 스스로 들어가서 결국 벗어나지 못하거나 숨어 버리는 것이다.

"교리, 교범을 봐라!", "교리에 그렇게 되어 있다!" 1990년대 후반에 내가 군 생활을 시작하면서 수도 없이 들었고, 숱한 선배들이 후배들에게 했던 잔소리다. 나도 그런 후배였고 선배였던 적이 있었다. 2024

* Clausewitz, *On War*, p.136. 김만수는 『전쟁론』 제1권, p.193에서 "규칙 사이를 구걸하듯 기어다녀야 하는 병사들이여 슬프도다!"라고 번역했다.

년인 현재에도 육군의 병과학교나 육군대학의 교관들이 학생장교들에게 이런 말을 하고 있을지도 모른다. 군복을 입으면서부터 필자에게 군대는 이미 교리라는 틀에 갇힌 조직이었던 것 같다. 1900년대 말에 정립된 교리를 암기하고 평가받으며 그대로 훈련했다. 그러나 정작 실전에서 그 교리가 통할지 단 한 번도 경험해 본 적이 없고, 그것으로 승리할지 패배할지는 아무도 모른다.

차츰 세월이 흐르면서 공부와 경험을 통해 수많은 의문을 갖게 되었지만 군의 선배나 동료, 후배들과는 문제를 해결할 수 없었다. 나도 그들도 역시 틀 속에 살고 있었기 때문이다. 누군가 "교범에 왜 그렇게 쓰여 있는 겁니까?"라고 물으면 모두들 이런저런 대답을 늘어놓다가 최종적인 답은 "미군 교범에 이렇게 쓰여 있기 때문이다."였다. 우리 육군은 건군 이래부터 21세기까지도 연합작전을 수행해야 한다는 명분 아래 미 육군 교리의 '패스트 팔로어Fast Follower'가 되어 온 것이 사실이다. (육군을 비난하는 것이 아니라 이 현상은 '사실'이다.)

하지만 나는 『전격전의 전설』, 『독일군의 신화와 진실』, 『군사교육과 지휘문화』를 번역하면서 내가 사관학교, 병과학교, 육군대학 그리고 야전에서 '배우고 듣고 경험했던 것' 중 일부가 타당하지 않을 수도 있다는 '의구심'이 들기 시작했다. 그래서 내가 스스로 던졌던 문제를 주변의 동료들보다, 나와 같은 생각을 가진 저자들과 그들의 저작으로 풀어야겠다고 결심했다. 그리고 다행히도 늦게나마 소령 시절 독일군 지휘참모대학에서 난생처음으로 Out-of-Box-Thinking 교육을 받으면서 '현상의 본질'을 바라볼 수 있는 눈을 떴다.

최근 우연히 미군 해병대 예비역 장교 출신의 저자가 쓴 『On Tactics』를 보고 한국에 소개할 만하다 판단하여 번역해 『전술의 정석』이란 제목으로 출간했다. 그 후 같은 저자의 『On Operations』를 읽고 번역하기로 마음먹었다. 일단 생면부지의 미국인이 나와 비슷한 생각을 하고 있다는 것이 너무나 놀라웠다. 그의 주장에 전적으로 동의하지는 않지만 많은 부분에 공감했다. 현역 장교 신분이어서 공개할 수는 없지만, 의문을 품고 있는 여러 가지 사안들 중 하나가 '작전적 수준'이었다. 수년간 야전과 정책부서에 근무하면서 "과연 한국군에 작전적 수준이 존재하는가?"라는 질문에 명쾌한 해답을 준 책이 바로 『On Operations』다.

하지만 이 책을 번역한 후배들과 나는 저자의 주장에 전적으로 동의하지는 않는다. (이를테면 저자가 말하는 '작전술'과 나의 작전술 관념에는 다소 차이가 있다.) 그래서 이 책의 모든 주장이 타당하지는 않으며, 현재 한국군의 교리를 부정하거나 폄훼하려는 의도에서 이 책을 번역한 것이 아님을 밝혀 둔다. 군사교리가 시대와 상황에 따라 변해야 한다는 것은 진리이다. 작금의 군사교리가 절대적으로 옳고, 그것과 다른 생각과 주장은 틀렸다고 말해서도 안 된다. 그것이 오늘날의 상황에 부합하고 타당한지 모두가 '고민'하고 함께 '검토'해야 한다. 오늘날 우리에게 진정 필요한 것은 교리를 논의하는 과정이고, 논의 자체를 거부하는 것은 위험천만한 행위다. 그런 '붐'을 불러일으키고자 이 책을 번역하기로 결심했다.

나의 결심에 도원결의桃園結義해 준 세 후배들의 영어 능력은 한국군에서 명실상부 최고 수준이다. 미군에서 위탁교육을 받았고 특히 한국 육군대학에서 전술 및 전략학 교관으로서 군사교리를 연구한 이들은 이 책의 번역자로서 최고로 적합한 인재들이다. 세 명 모두 이 책에 큰 관심을 보였고, 흔쾌히 번역 작업에 동참해 주었다. 『전술의 정석』을 번역할 때와 동일한 방식으로 이 책을 세 부분으로 나누어 세 사람이 초벌 번역을 하고, 나는 초벌 번역본과 비교하면서 처음부터 끝까지 번역했다. 의견이 다른 부분에서는 해당 부분을 담당한 후배와 토의해 내용을 수정했고, 합의하지 못하면 네 명이 함께 토의하거나 미군 장교들의 도움을 받아서 오역을 최소화하고자 노력했다. 이렇게 작업하니 내가 혼자 번역할 때에 비해 작업 기간을 대폭 단축할 수 있었다. 세 사람은 내게 큰 힘이 되어 주었고, 육군대학에서 전출된 후 한미연합사령부와 전략사령부에서 바쁘게 생활하는 중에도 일과 후 틈틈이 성실하게 작업에 동참해 주었다.

감사드릴 분들이 헤아릴 수 없이 많다. 먼저 내가 번역한 모든 책에 추천사를 친히 써주시고 언제나 아낌없이 격려해 주시는 주은식 장군님께 감사드린다. 전임 미 육군 제8군사령관 윌러드 M. 벌러슨 Willard M. Burleson 장군께서도 이 책을 일독하신 후 귀한 추천사를 보내 주셨다. 경의를 표한다. 번역을 허락해 주신 저자 프리드먼 그리고 흔쾌히 번역서 출간을 승인해 주신 일조각 사장님과 항상 번역서의 완성도를 높여 주시는 편집부 여러분께 감사드린다. 번역 과정에서 산고産苦와 같은 고통을 함께 느끼며 동고동락한 김권우 중령, 조홍래 중령, 김준우 소령에게 특별히 감사하며, 출간의 보람과 기쁨을 함께 느끼고 싶다.

만일 번역에 오류가 있다면 전적으로 본인을 포함한 역자 네 명에게 책임이 있으며, 독자들의 지적을 겸허히 받아들일 것이다. 그러나 노파심에서 다시 한번 말하자면, 이 책이 한국군의 교리와 다르다고, 어긋난다고 해서 저자와 이 책을 비난하는 우를 범해서는 안 된다. 저자는 한국군의 교리가 아니라 미군의 교리를 '비판'하고 있으며, 우리는 더 넓은 시야로 이 책이 우리에게 주는 '통찰'을 깊이 생각해 보아야 할 것이다.

아무쪼록 이 졸역이 한국 육군, 해군, 공군에서 군사교리의 발전에, 이를 위한 토의와 토론의 붐을 조성하는 데 조금이나마 기여하기를 간절히 바란다.

자운대에서

진중근

찾아보기

ㅂ

ㅅ

ㅇ

ㅈ

ㅊ

ㅋ

ㅌ

ㅍ

ㅎ

작전술의 본질

작전적 수준의 허상
그리고 작전술의 실제와 적용

1판 1쇄 펴낸날 2025년 1월 15일

지은이 | B. A. 프리드먼
옮긴이 | 진중근 김권우 조홍래 김준우
펴낸이 | 김시연

펴낸곳 | (주)일조각
등록 | 1953년 9월 3일 제300-1953-1호(구 : 제1-298호)
주소 | 03176 서울시 종로구 경희궁길 39
전화 | 02-734-3545 / 02-733-8811(편집부)
02-733-5430 / 02-733-5431(영업부)
팩스 | 02-735-9994(편집부) / 02-738-5857(영업부)
이메일 | ilchokak@hanmail.net
홈페이지 | www.ilchokak.co.kr

ISBN 978-89-337-0848-4 03390
값 30,000원